SPSSでやさしく学ぶ 多変量解析

[第6版]

石村　友二郎 著

石村　貞　夫 監修

東京図書株式会社

まえがき

この本の特徴！

それは……

多変量解析を

見て理解する

という点です．

統計解析では，区間推定と仮説の検定が話題の中心ですが，

多変量解析は

“データの情報をいかに空間上に表現するか？”

という点が中心的話題です．

したがって，

図やグラフを見ながら多変量解析を理解する

ことが可能になります．

図とグラフを見ながら
理解してね！
この本は
平面のはなしが中心なので
推定・検定はありません

でも……

『多変量解析は難しい……』

という話をよく耳にしますね．

確かに，いろいろな多変量解析の本を開くと

平方和	積和	分散共分散行列
相関行列	固有値	固有ベクトル

といった，数式や行列がどっさり現れて

“数学が苦手な人には，難しく見える統計手法”

かもしれません．

でも，この本では

難しい部分の計算は SPSS にお任せ！

というスタイルで学びます．

数式や行列の計算は気にしないで，先に進みましょう!!

さあ，クリックひとつの SPSS で

多変量解析の旅へ　発進！

謝辞　この本を作るきっかけとなった鶴見大学の岡淳子さんと
この本の執筆を勧めてくれた元東京図書の宇佐美敦子さんと
東京図書編集部の河原典子さんに
深く感謝いたします．

2021 年 2 月吉日

著　　者

◆本書で使用しているデータや演習問題の解答は，東京図書のホームページ
http://www. tokyo-tosho. co. jp/ からダウンロードすることができます.

◆本書では IBM SPSS Statistics 28 を使用しています.
SPSS 製品に関する問い合わせ先：
〒103-8510　東京都中央区日本橋箱崎町 19-21
日本アイ・ビー・エム株式会社　クラウド事業本部 SPSS 営業部
Tel. 03-5643-5500　Fax. 03-3662-7461
URL http://www.ibm.com/analytics/jp/ja/technology/spss/

◆装幀　今垣知沙子

◆本文イラスト　石村多賀子

もくじ

第1章 これだけ知っていれば十分です！

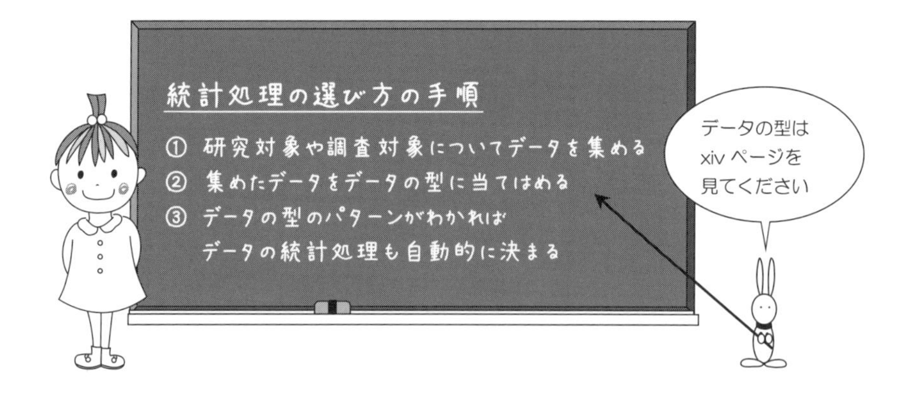

第2章 重回帰分析でわかる関係式

第3章　主成分分析で順位付けを！

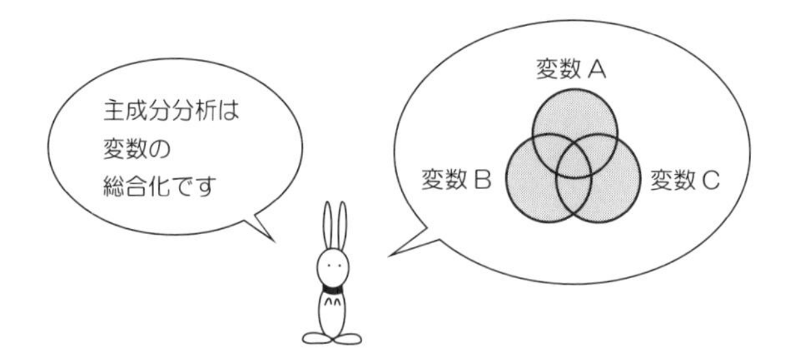

主成分分析は
変数の
総合化です
変数A
変数B
変数C

第4章　因子分析で探る深層心理

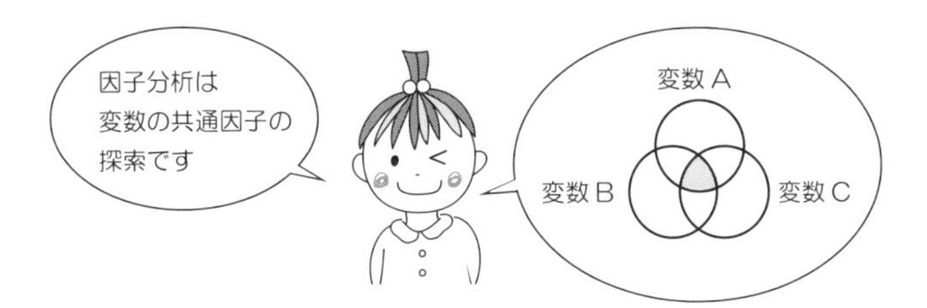
因子分析は
変数の共通因子の
探索です
変数 A
変数 B
変数 C

第5章 判別分析で見つける境界線

第6章 クラスター分析でグループ分けを！

第7章　多次元尺度法って，なに？

第8章　ロジスティック回帰分析で予測と判別を！

第9章　ベイズ統計による重回帰モデルの比較

すぐわかる統計処理の選び方

データの型　パターン1

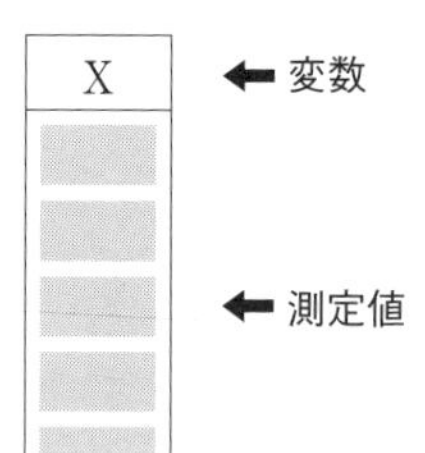

[主な統計処理]

- 度数分布表
- ヒストグラム
- 母平均の区間推定
- 母平均の検定
- クラスター分析

データの型　パターン2

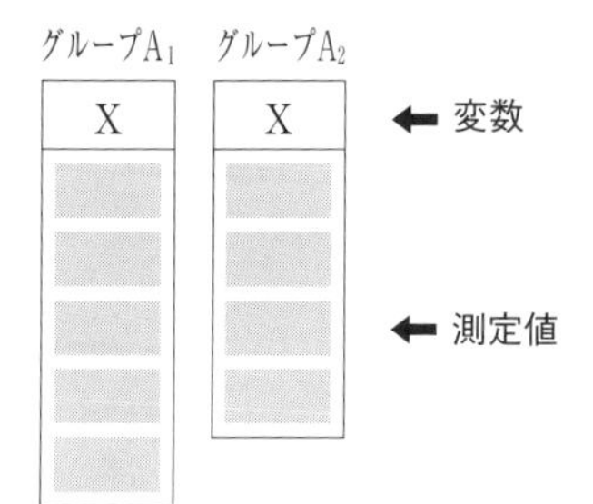

[主な統計処理]

- 2つの母平均の差の検定
- ウィルコクスンの順位和検定
- 判別分析
- コルモゴロフ・スミルノフの検定
- ベイズ統計

データの型　パターン3

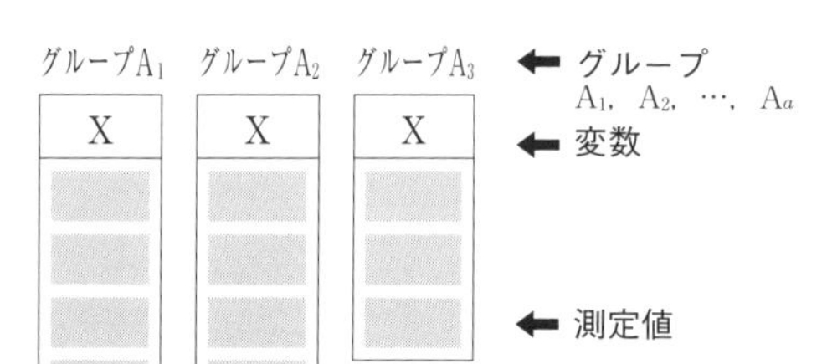

[主な統計処理]

- 1元配置の分散分析と多重比較
- クラスカル・ウォリスの検定
- 判別分析
- ベイズ統計

データの型 パターン4

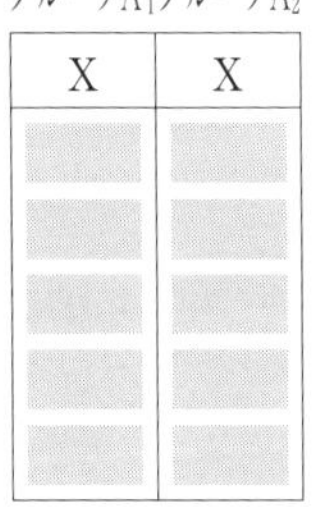

[主な統計処理]

- 対応のある2つの母平均の差の検定
- ウィルコクスンの符号付順位検定
- 符号検定
- ベイズ統計

データの型 パターン5

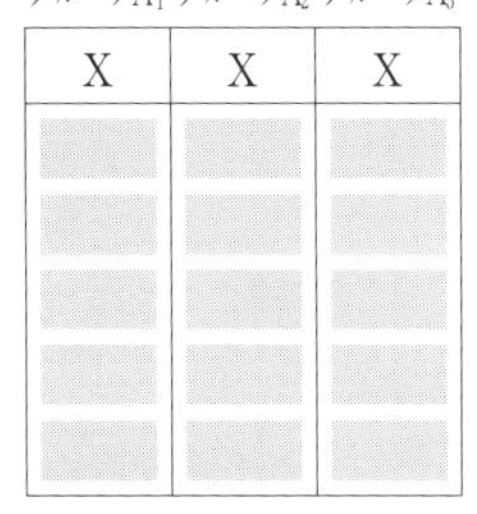

[主な統計処理]

- 折れ線グラフ
- 反復測定による1元配置の分散分析
- フリードマンの検定
- ベイズ統計

データの型 パターン6

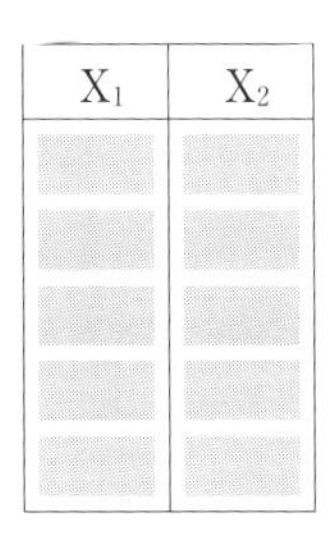

[主な統計処理]

- 散布図と相関係数
- 単回帰分析
- 主成分分析
- 因子分析
- ROC 曲線
- 曲線推定
- ベイズ統計

データの型　パターン7

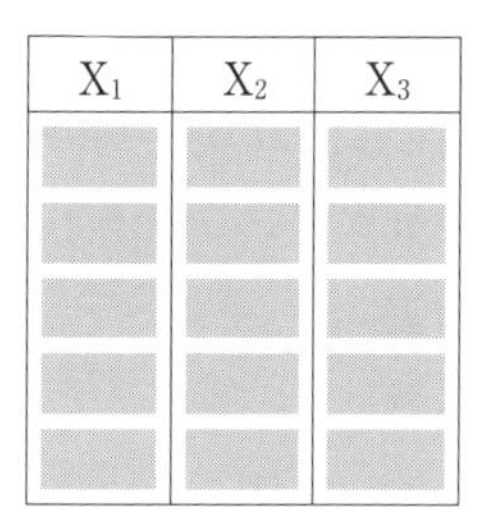

← 異なる変数
$X_1, X_2, \cdots, X_p$

← 測定値

[主な統計処理]

- 重回帰分析
- 順序回帰分析
- 名義回帰分析
- 主成分分析
- 因子分析
- クラスター分析
- 2項ロジスティック回帰分析
- プロビット分析

データの型　パターン8

グループA_1　グループA_2

X_1	X_2

X_1	X_2

← 異なる変数
$X_1, X_2, \cdots, X_p$

← 測定値

[主な統計処理]

- 判別分析
- 2項ロジスティック回帰分析
- プロビット分析
- 共分散分析
- 反復測定による2元配置の分散分析

データの型　パターン9

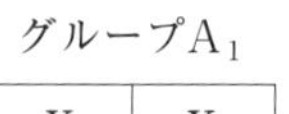

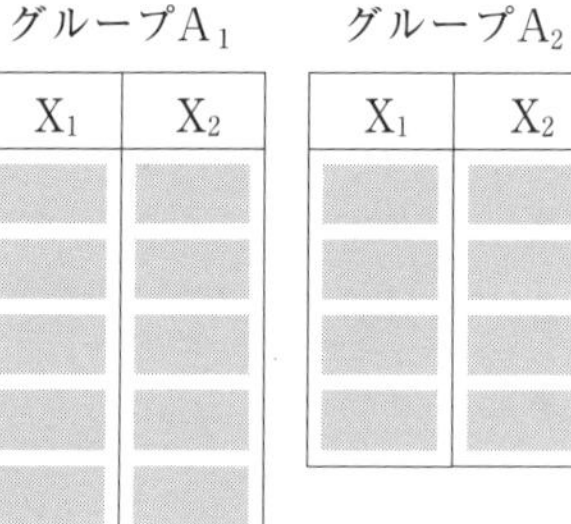

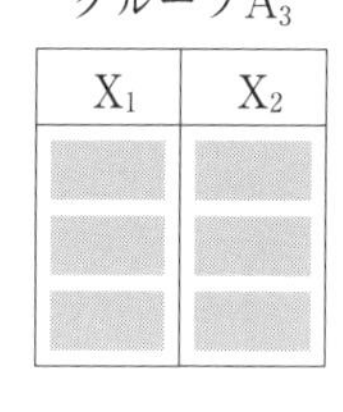

グループA_2

← グループ
$A_1, A_2, \cdots, A_a$

← 異なる変数
$X_1, X_2, \cdots, X_p$

← 測定値

[主な統計処理]

- 判別分析
- 共分散分析
- 多項ロジスティック回帰分析
- 多変量分散分析

データの型　パターン10

A_1	A_2

← 特性

← 個数

[主な統計処理]

- 母比率の区間推定
- 母比率の検定

データの型　パターン11

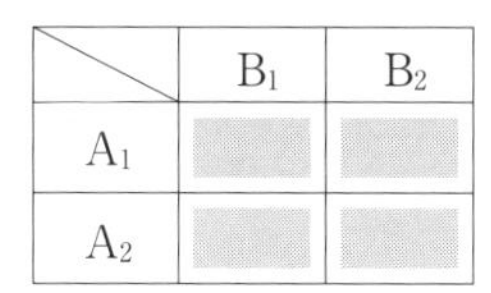

← 特性・属性カテゴリ

← 個数

↑ 特性・属性カテゴリ

[主な統計処理]

- 2つの母比率の区間推定
- 2つの母比率の差の検定
- 独立性の検定
- オッズ比
- 対数線型分析
- マンテル・ヘンツェル検定

データの型　パターン12

A_1	A_2	A_3

← 特性
A_1，A_2，…，A_a

← 個数

[主な統計処理]

- 適合度検定

データの型　パターン13

	B_1	B_2	B_3
A_1			
A_2			

← 特性・属性カテゴリ
B_1，B_2，…，B_b

← 個数
測定値

↑ 特性・属性
グループ
A_1，A_2，…，A_a

[主な統計処理]

- 同等性の検定
- 独立性の検定
- リジット分析
- ベイズ統計

データの型 パターン 14

	B_1	B_2	B_3
A_1			
A_2			
A_3			

← 属性・因子・要因
B_1, B_2, …, B_b

← 個数
測定値

↑
属性・因子・要因
A_1, A_2, …, A_a

[主な統計処理]

- 同等性の検定
- 独立性の検定
- 繰り返しのない2元配置の分散分析
- 反復測定による1元配置の分散分析
- フリードマンの検定
- 多次元尺度法
- コレスポンデンス分析

データの型 パターン 15

	B_1	B_2	B_3
A_1			
A_2			
A_3			

← 因子・要因
B_1, B_2, …, B_b

← 測定値

↑
因子・要因
A_1, A_2, …, A_a

[主な統計処理]

- 繰り返しのある2元配置の分散分析と多重比較
- 線型混合モデル

SPSSでやさしく学ぶ多変量解析

［第6版］

1章 これだけ知っていれば十分です！

Section 1.1 平均値・分散・標準偏差は統計の基本です

多変量解析は，多変数データに関する統計手法です!!

多変量解析を理解するためのキーワード，それは……
次のような基礎統計量と行列表現です．

基礎統計量
- 平均値
- 分散・標準偏差
- 共分散・相関係数
- データの標準化

行列表現
- 分散共分散行列・相関行列
- 行列のかけ算
- 逆行列
- 固有値・固有ベクトル

行列のかけ算・
逆行列・固有ベクトル
については
『よくわかる線型代数』
が参考になります

行列表現とは

ようなタテとヨコの
数字の配列のことです

行列のかけ算とは

$$\begin{bmatrix} a & b \\ c & d \end{bmatrix} \cdot \begin{bmatrix} p & q \\ r & s \end{bmatrix} = \begin{bmatrix} a \times p + b \times r & a \times q + b \times s \\ c \times p + d \times r & c \times q + d \times s \end{bmatrix}$$

のことです

次のデータを使って，これらの統計用語の復習です！

表 1.1.1　データ

No.	身長	体重
1	151	48
2	164	53
3	146	45
4	158	61

表 1.1.2　2 変数データの型

No.	x	y
1	x_1	y_1
2	x_2	y_2
⋮	⋮	⋮
N	x_N	y_N

さっそく，SPSS のデータファイルに入力!!

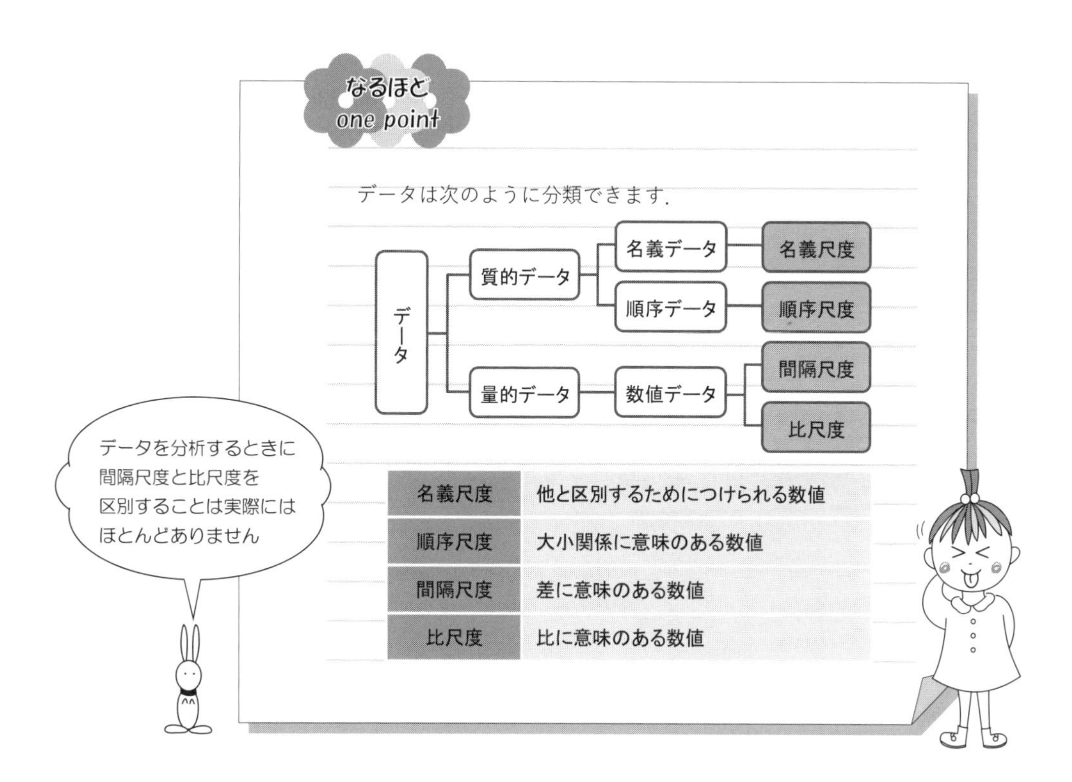

なるほど
one point
データは次のように分類できます．
データ
質的データ
名義データ
名義尺度
順序データ
順序尺度
量的データ
数値データ
間隔尺度
比尺度
名義尺度　他と区別するためにつけられる数値
順序尺度　大小関係に意味のある数値
間隔尺度　差に意味のある数値
比尺度　比に意味のある数値
データを分析するときに
間隔尺度と比尺度を
区別することは実際には
ほとんどありません

■ SPSS のデータビュー

次の画面が，SPSS の新規作成用 データビュー です.

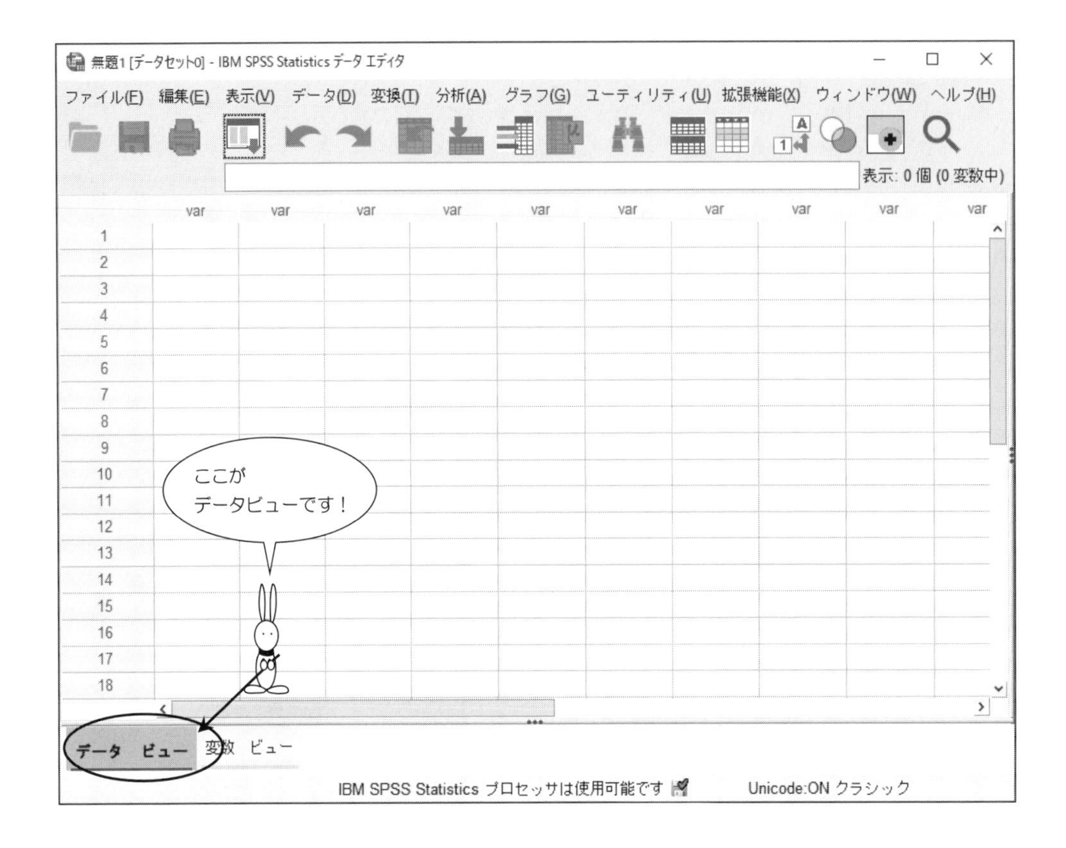

データを入力するときは，この画面から始めます.

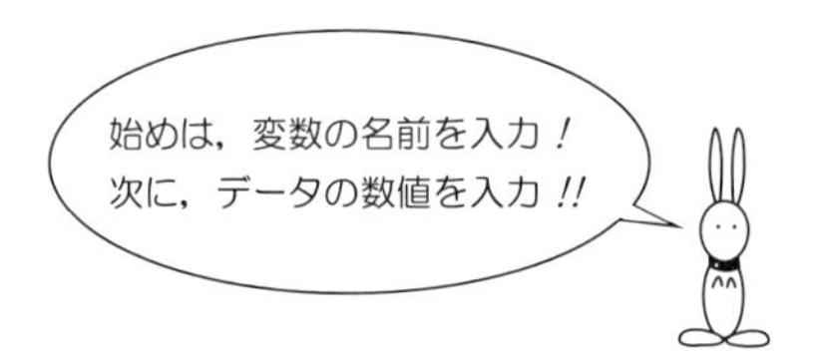

■データ入力の手順

表 1.1.1 のデータを入力してみよう.

手順 1　はじめに，変数名を入力します.

そこで，画面左下の **変数ビュー** をマウスでクリック.

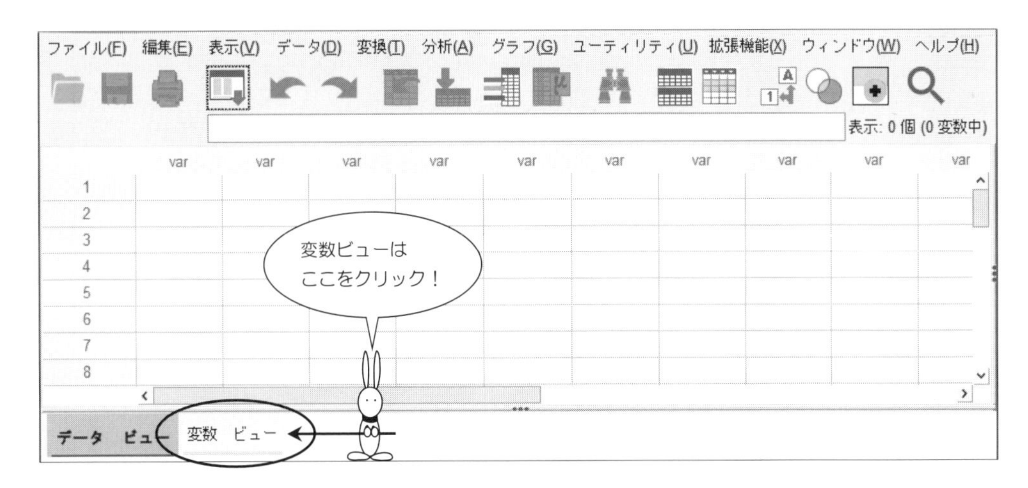

手順 2　変数ビューの画面に変わったら，名前の下のセルに変数名を入力します.

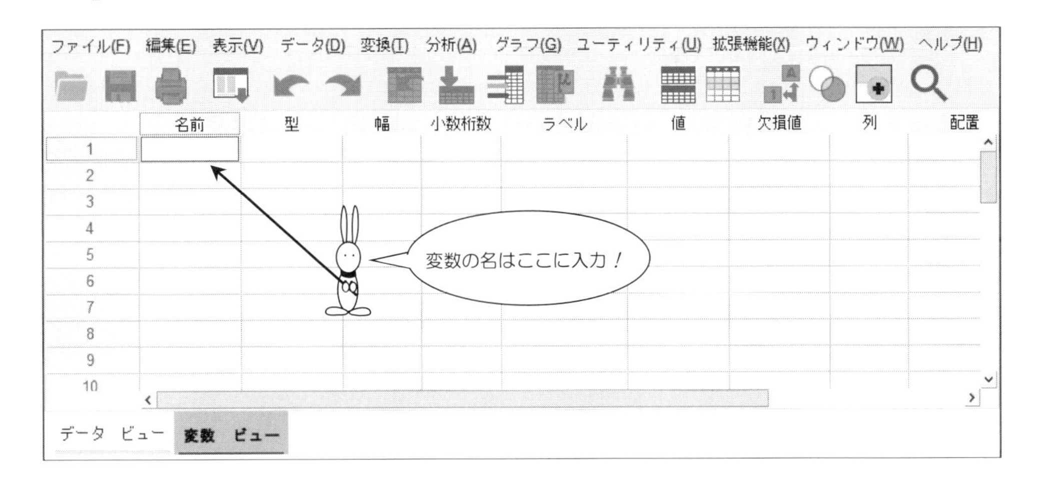

手順 3　データの最初の変数名は**身長**なので，名前の下のセルに**身長**と入力．
そして ⏎．

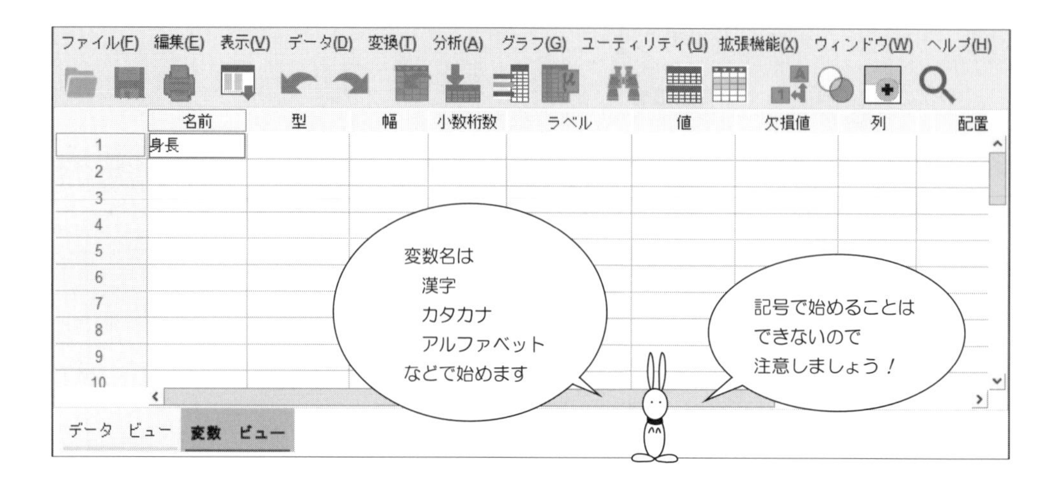

手順 4　すると，型や幅や小数桁数のセルにいろいろなものが現れます．

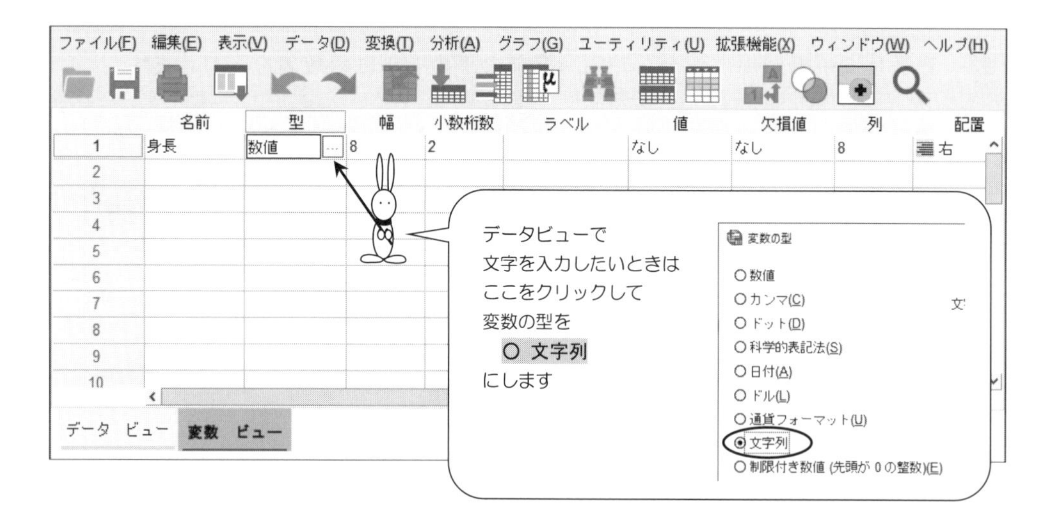

手順 5　身長のデータは小数桁数が 0 なので，

次のように小数桁数の 2 を 0 に変えます．

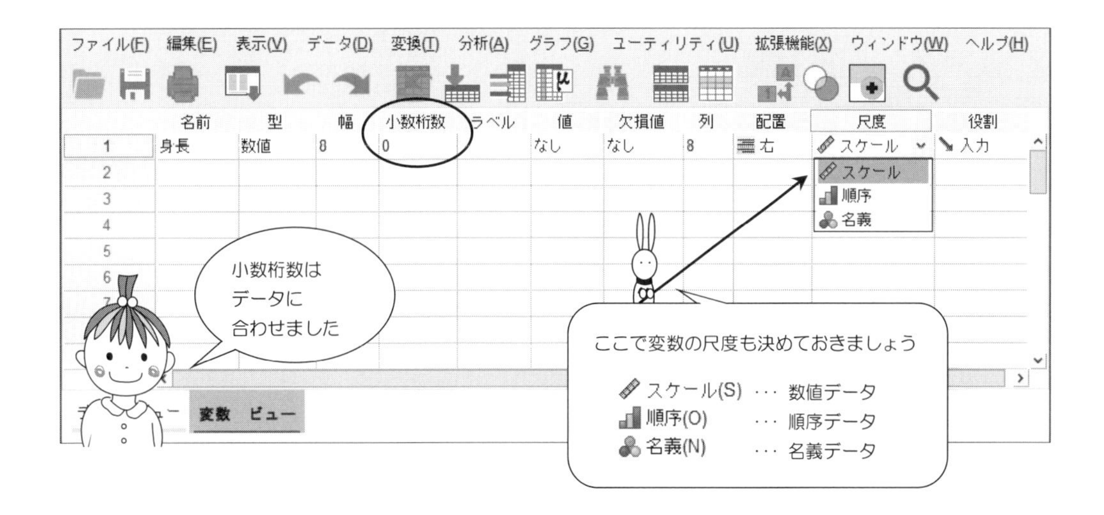

手順 6　2番目の変数体重についても，同じように入力します．

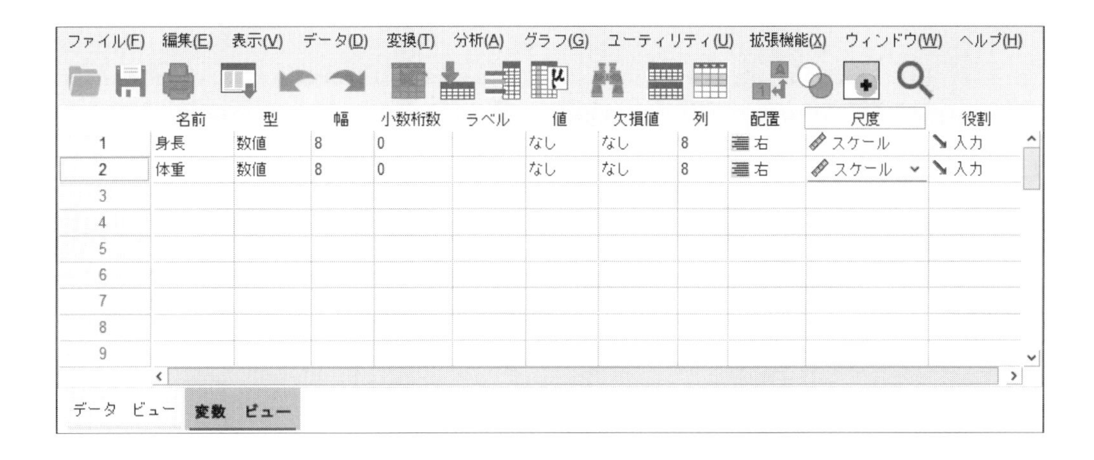

手順 7　画面をデータビューにもどし，上から順に，151，164，…

と数値を入力します.

体重のデータも，続けて入力！

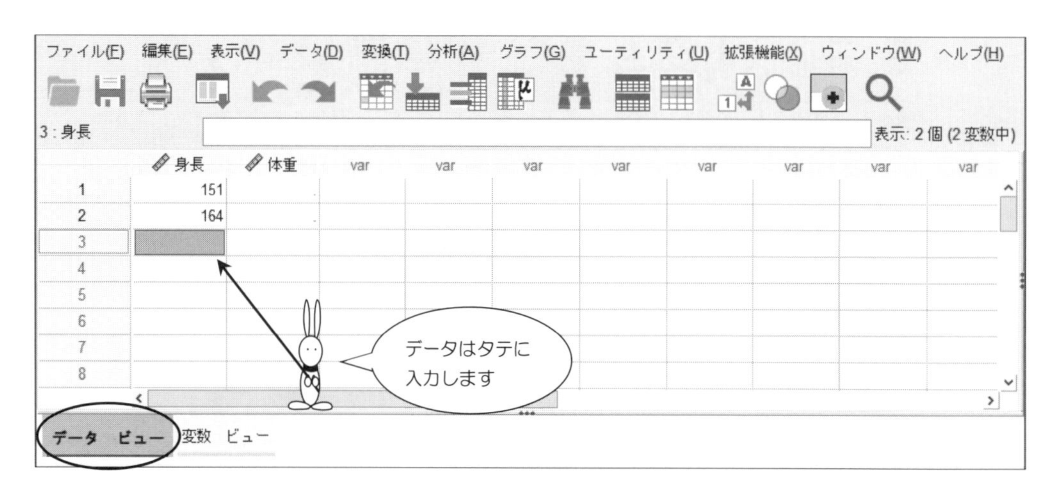

手順 8　次のようなデータになれば，できあがり!!

統計処理に移るときは，この状態から 分析(A) をマウスでクリック!!

ファイル(F)　編集(E)　表示(V)　データ(D)　変換(T)　分析(A)　グラフ(G)　ユーティリティ(U)　拡張機能(X)　ウィンドウ(W)　ヘルプ(H)

4 : 体重　61　表示: 2 個 (2 変数中)

	身長	体重	var	var	var	var	var	var	var	var
1	151	48								
2	164	53								
3	146	45								
4	158	61								
5										
6										
7										
8										

データ　ビュー　変数　ビュー

■基礎統計量の求め方

平均値・分散・標準偏差といった基礎統計量を求めよう.

手順 **1**　分析(A) のメニューから 記述統計(E) を選択.

続いて，サブメニューから，記述統計(D) を選択します.

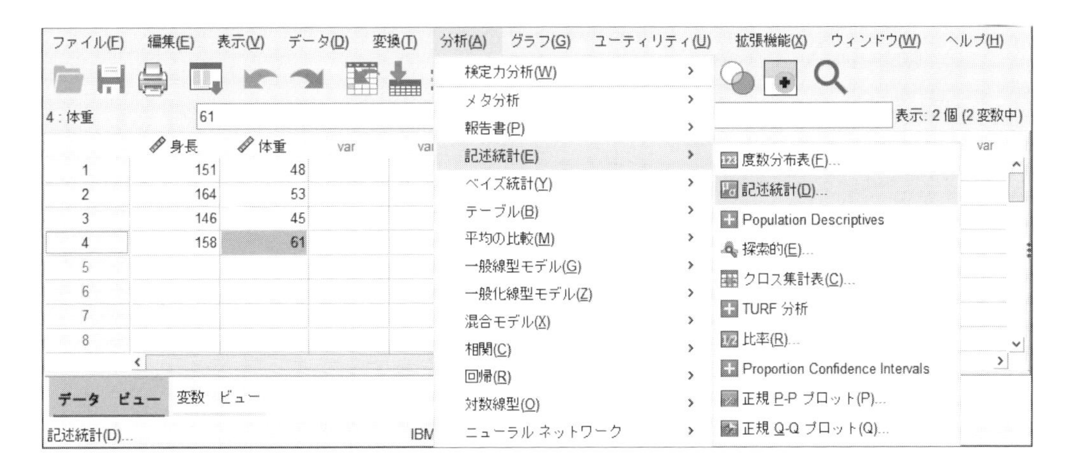

手順 **2**　次の画面になったら，変数(V) のワクの中へ，身長と体重を移動し，

オプション(O) をクリックします.

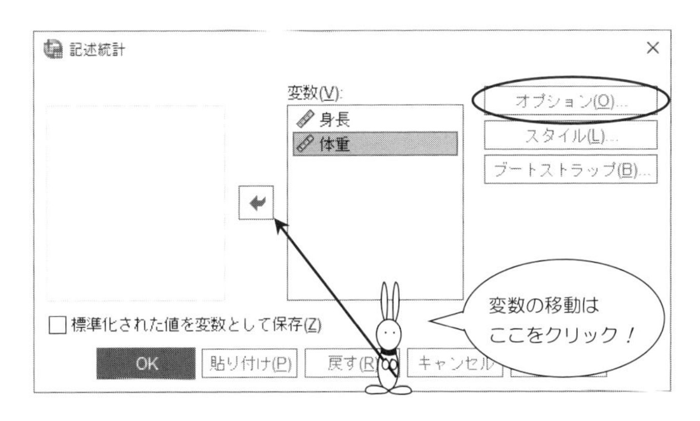

手順 3　オプションの画面になったら，

　　平均値(M)，　標準偏差(T)，　分散(V)

をチェックしておきます．

そして，［続行］をクリック．

手順 4　手順 2 の画面に戻ったら，

あとは［OK］ボタンをマウスでカチッ！

【SPSS による出力】

次のようになりましたか？

記述統計量

	度数	最小値	最大値	平均値	標準偏差	分散
身長	4	146	164	154.75	7.890	62.250
体重	4	45	61	51.75	6.994	48.917
有効なケースの数 (リストごと)	4					

SPSS を使うと
カンタンね！

度数とは
データの個数
のことです

なるほど
one point

身長の平均値 $= \dfrac{x_1 + x_2 + \cdots + x_N}{N}$

$= \dfrac{151 + 164 + 146 + 158}{4}$

$= 154.75$

身長の分散 $= \dfrac{(x_1 - \bar{x})^2 + (x_2 - \bar{x})^2 + \cdots + (x_N - \bar{x})^2}{N - 1}$

$= \dfrac{(151 - 154.75)^2 + (164 - 154.75)^2 + (146 - 154.75)^2 + (158 - 154.75)^2}{4 - 1}$

$= 62.250$

身長の標準偏差 $= \sqrt{\dfrac{(x_1 - \bar{x})^2 + (x_2 - \bar{x})^2 + \cdots + (x_N - \bar{x})^2}{N - 1}}$

$= \sqrt{\dfrac{(151 - 154.75)^2 + (164 - 154.75)^2 + (146 - 154.75)^2 + (158 - 154.75)^2}{4 - 1}}$

$= 7.890$

Section 1.2　分散共分散行列と相関行列を求めよう

多変量解析は，多くの変数を取り扱う統計手法です．

したがって，1つの変数についての統計量

“平均値”　“分散”　“標準偏差”

だけでなく，変数と変数の関係を示す統計量も必要になります．

それが

“共分散”　と　**“相関係数”**

です．この共分散や相関係数は

“行列の形”

で表現されます．

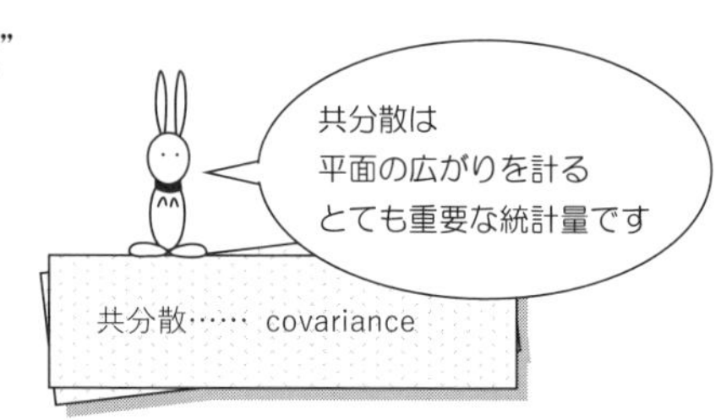

たとえば

	変数1	変数2	変数3
変数1	分散	共分散	共分散
変数2	共分散	分散	共分散
変数3	共分散	共分散	分散

のような**分散共分散行列**や

	変数1	変数2	変数3
変数1	1	相関係数	相関係数
変数2	相関係数	1	相関係数
変数3	相関係数	相関係数	1

のような**相関行列**です．

SPSS による分散共分散行列や相関行列は，どのように出力されるのでしょうか？

■分散共分散行列と相関行列の求め方

手順 **1**　分析(A) のメニューの中から 相関(C) を選択．

続いて，2変量(B) を選択します．

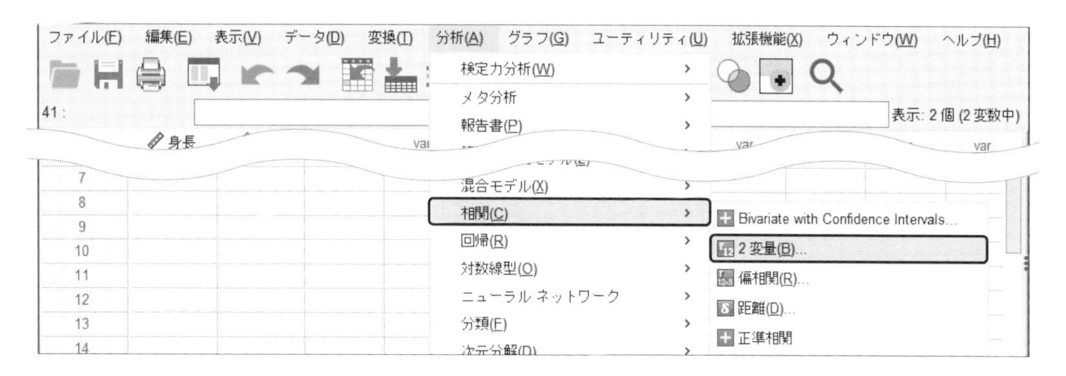

手順 **2**　次の画面になったら，変数(V) のワクの中へ，身長と体重を移動します．

そして，オプション(O) をクリック．

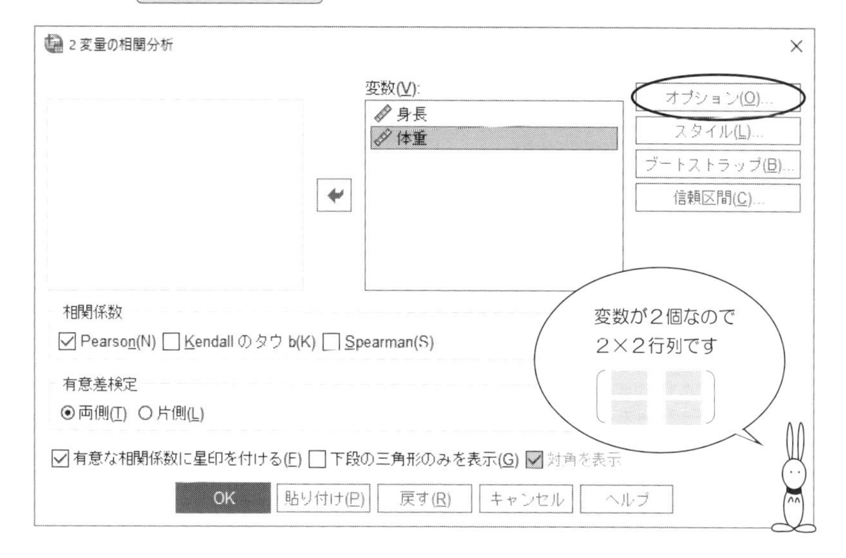

手順 3 オプション画面になったら，統計 の中の

交差積和と共分散(C)

をチェック．そして，続行 をクリックします．

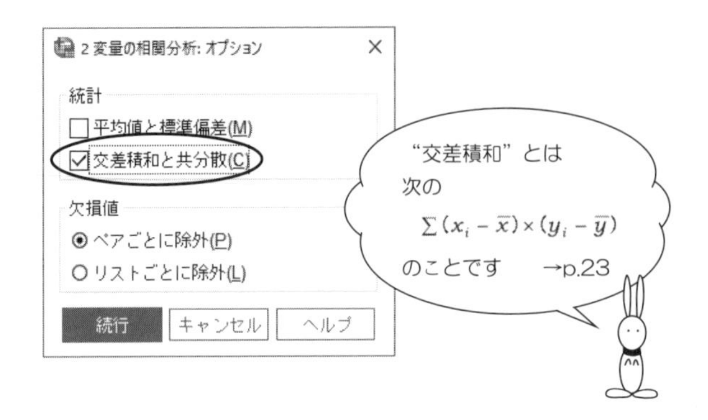

手順 4 手順 2 の画面に戻ったら，あとは OK ボタンをマウスでカチッ！

2 変量の相関分析

変数(V):

身長

体重

オプション(O)...

スタイル(L)...

ブートストラップ(B)...

信頼区間(C)...

相関係数

Pearson(N)　Kendall のタウ b(K)　Spearman(S)

有意差検定

両側(T)　片側(L)

有意な相関係数に星印を付ける(F)　下段の三角形のみを表示(G)　対角を表示

OK　貼り付け(P)　戻す(R)　キャンセル　ヘルプ

【SPSS による出力】

次のようになりましたか？

相関

		身長	体重
身長	Pearson の相関係数	1	.693
	有意確率 (両側)		.307
	平方和と積和	186.750	114.750
	共分散	62.250	38.250
	度数	4	4
体重	Pearson の相関係数	.693	1
	有意確率 (両側)	.307	
	平方和と積和	114.750	146.750
	共分散	38.250	48.917
	度数	4	4

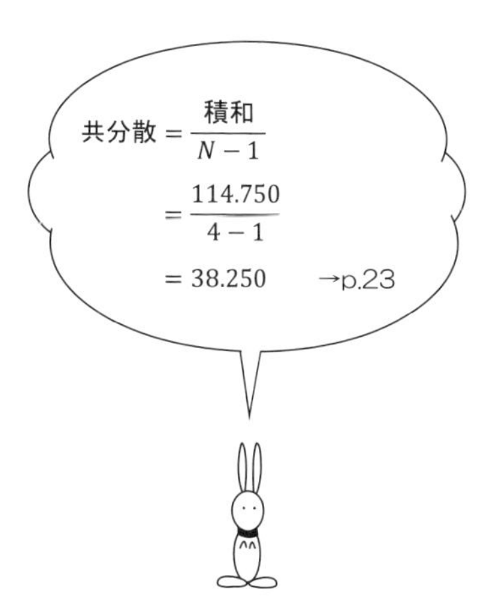

【出力結果の読み取り方】

したがって，分散共分散行列と相関行列は次のようになります．

分散共分散行列

	身長	体重
身長	62.250	38.250
体重	38.250	48.917

相関行列

	身長	体重
身長	1	0.693
体重	0.693	1

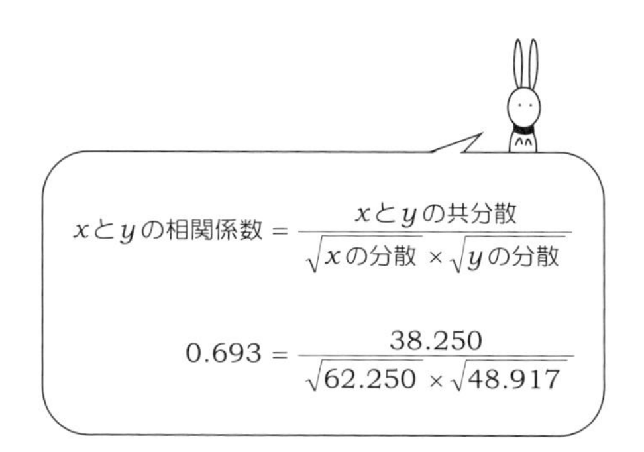

xとyの相関係数 $= \dfrac{x \text{と} y \text{の共分散}}{\sqrt{x\text{の分散}} \times \sqrt{y\text{の分散}}}$
$0.693 = \dfrac{38.250}{\sqrt{62.250} \times \sqrt{48.917}}$

Section 1.3　データの標準化をしてみると？

多変数になると，変数の単位が統計量に影響を与えます．

そこで，SPSS を使って，データの標準化をしてみよう．

■データの標準化の手順

手順 1　分析(A) のメニューから 記述統計(E) ⇨ 記述統計(D) を選択．

手順 2　次の画面になったら 変数(V) のワクの中へ，身長と体重を移動．

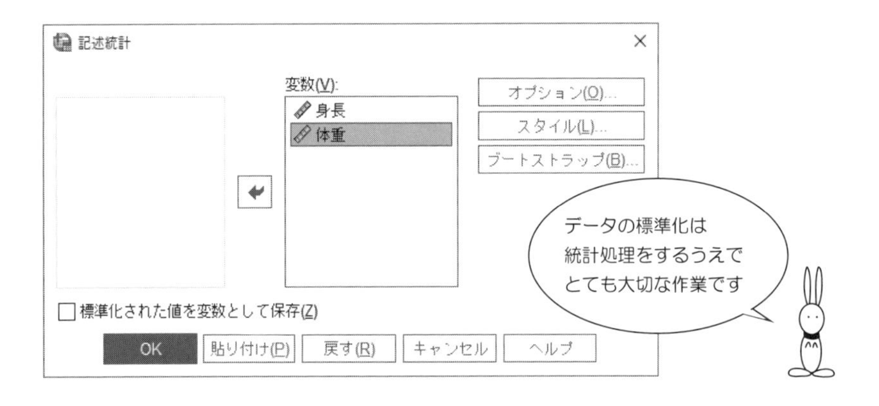

手順 3　画面左下の 標準化された値を変数として保存(Z) をクリック．
そして，OK．

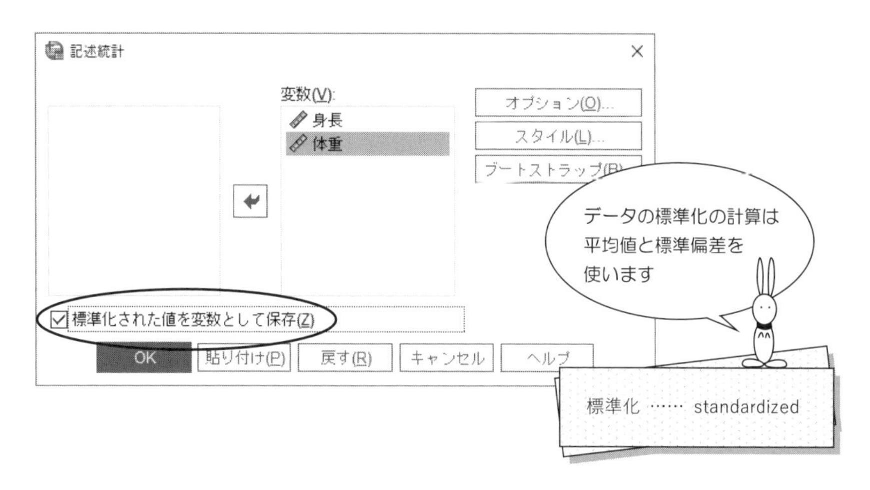

【SPSS による出力】

データビューの画面は，次のようになりましたか？

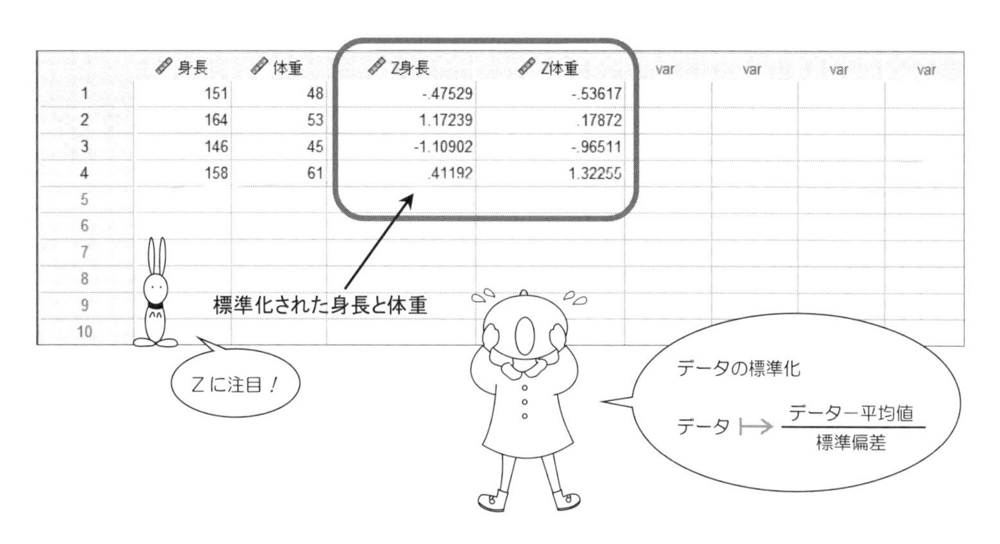

	身長	体重	Z身長	Z体重	var	var	var	var
1	151	48	-.47529	-.53617				
2	164	53	1.17239	.17872				
3	146	45	-1.10902	-.96511				
4	158	61	.41192	1.32255				
5								
6								
7								
8								
9								
10								

■標準化されていますか？

Z身長，Z体重がそれぞれ標準化されていることを確認してみよう!!．

手順1　分析(A) のメニューから 記述統計(E) を選択．

続いて，サブメニューから 記述統計(D) を選択します．

手順2　次の画面になったら 変数(V) のワクの中へ，Z身長とZ体重を移動して，

あとは OK ボタンをマウスでカチッ！

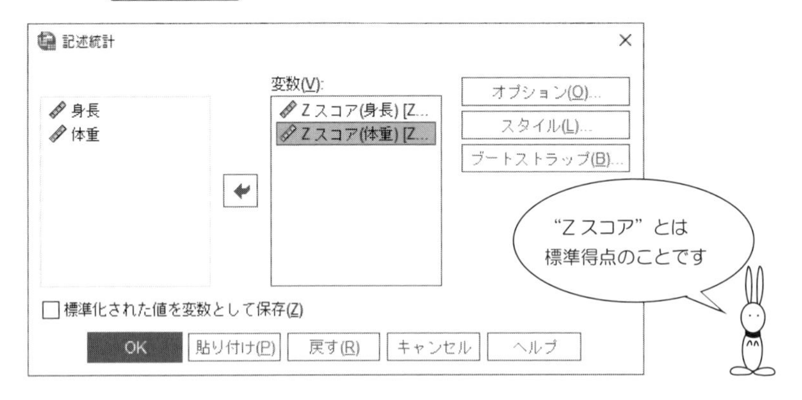

【SPSS による出力】

記述統計量

	度数	最小値	最大値	平均値	標準偏差	分散
Ζスコア(身長)	4	-1.10902	1.17239	.0000000	1.00000000	1.000
Ζスコア(体重)	4	-.96511	1.32255	.0000000	1.00000000	1.000
有効なケースの数 (リストごと)	4					

どんなデータでも
標準化すると……

平均値 → 0
標準偏差 → 1
分散 → 1

【出力結果の読み取り方】

平均値が 0，標準偏差が 1 ‼　これがデータの標準化です.

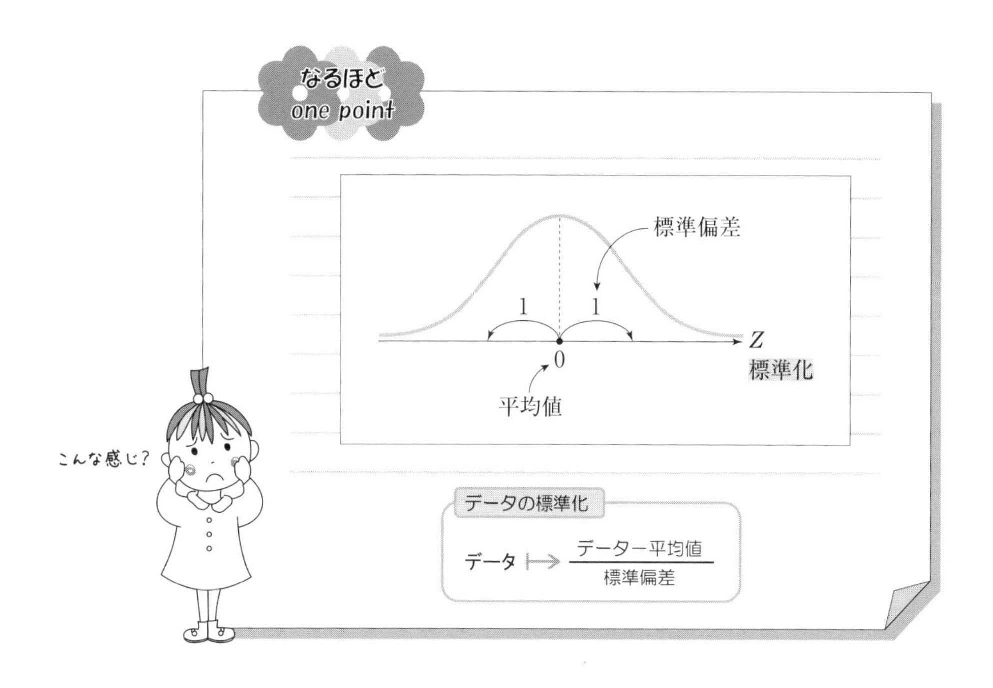

■標準化されたデータの分散共分散行列は？!

標準化されたデータの分散共分散行列がどうなるのか調べてみよう．

手順 **1**　分析(A) のメニューから 相関(C) ⇨ 2変量(B) を選択．

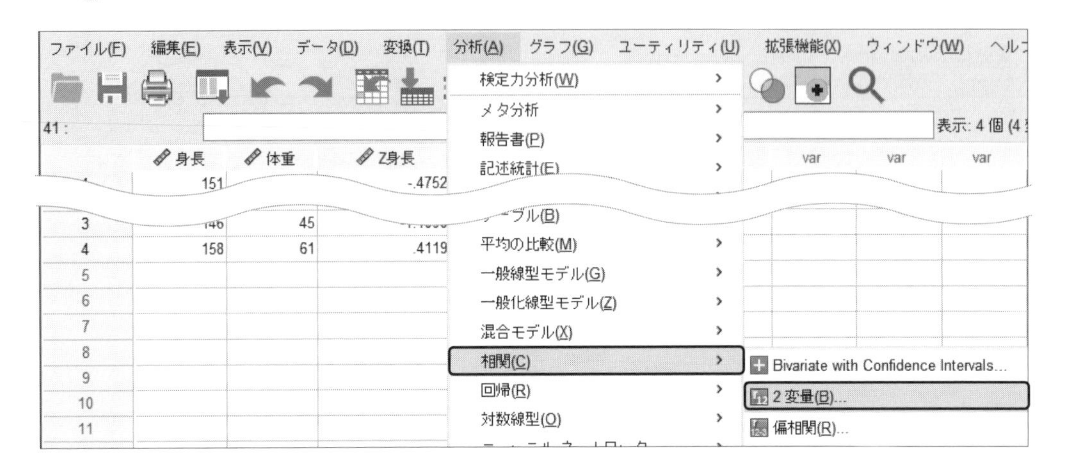

手順 **2**　次の画面になったら 変数(V) のワクの中へ，Z 身長と Z 体重を移動して，

オプション(O) をクリックします．

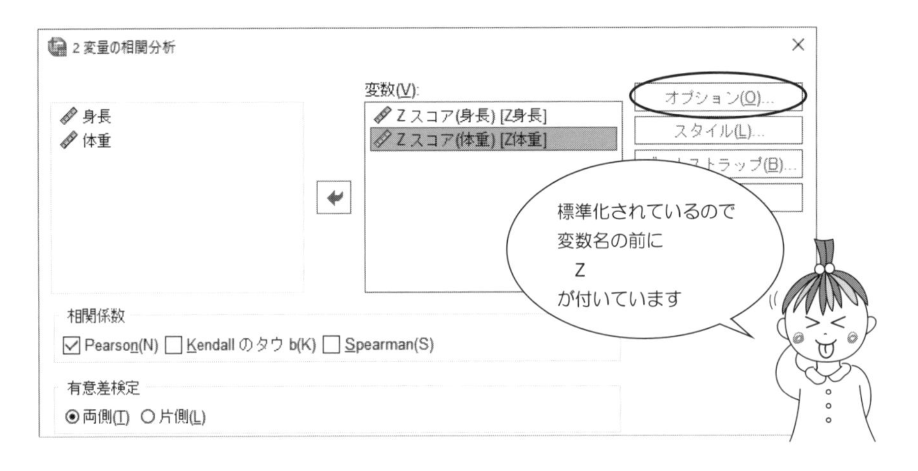

手順 3　オプションの画面になったら，交差積和と共分散(C) をクリックします．
そして，続行．

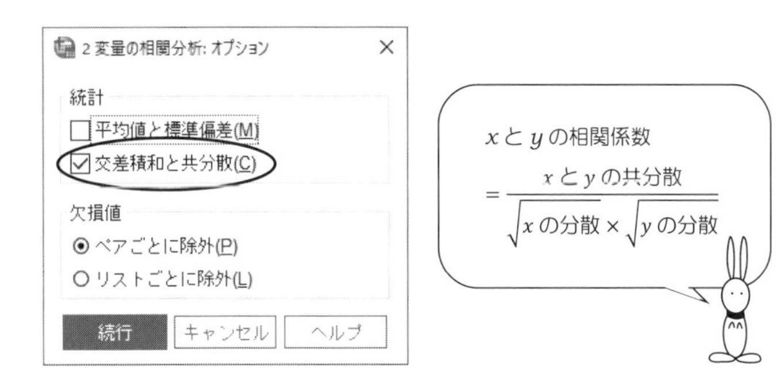

手順 4　次の画面に戻ったら，あとは OK ボタンをマウスでカチッ！

2 変量の相関分析
身長
体重
変数(V):
Z スコア(身長) [Z身長]
Z スコア(体重) [Z体重]
オプション(O)...
スタイル(L)...
ブートストラップ(B)...
信頼区間(C)...
相関係数
Pearson(N)　Kendall のタウ b(K)　Spearman(S)
有意差検定
両側(T)　片側(L)
有意な相関係数に星印を付ける(F)　下段の三角形のみを表示(G)　対角を表示
OK　貼り付け(P)　戻す(R)　キャンセル　ヘルプ

【SPSSによる出力】

相関

		Zスコア(身長)	Zスコア(体重)
Zスコア(身長)	Pearson の相関係数	1	.693
	有意確率 (両側)		.307
	平方和と積和	3.000	2.079
	共分散	1.000	.693
	度数	4	4
Zスコア(体重)	Pearson の相関係数	.693	1
	有意確率 (両側)	.307	
	平方和と積和	2.079	3.000
	共分散	.693	1.000
	度数	4	4

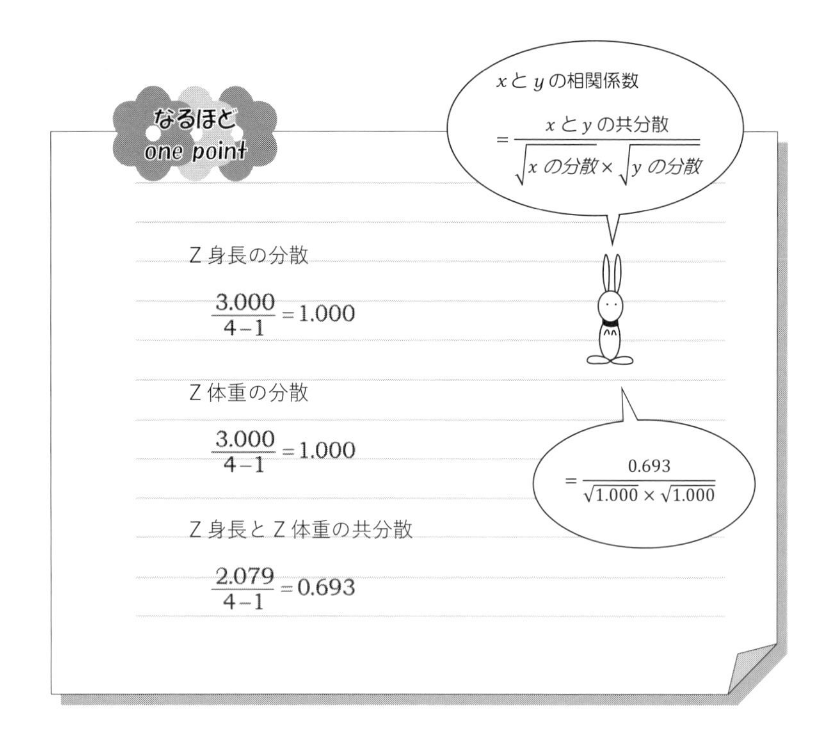

なるほど
one point
xとyの相関係数
$= \dfrac{x と y の共分散}{\sqrt{x の分散} \times \sqrt{y の分散}}$
Z身長の分散
$\dfrac{3.000}{4-1} = 1.000$
Z体重の分散
$\dfrac{3.000}{4-1} = 1.000$
Z身長とZ体重の共分散
$\dfrac{2.079}{4-1} = 0.693$
$= \dfrac{0.693}{\sqrt{1.000} \times \sqrt{1.000}}$

【出力結果の読み取り方】

SPSS の出力を見ると

$$相関係数 = 0.693$$
$$共分散 \quad = 0.693$$

になっていることがわかります.

したがって，データの標準化をすると

$$\underset{\text{標準化された分散共分散行列}}{\begin{bmatrix} 1.000 & 0.693 \\ 0.693 & 1.000 \end{bmatrix}} = \underset{\text{相関行列}}{\begin{bmatrix} 1.000 & 0.693 \\ 0.693 & 1.000 \end{bmatrix}}$$

のように，分散共分散行列と相関行列が一致します.

この標準化は多変量解析において，とても大切な考え方です!!

積和と共分散の定義

$$x \text{ と } y \text{ の積和} = (x_1 - \bar{x}) \times (y_1 - \bar{y}) + \cdots + (x_N - \bar{x}) \times (y_N - \bar{y})$$

$$x \text{ と } y \text{ の共分散} = \frac{(x_1 - \bar{x}) \times (y_1 - \bar{y}) + \cdots + (x_N - \bar{x}) \times (y_N - \bar{y})}{N - 1}$$

Section 1.4　固有値と固有ベクトル？

多変量解析の本を見ていると

固有値　　**固有ベクトル**

という言葉がよく出てきます．

ということは，固有値・固有ベクトルは多変量解析を学ぶ上で，
とても重要な概念だということがわかるのですが……

しかしながら，次のように固有値・固有ベクトルの概念は **ピン！**ときません．

固有値・固有ベクトルの定義

> Aを n 次正方行列とする．実数 λ に対し
>
> $$\mathrm{A}\cdot\mathbf{p} = \lambda\cdot\mathbf{p} \qquad (\mathbf{p} \neq 0)$$
>
> を満たすベクトル $\mathbf{p}$ が存在するとき，
>
> λ を行列 A の**固有値**
>
> $\mathbf{p}$ を固有値 λ に属する**固有ベクトル**
>
> という．

でも，固有値・固有ベクトルを気にすることはありません．
多変量解析では，計算途中に固有値・固有ベクトルを利用するだけなので
“あまり気にしないで”
先に進みましょう．

● 気になる人のために…　→ p.25

■固有値・固有ベクトルの具体例

身長と体重の分散共分散行列は

$$A = \begin{bmatrix} 62.250 & 38.250 \\ 38.250 & 48.917 \end{bmatrix}$$

固有値 …… eigen value
固有ベクトル …… eigen vector

のようになります.

このとき，固有値・固有ベクトルは，次のようになります.

1 番目の固有値

固有値 $\lambda_1 = 94.410$

固有ベクトル $\mathbf{p}_1 = \begin{bmatrix} -0.765 \\ -0.644 \end{bmatrix}$

2 番目の固有値

固有値 $\lambda_2 = 16.757$

固有ベクトル $\mathbf{p}_2 = \begin{bmatrix} 0.644 \\ -0.765 \end{bmatrix}$

まず固有値を求めてから
その固有値に対する
固有ベクトルを求めます

固有値 λ_1, λ_2 は，次の２次方程式の解です

$$(\lambda - 62.250) \times (\lambda - 48.917) - 38.250 \times 38.250 = 0$$

固有値・固有ベクトルの求め方は…『よくわかる線型代数』を参照してね

■固有値・固有ベクトルの意味

固有値 $\lambda_1 = 94.410$ の場合は……

$$A \cdot \mathbf{p} = \begin{bmatrix} 62.250 & 38.250 \\ 38.250 & 48.917 \end{bmatrix} \cdot \begin{bmatrix} -0.765 \\ -0.644 \end{bmatrix}$$

$$= \begin{bmatrix} -72.254 \\ -60.764 \end{bmatrix}$$

$$\lambda_1 \cdot \mathbf{p} = 94.410 \cdot \begin{bmatrix} -0.765 \\ -0.644 \end{bmatrix}$$

$$= \begin{bmatrix} -72.224 \\ -60.800 \end{bmatrix}$$

A・**p** の計算結果と
λ_1・**p** の計算結果が
少し異なっていますが…

となるので，

固有値・固有ベクトルの定義

$$A \cdot \mathbf{p} = \lambda \cdot \mathbf{p}$$

を図で表現すると，右のページのようになります．

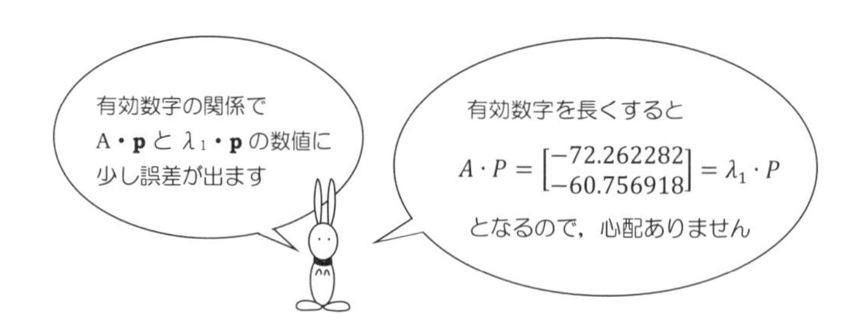

有効数字の関係で
A・**p** と λ_1・**p** の数値に
少し誤差が出ます
有効数字を長くすると
$A \cdot P = \begin{bmatrix} -72.262282 \\ -60.756918 \end{bmatrix} = \lambda_1 \cdot P$
となるので，心配ありません

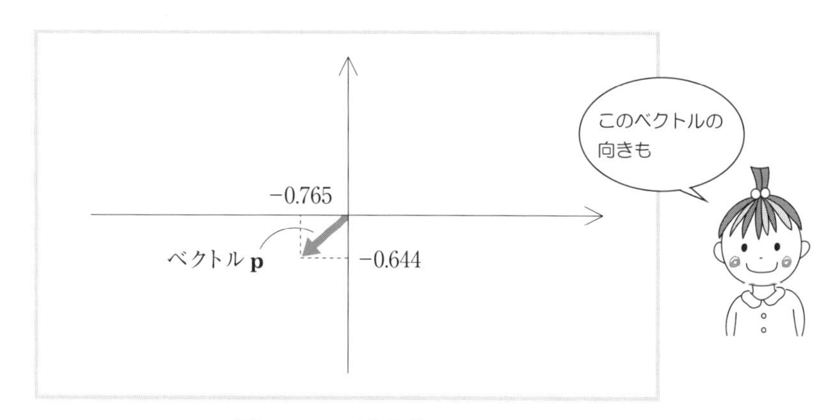

図 1.4.1　ベクトル p

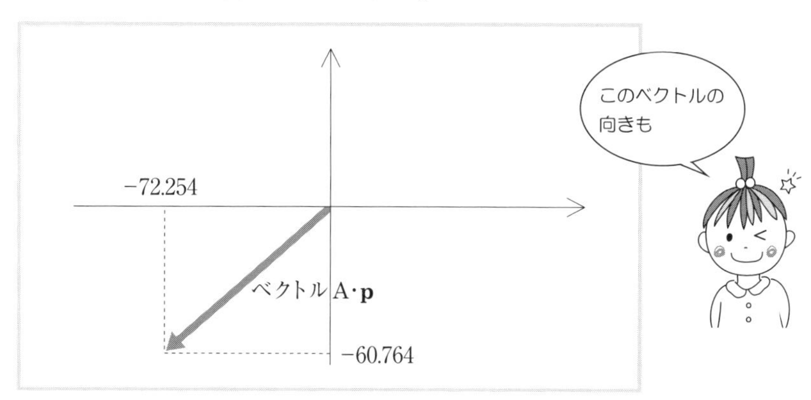

図 1.4.2　ベクトル A･p

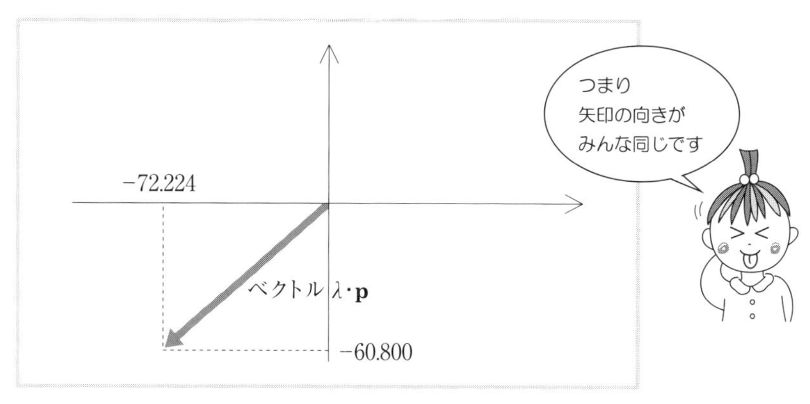

図 1.4.3　ベクトル λ･p

重回帰分析でわかる関係式

Section 2.1　見て理解する重回帰分析

セラミックに高温で圧力をかけながら圧縮変形をおこなうと，セラミックス内部の結晶面が一定の方向を向く配向現象が起こります．この結晶面の並び方を配向度といいます．

次のデータは，いろいろな条件のもとでセラミックスを作ったときの配向度を測定した結果です．

ceramic は原料
ceramics は焼結体
だそうです

表 2.1.1　温度・圧力・配向度のデータ

No.	配向度	条　件	
		温度	圧力
1	45	17.5	30
2	38	17.0	25
3	41	18.5	20
4	34	16.0	30
5	59	19.0	45
6	47	19.5	35
7	35	16.0	25
8	43	18.0	35
9	54	19.0	35
10	52	19.5	40

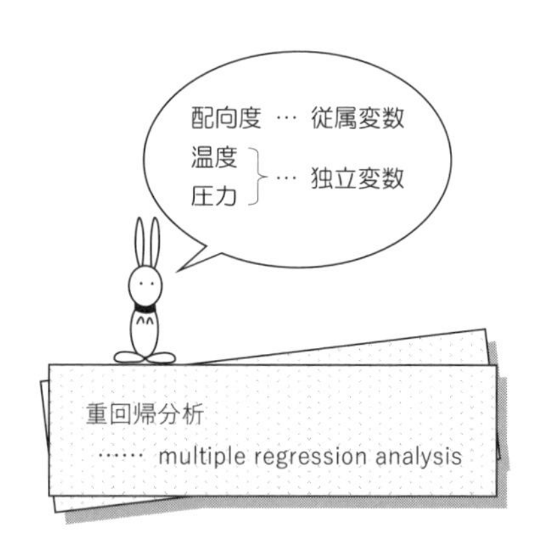

配向度 … 従属変数
温度
圧力 … 独立変数
重回帰分析
…… multiple regression analysis

このデータを使って，**重回帰分析**をしてみましょう．

重回帰分析は，

"いくつかの変数の間に成り立つ関係式を見つける"

ことから始まります．

変数と変数の間の関係を調べる最もよい方法は

"散布図"

を描いてみることです．

このデータの場合，知りたいことは，次のような変数間の関係です．

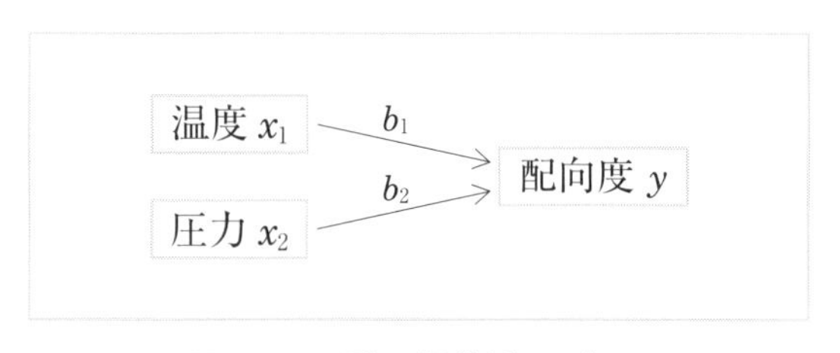

図 2.1.1 重回帰分析のパス図

そこで

- 配向度 y と 温度 x_1 の 散布図
- 配向度 y と 圧力 x_2 の 散布図

をそれぞれ描いてみましょう．

■［配向度］と［温度］の散布図を描いてみよう

手順 1　データは，次のように入力します．

	配向度	温度	圧力	var	var	var	var	var	var	var
1	45	17.5	30							
2	38	17.0	25							
3	41	18.5	20							
4	34	16.0	30							
5	59	19.0	45							
6	47	19.5	35							
7	35	16.0	25							
8	43	18.0	35							
9	54	19.0	35							
10	52	19.5	40							
11										
12										
13										

統計処理の第一歩は グラフ表現！

ここでは 配向度 y と 温度 x_1 の関係を 調べます

手順 2　散布図を描くときは，グラフ(G) のメニューの中から

図表ビルダー(C) を選択します．

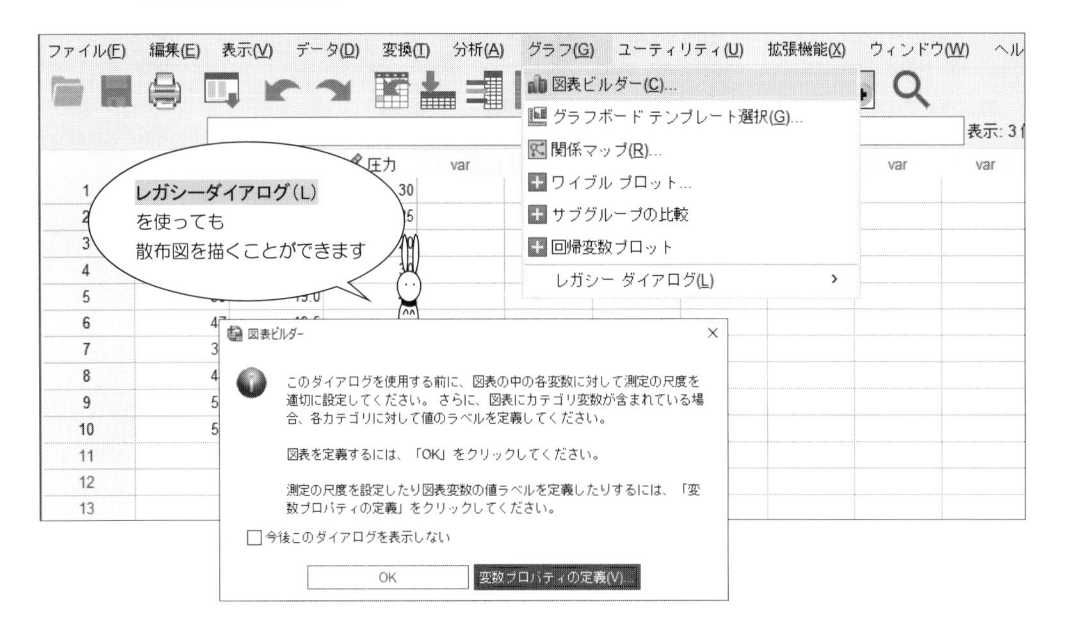

手順 **3**　次の画面が現れたら，ギャラリ の中から 散布図/ドット を選択して

を右上にマウスで引っぱると，次のようになります．

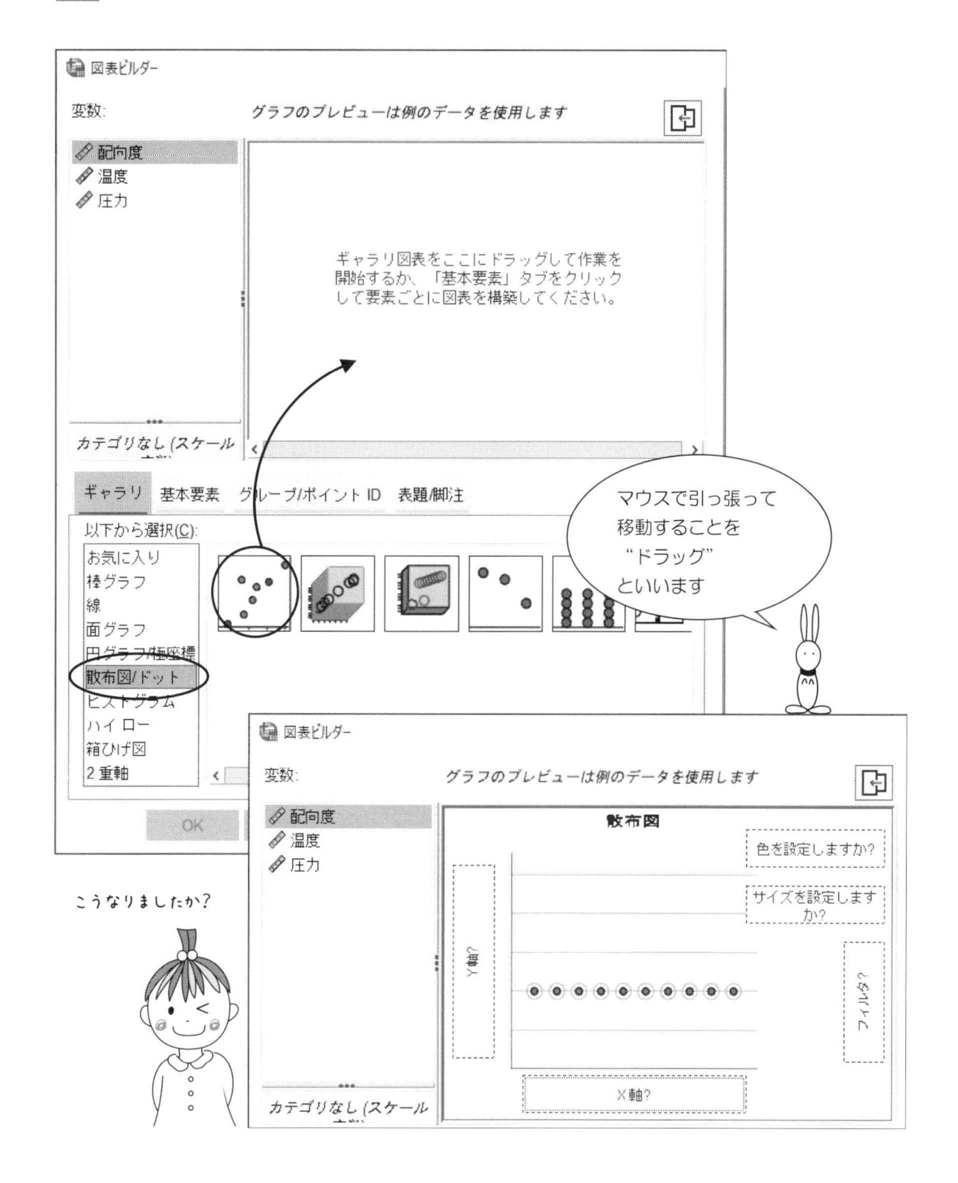

手順 4　温度を x 軸に，配向度を y 軸にマウスでドラッグしたら，
あとは OK ボタンをマウスでカチッ！

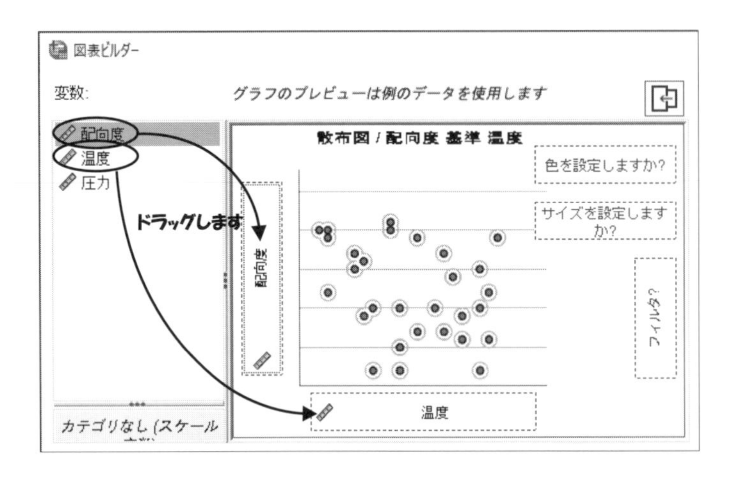

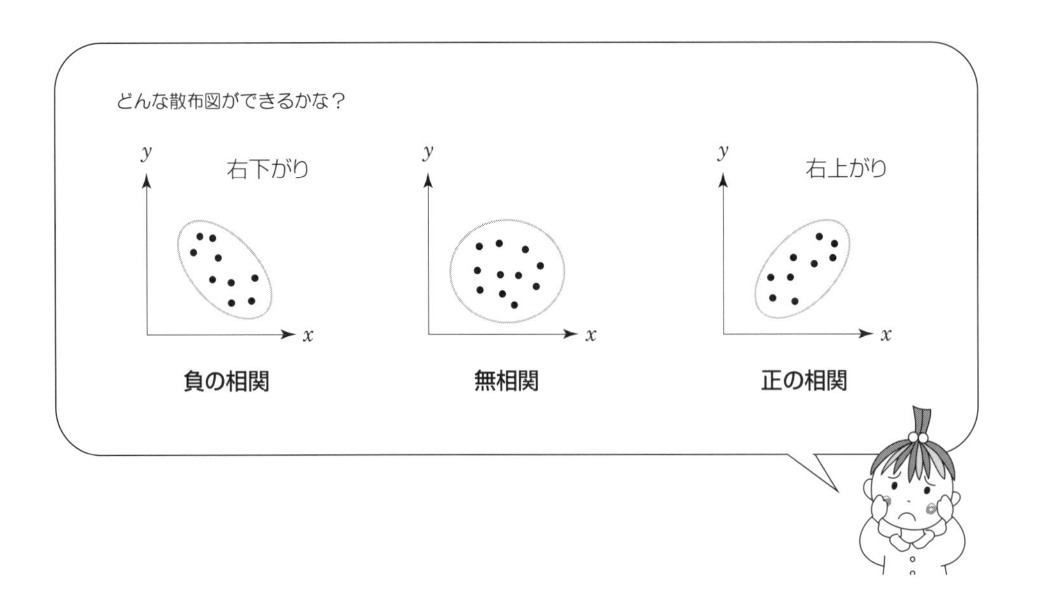

【SPSS による出力】

次のような散布図になりましたか？

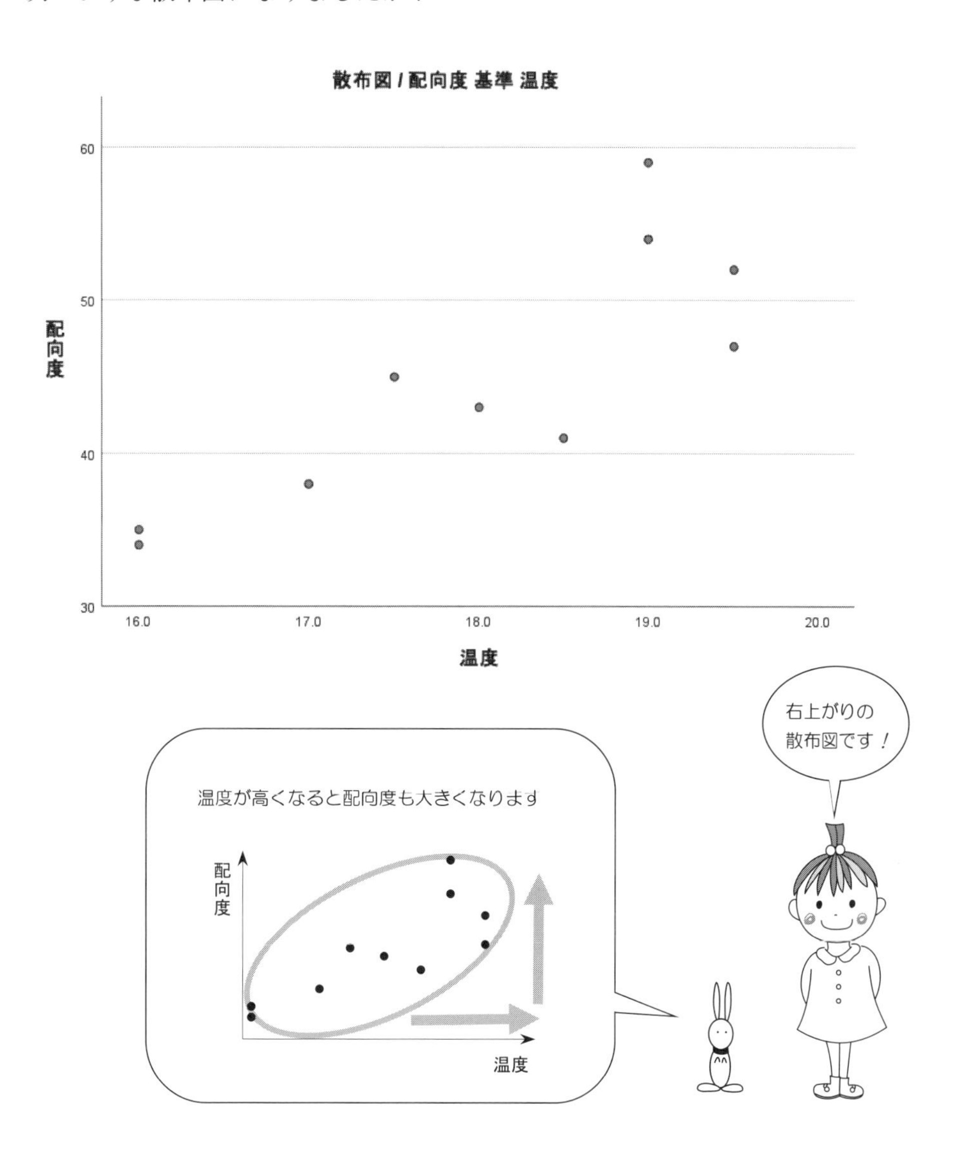

■［配向度］と［圧力］の散布図を描いてみよう

続いて，配向度と圧力の散布図を描いてみると……

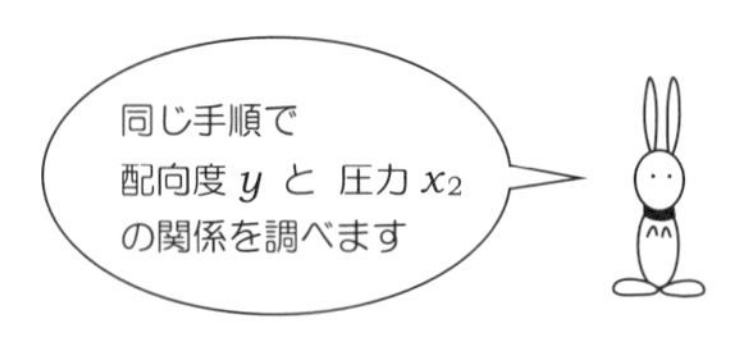

同じ手順で
配向度 y と 圧力 x_2
の関係を調べます

手順 5　圧力を x 軸に，配向度を y 軸に移動して，

あとは OK ボタンをマウスでカチッ！

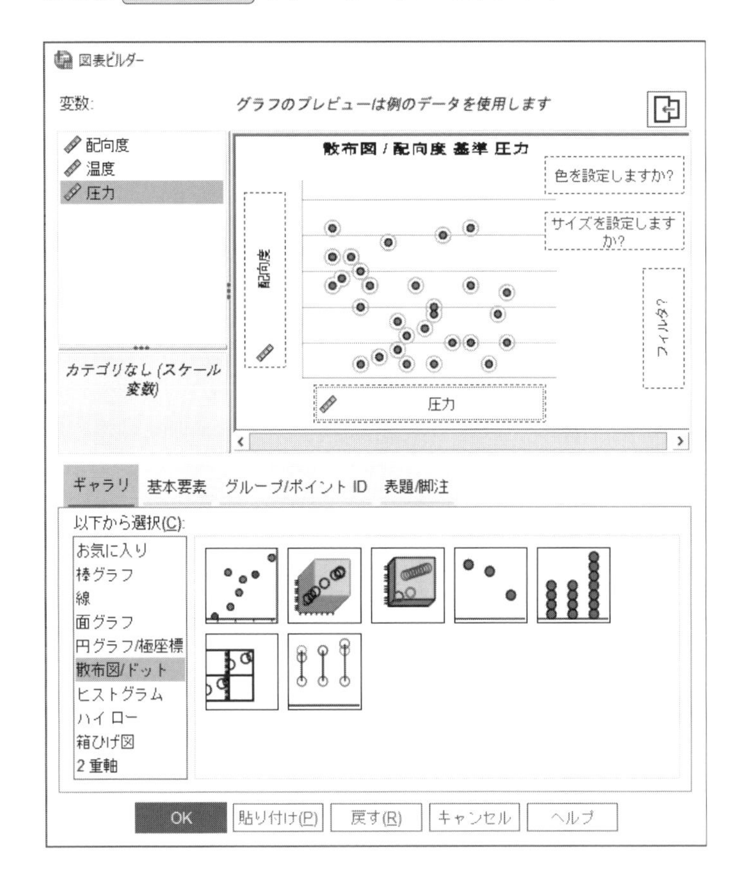

【SPSS による出力】

次のような散布図になりましたか？

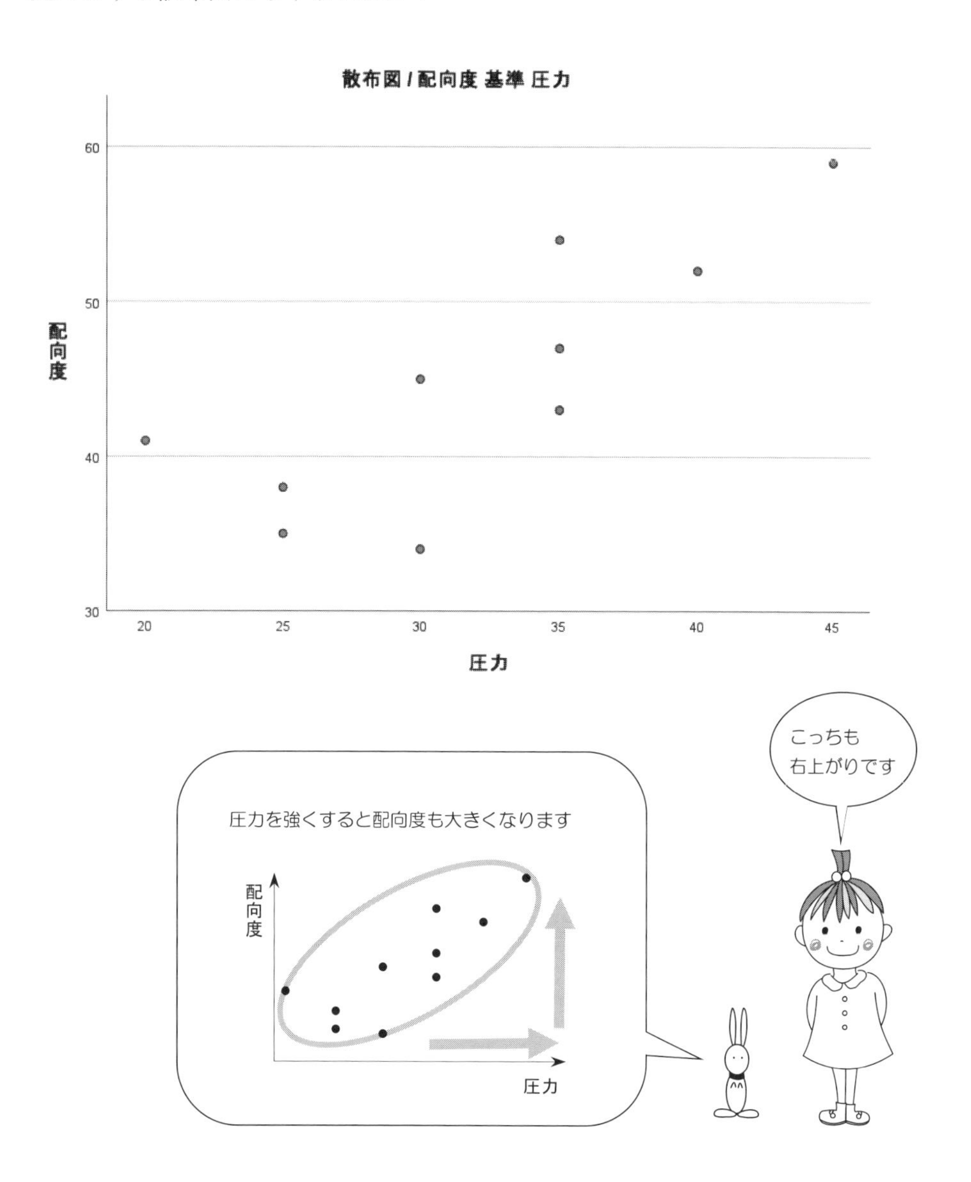

■2つの散布図からわかること！

この2つの散布図は，次のようになっています．

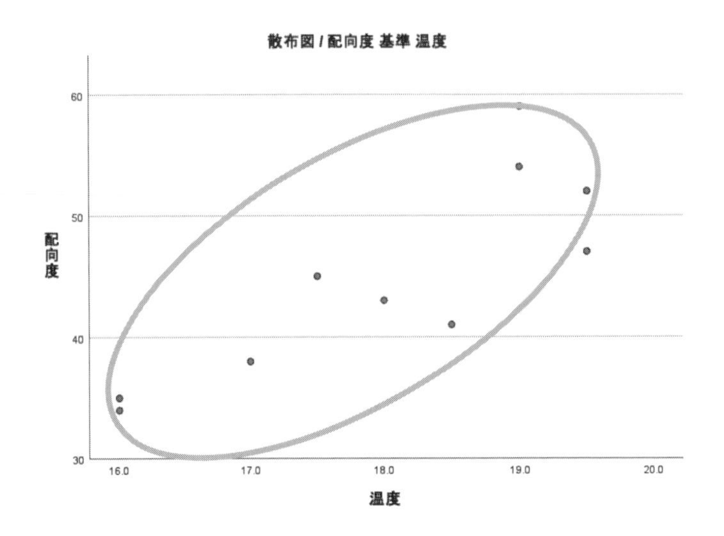

図 2.1.2　温度と配向度の散布図

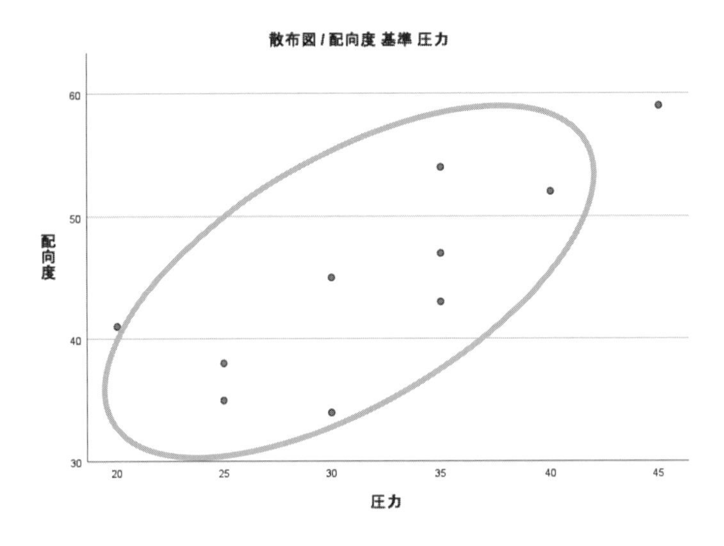

図 2.1.3　圧力と配向度の散布図

よく見ると，データの点は，次の直線のまわりに散らばっているように見えます．

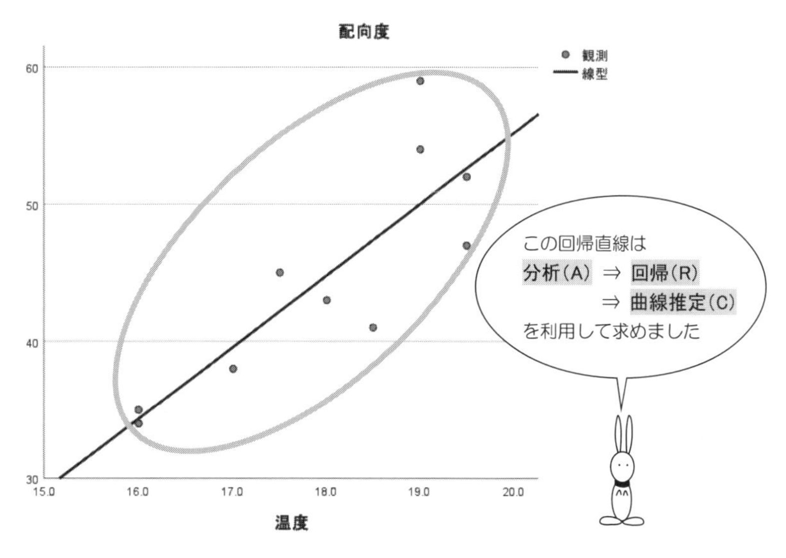

図 2.1.4　温度と配向度の回帰直線

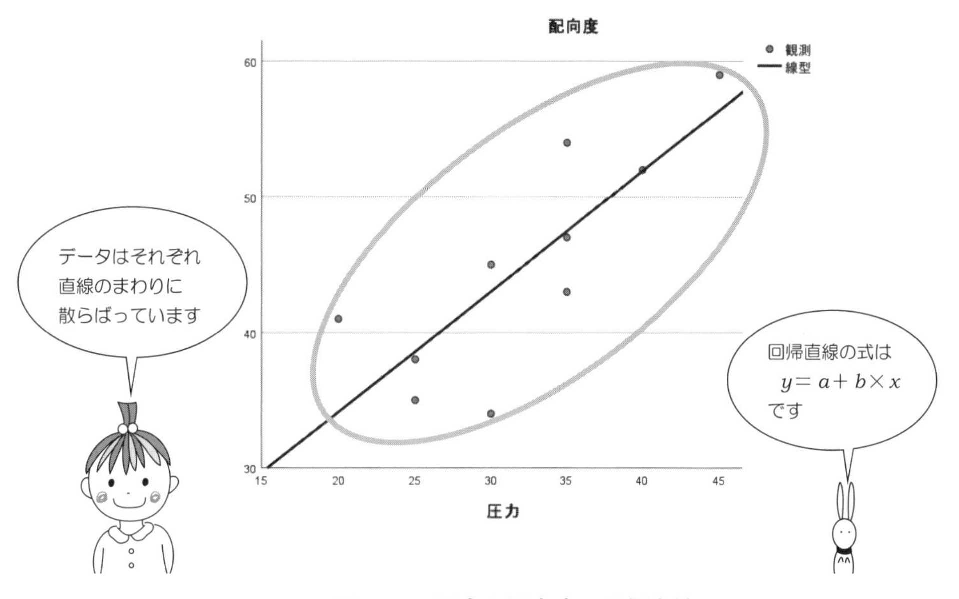

図 2.1.5　圧力と配向度の回帰直線

■これが重回帰分析です！

散布図を見ると，データは直線のまわりに散らばっていました．

ところで，直線は１次式のことですね!!

つまり，配向度 y と温度 x_1 の間には

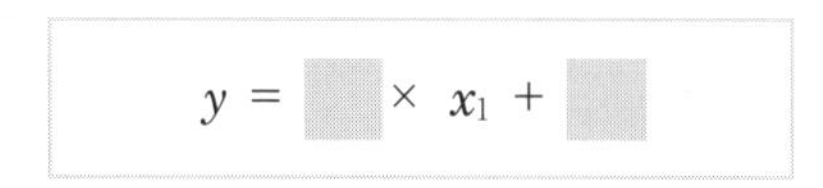

という１次式の関係があると考えられます．

配向度 y と圧力 x_2 の間にも

$$y = \square \times x_2 + \square$$

という１次式の関係があると考えられます．

配向度 y … 従属変数
温度 x_1、圧力 x_2 … 独立変数

そこで，この２つの式をまとめて

$$y = \square \times x_1 + \square \times x_2 + \square$$

という**１次式**を求めることにしましょう．

この１次式を**重回帰式**といい，
この重回帰式を求める統計手法を

重回帰分析

といいます．

従属変数のことを目的変量
独立変数のことを説明変量
ともいいます

でも，図 2.1.4，図 2.1.5 を見てもわかるように，データの各点はきちんと直線上に並んでいるわけではありません．

実測値と予測値の差
実測値－予測値
を“**残差**”といいます

そこで……

はじめに与えられている配向度のデータを

実測値 …… y

1 次式で与えられる配向度の値を

予測値 …… $\mathrm{Y} = b_1 \times x_1 + b_2 \times x_2 + b_0$

と呼ぶことにしましょう．

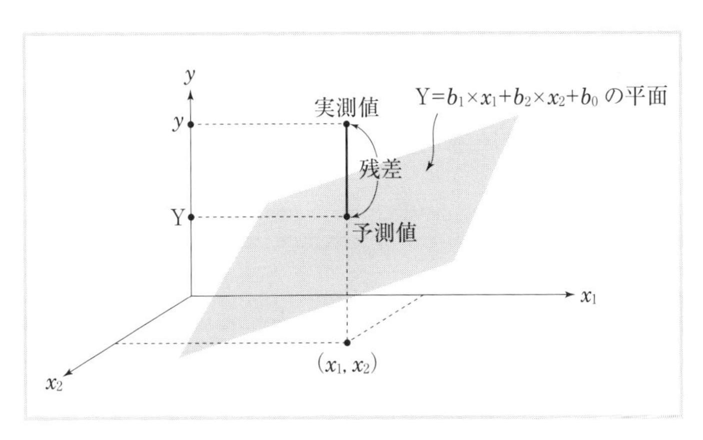

図 2.1.6　実測値と予測値と残差の関係

すると，求めなければならないものは？

それは，予測値 Y を与える重回帰式

$$\mathrm{Y} = b_1 \times x_1 + b_2 \times x_2 + b_0$$

ということになります．

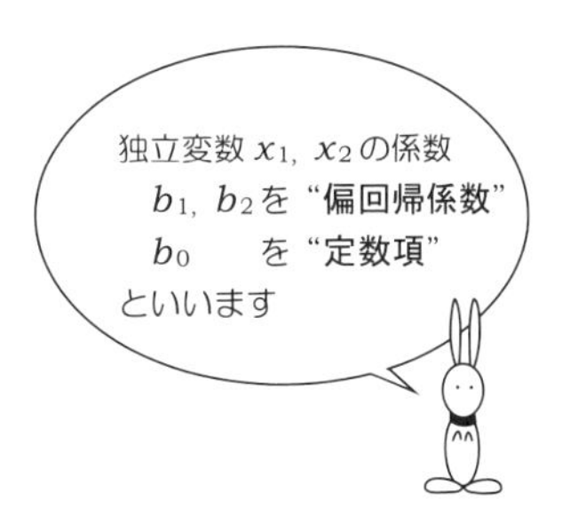

Section 2.2 重回帰式を求めよう

■重回帰式の求め方

手順 1　データを入力したら，分析(A) のメニューの中から 回帰(R) を選択．

サブメニューの中から，線型(L) を選択します．

重回帰式
Y ＝ $b_1 \times x_1 + b_2 \times x_2 + b_0$
は1次式です
1次のことを “線型” といいます
回帰 …… regression

手順 2　線型回帰の画面になったら，従属変数(D) の中へ配向度を，独立変数(I) の中へ温度と圧力を移動します．

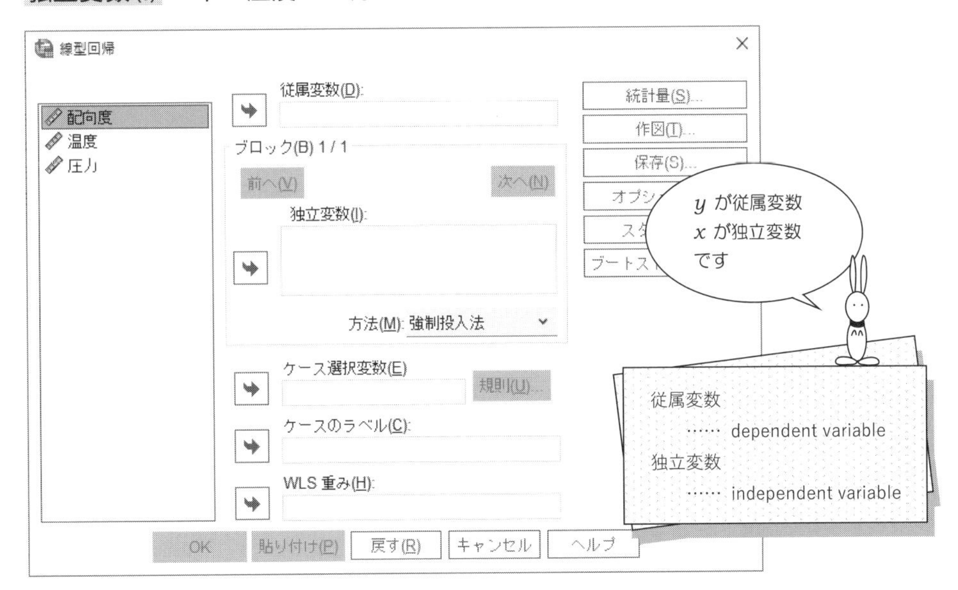

手順 3　次のようになったら，あとは OK ボタンをマウスでカチッ！

線型回帰

温度
圧力

従属変数(D):
配向度

ブロック(B) 1 / 1
前へ(V)　次へ(N)

独立変数(I):
温度
圧力

方法(M): 強制投入法

ケース選択変数(E)　規則(U)...
ケースのラベル(C):
WLS 重み(H):

統計量(S)...
作図(T)...
保存(S)...
オプション(O)...
スタイル(L)...
ブートストラップ(B)...

OK　貼り付け(P)　戻す(R)　キャンセル　ヘルプ

【SPSS による出力】

回帰

モデルの要約

モデル	R	R2 乗	調整済み R2 乗	推定値の標準誤差
1	.926[a]	.858	.818	3.543

a. 予測値: (定数)、圧力, 温度。

分散分析[a]

モデル		平方和	自由度	平均平方	F 値	有意確率
1	回帰	531.716	2	265.858	21.176	.001[b]
	残差	87.884	7	12.555		
	合計	619.600	9			

a. 従属変数 配向度

b. 予測値: (定数)、圧力, 温度。

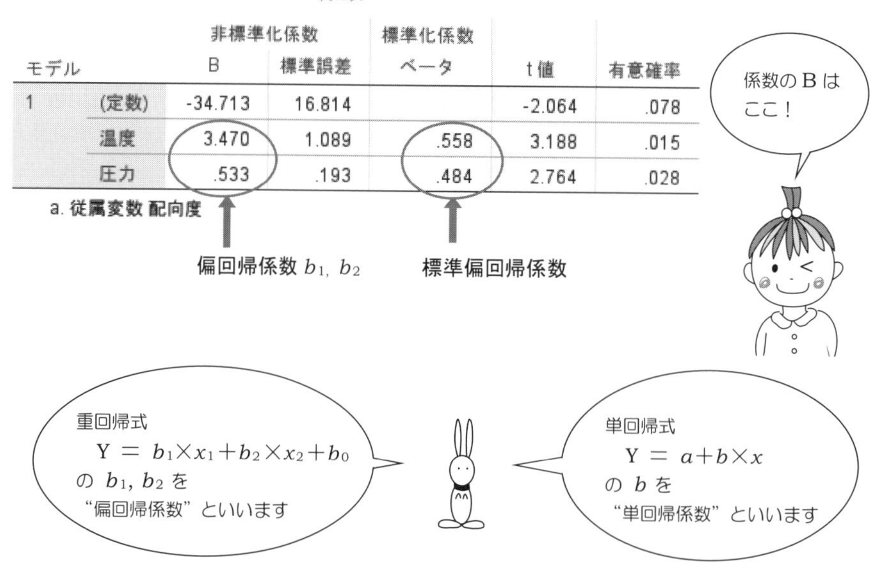

係数[a]

モデル		非標準化係数 B	非標準化係数 標準誤差	標準化係数 ベータ	t 値	有意確率
1	(定数)	-34.713	16.814		-2.064	.078
	温度	3.470	1.089	.558	3.188	.015
	圧力	.533	.193	.484	2.764	.028

a. 従属変数 配向度

偏回帰係数 b_1, b_2
標準偏回帰係数
係数の B はここ！
重回帰式 $Y = b_1 \times x_1 + b_2 \times x_2 + b_0$ の b_1, b_2 を“偏回帰係数”といいます
単回帰式 $Y = a + b \times x$ の b を“単回帰係数”といいます

【出力結果の読み取り方】

SPSS の出力の中に B というところがあります．

係数のワクの中に
B があります

ここが重回帰式の偏回帰係数です !!

したがって

$$\begin{cases} \text{温度の偏回帰係数} = 3.470 \\ \text{圧力の偏回帰係数} = 0.533 \end{cases}$$

なので，予測値 Y を与える重回帰式は

$$Y = 3.470 \times \boxed{\text{温度}} + 0.533 \times \boxed{\text{圧力}} - 34.713$$

となります．

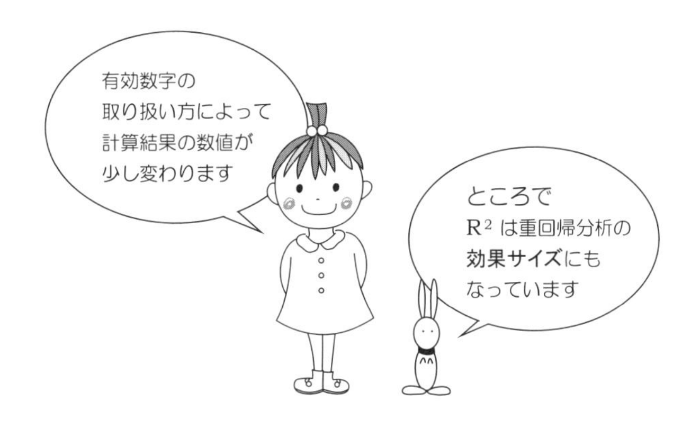
有効数字の
取り扱い方によって
計算結果の数値が
少し変わります
ところで
R² は重回帰分析の
効果サイズにも
なっています

Section 2.3　偏回帰係数は何を意味しているの？

重回帰式は，3つの変数の間の関係

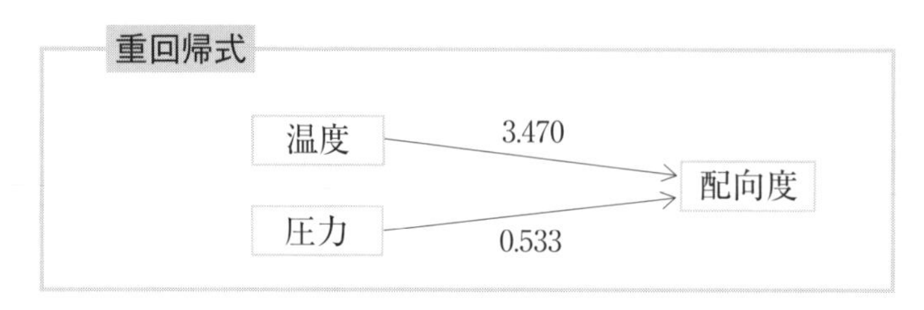

図 2.3.1　重回帰分析のパス図

を調べたものです．

このとき，偏回帰係数は何を意味しているのでしょうか？

そこで，次の2つの単回帰分析を考えてみましょう．

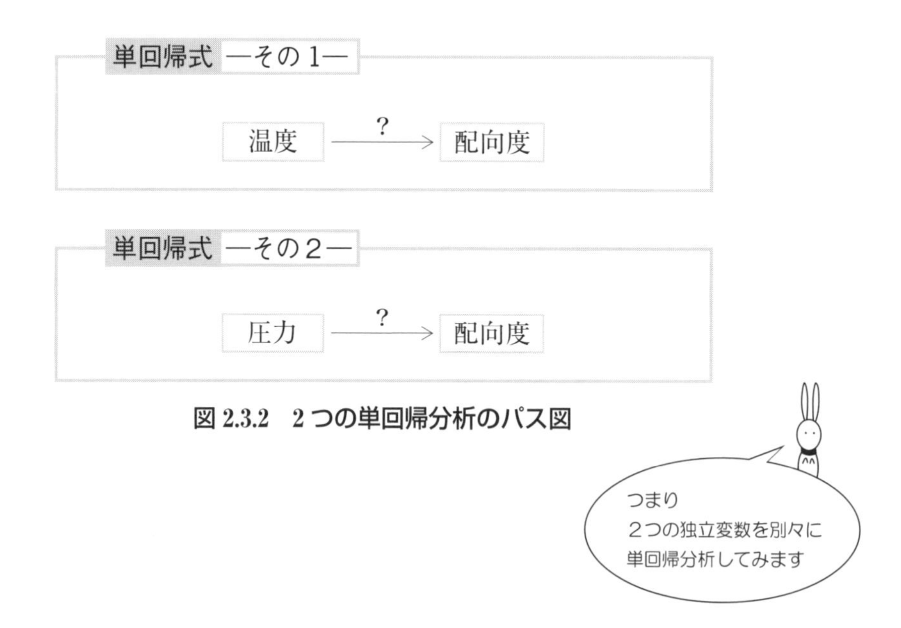

図 2.3.2　2つの単回帰分析のパス図

■ ［配向度］と［温度］の単回帰式の求め方

手順 **1**　分析(A) のメニューから 回帰(R) ⇨ 線型(L) を選択します．

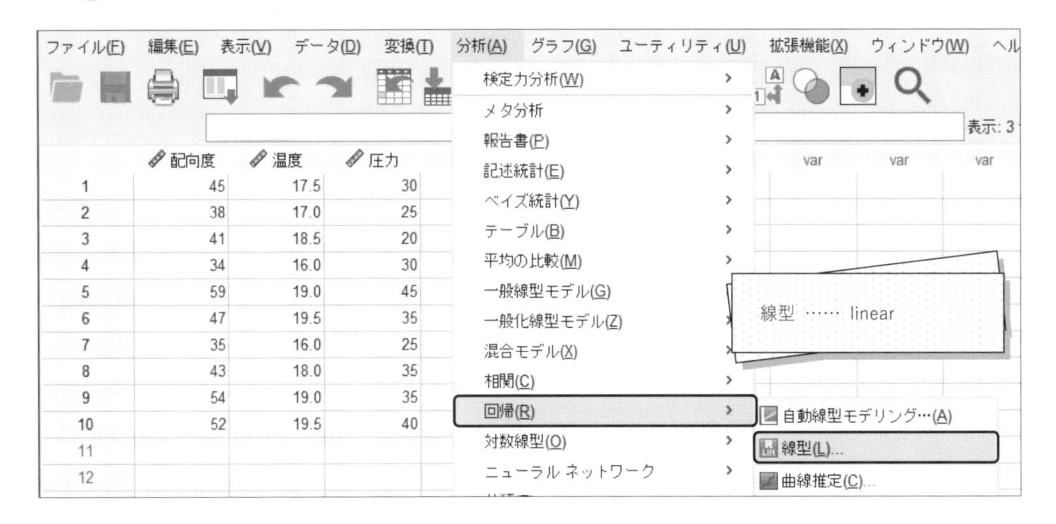

	配向度	温度	圧力
1	45	17.5	30
2	38	17.0	25
3	41	18.5	20
4	34	16.0	30
5	59	19.0	45
6	47	19.5	35
7	35	16.0	25
8	43	18.0	35
9	54	19.0	35
10	52	19.5	40
11			
12			

手順 **2**　配向度と温度の単回帰式を求めるときは，次のように変数を移動し，
あとは OK ボタンをマウスでカチッ！

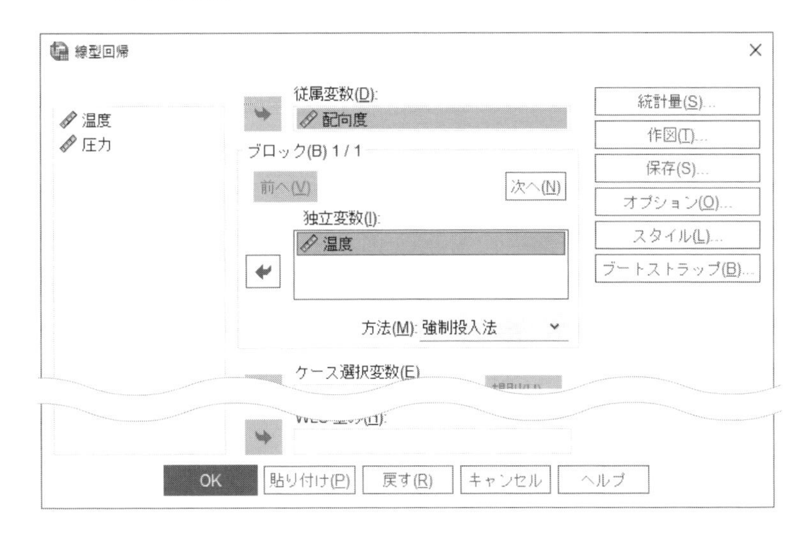

【SPSSによる出力】

係数[a]

モデル		非標準化係数 B	標準誤差	標準化係数 ベータ	t値	有意確率
1	(定数)	-49.137	21.625		-2.272	.053
	温度	5.219	1.198	.839	4.355	.002

a. 従属変数 配向度

【出力結果の読み取り方】

配向度と温度の単回帰式は，次のようになります．

単回帰分析の単回帰式

$$Y = a + b \times x$$

配向度 ＝ − 49.137 ＋ 5.219 × 温度

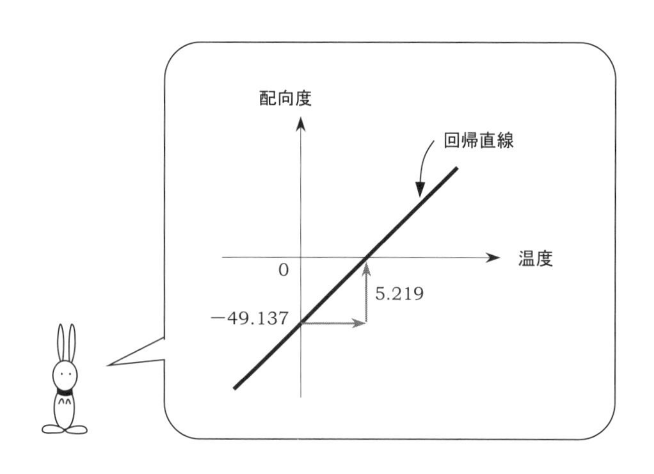

■［配向度］と［温度］の単回帰式の求め方

手順 1　分析(A) のメニューから 回帰(R) ⇨ 線型(L) を選択します.

手順 2　配向度と圧力の単回帰式を求めるときは，次のように変数を移動し，

あとは OK ボタンをマウスでカチッ！

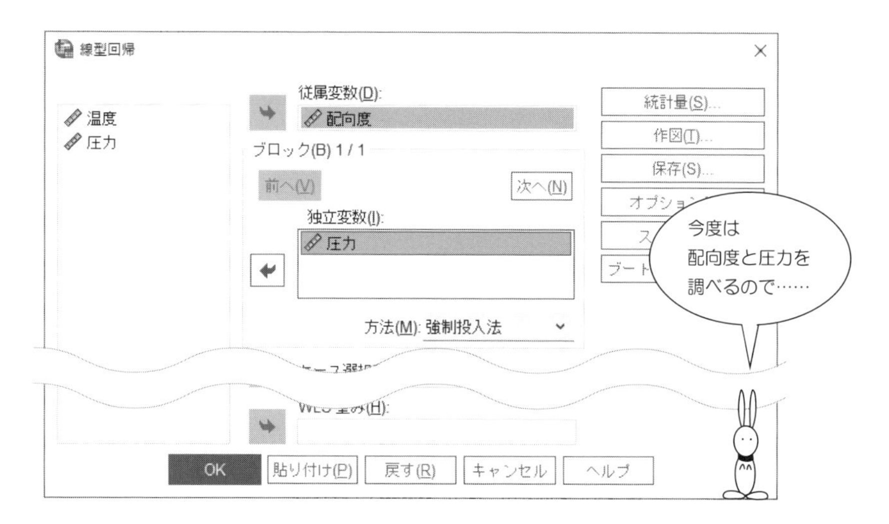

【SPSS による出力】

係数[a]

モデル		非標準化係数 B	標準誤差	標準化係数 ベータ	t 値	有意確率
1	(定数)	16.314	7.534		2.165	.062
	圧力	.890	.230	.808	3.874	.005

a. 従属変数 配向度

【出力結果の読み取り方】

配向度と圧力の単回帰式は，次のようになります．

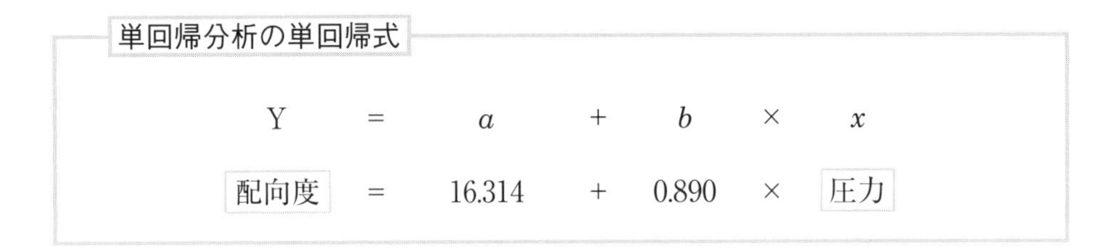

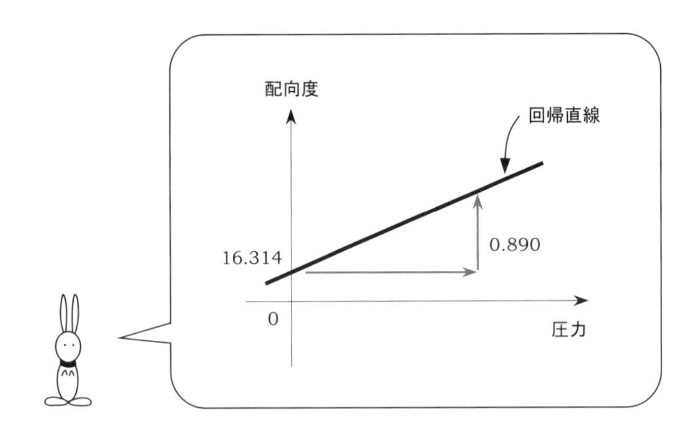

以上の SPSS の出力から，それぞれの単回帰式の単回帰係数は

図 2.3.3　2 つの単回帰分析のパス図

となっていることがわかりました.

でも，この 2 つの単回帰係数は，重回帰式の偏回帰係数

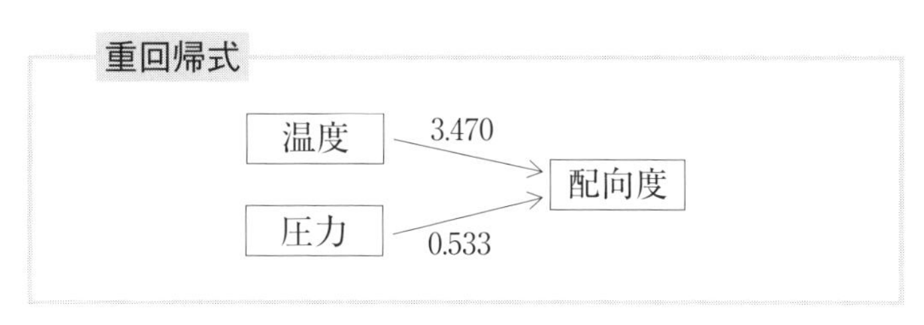

図 2.3.4　重回帰分析のパス図

とずいぶん異なっていますね.

そこで，偏回帰係数と単回帰係数が一致しない理由を調べるために，

この 3 つの変数

配向度　温度　圧力

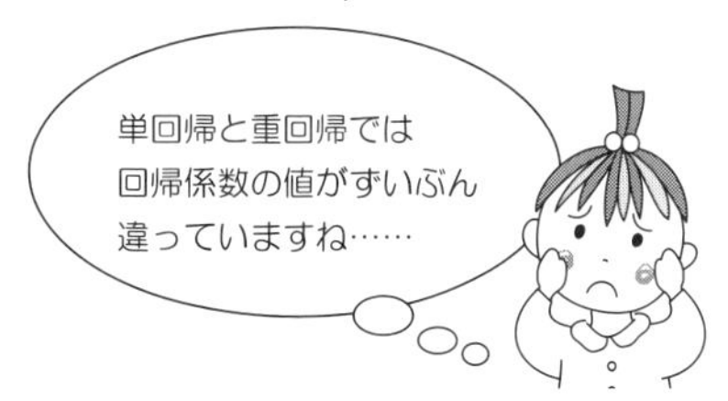

の間の相関係数を求めてみましょう.

■［配向度］と［温度］と［圧力］の相関係数の求め方

手順 1　分析(A) のメニューから 相関(C) を選択.

続いて，サブメニューから，2変量(B) を選択します.

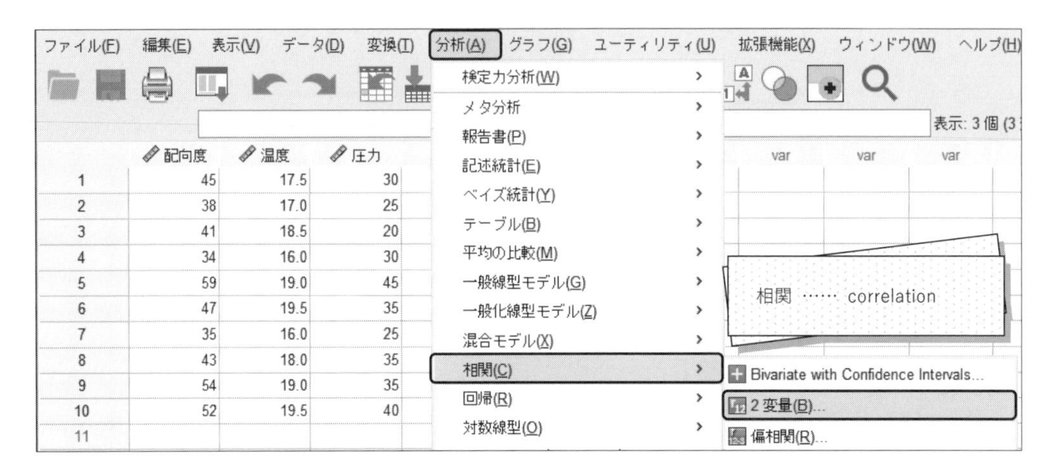

手順 2　次の画面になったら，3つの変数を 変数(V) のワクの中へ移動します.

あとは OK ボタンをマウスでカチッ！

【SPSS による出力】

相関

		配向度	温度	圧力
配向度	Pearson の相関係数	1	.839**	.808**
	有意確率 (両側)		.002	.005
	度数	10	10	10
温度	Pearson の相関係数	.839**	1	.581
	有意確率 (両側)	.002		.078
	度数	10	10	10
圧力	Pearson の相関係数	.808**	.581	1
	有意確率 (両側)	.005	.078	
	度数	10	10	10

**. 相関係数は 1% 水準で有意 (両側) です。

【出力結果の読み取り方】

SPSS の出力結果を見ると，次のように 3 つの変数は互いに影響を及ぼしあっていることがわかります．

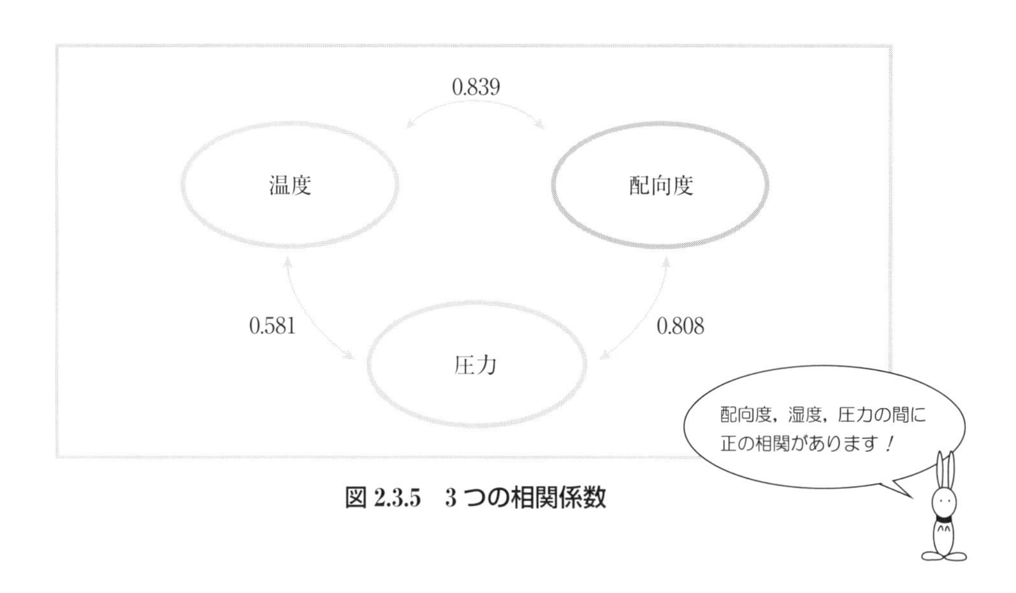

図 2.3.5　3 つの相関係数

そこで，配向度と温度から圧力の影響を取り除いてみましょう．

はじめに，配向度と圧力の間で単回帰分析をおこない，
予測値と残差を求めます．

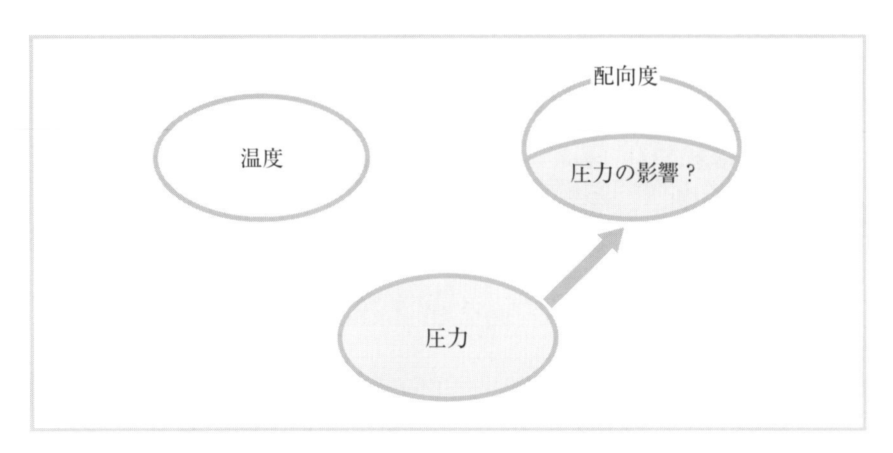

図 2.3.6　圧力から配向度への影響

そして，このとき，次のように

- 予測値…圧力から影響を受けている部分
- 残差　…圧力から影響を受けていない部分

と考えます．

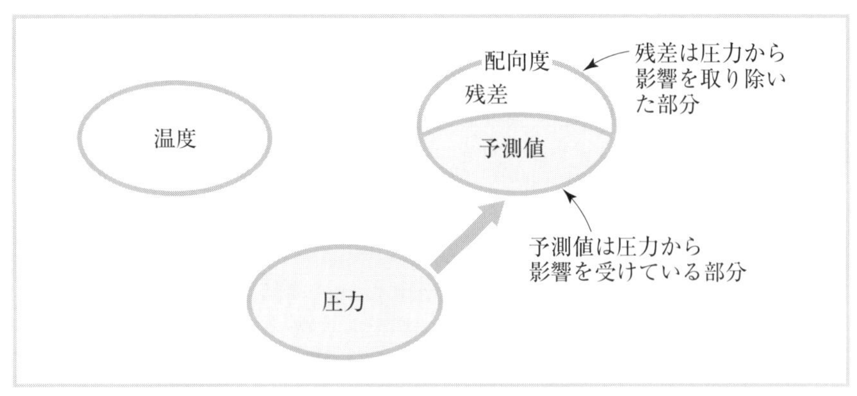

図 2.3.7　圧力の予測値と残差

次に，温度と圧力の間で単回帰分析をおこなって，
温度から，圧力の影響を取り除いてみましょう．

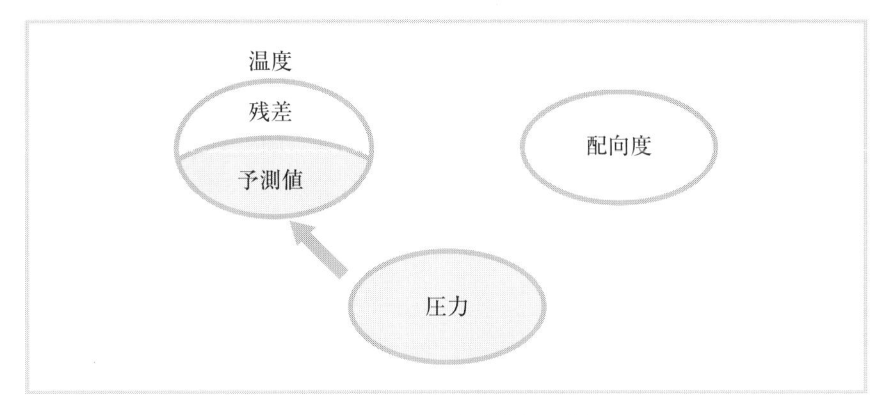

図 2.3.8　圧力の予測値と残差

つまり

- 配向度 と 圧力 の 単回帰分析
- 温度 と 圧力 の 単回帰分析

をおこなって，

配向度の残差 と 温度の残差 の関係を

を調べます．

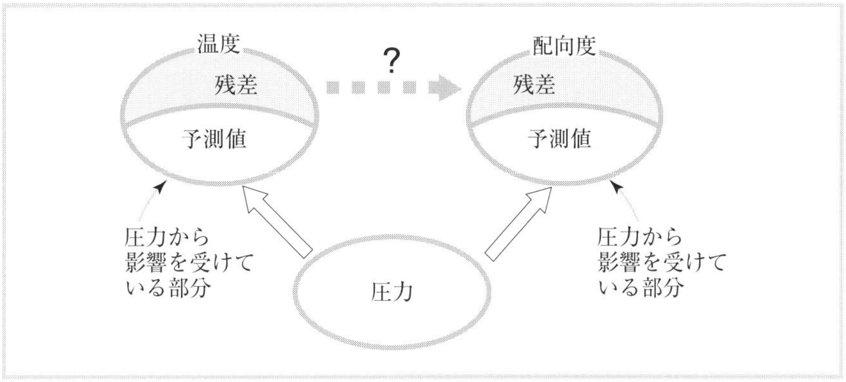

影響を受けて
いない部分が残差
というわけです

温度
残差
予測値
?
配向度
残差
予測値
圧力から
影響を受けて
いる部分
圧力
圧力から
影響を受けて
いる部分

図 2.3.9　残差と残差の関係は ?!

■［配向度］と［圧力］,［温度］と［圧力］の予測値と残差の求め方

手順 **1**　分析(A) のメニューから 回帰(R) ⇨ 線型(L) を選択します.

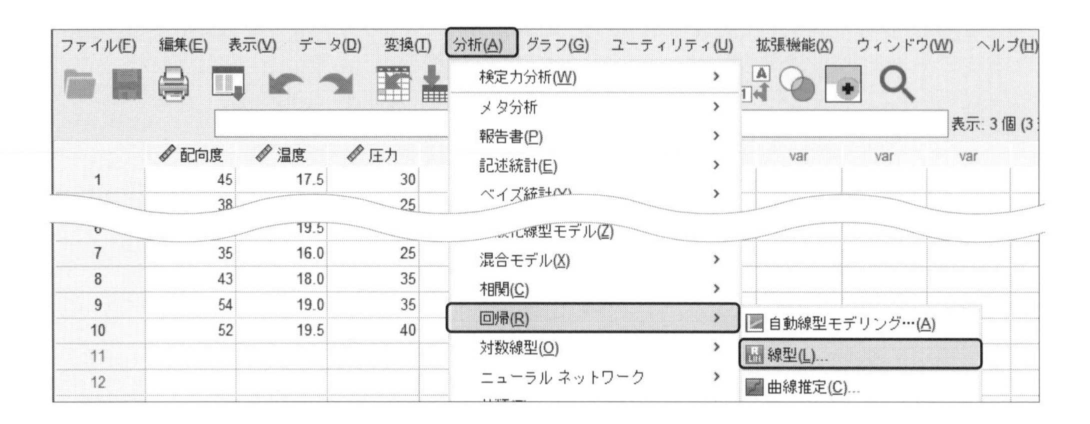

手順 **2**　従属変数(D) の中へ配向度を, 独立変数(I) の中へ圧力を移動します.

そして, 保存(S) をクリック.

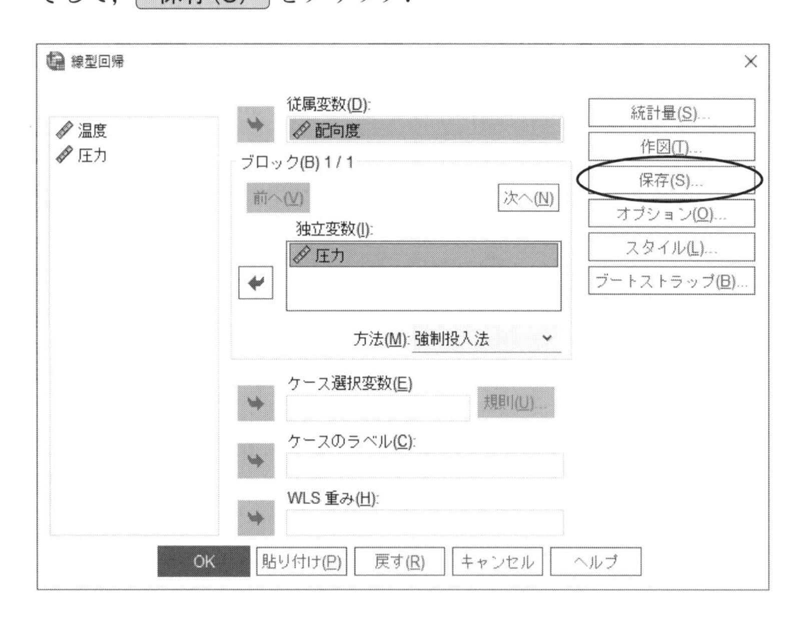

手順 **3**　予測値 と 残差 の，標準化されていない をクリックして 続行 ．

手順２の画面にもどったら， OK をクリックして，手順４へ！

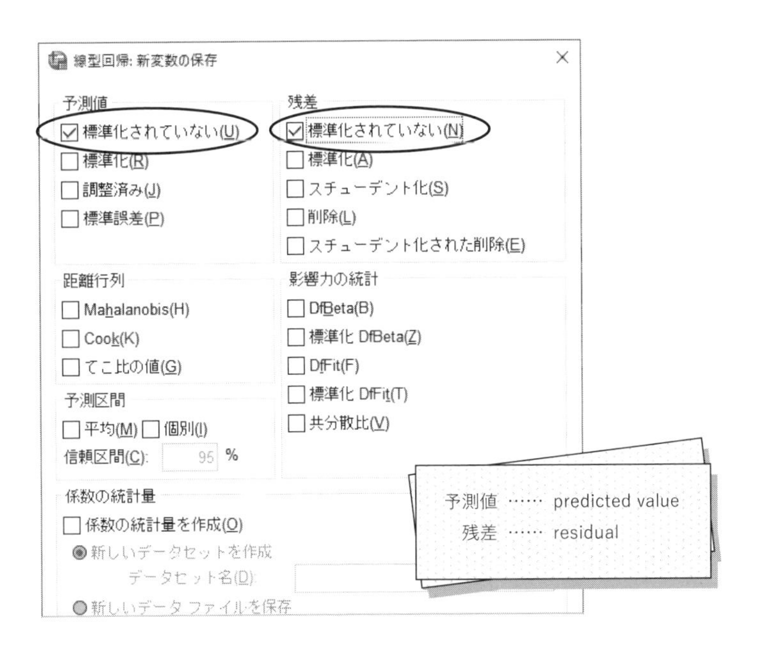

このとき，データービューの画面は次のようになります

	配向度	温度	圧力	PRE_1	RES_1
1	45	17.5	30	43.01961	1.98039
2	38	17.0	25	38.56863	-.56863
3	41	18.5	20	34.11765	6.88235
4	34	16.0	30	43.01961	-9.01961
5	59	19.0	45	56.37255	2.62745

PRE は予測値
RES は残差です

手順 4 次に，従属変数(D) の中へ温度を，独立変数(I) の中へ圧力を移動し，保存(S) をクリックします．

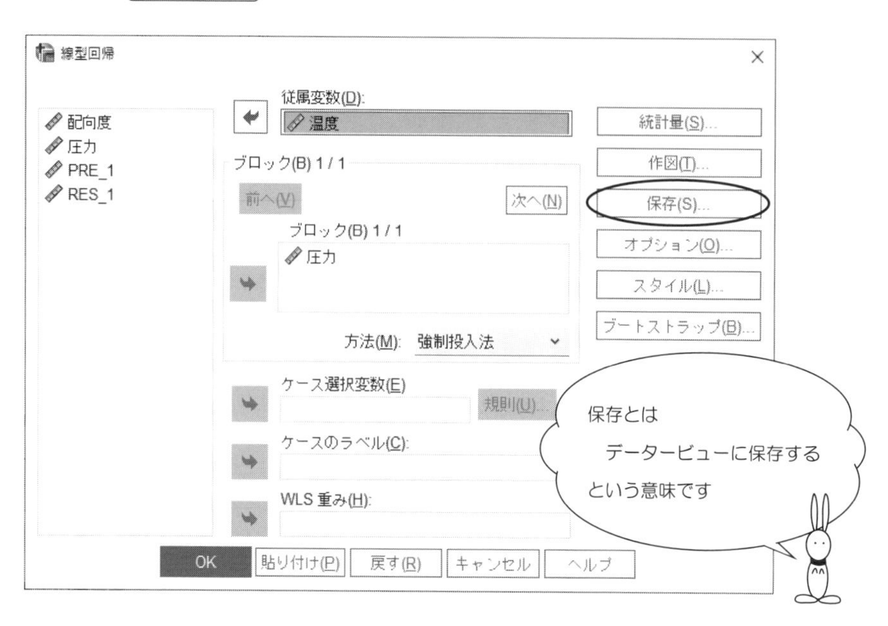

手順 5 手順3と同じように，標準化されていない をクリックして 続行 ．
手順4の画面にもどったら， OK ボタンをマウスでカチッ！

線型回帰: 新変数の保存

予測値
☑ 標準化されていない(U)
☐ 標準化(R)
☐ 調整済み(J)
☐ 標準誤差(P)

残差
☑ 標準化されていない(N)
☐ 標準化(A)
☐ スチューデント化(S)
☐ 削除(L)
☐ スチューデント化された削除(E)

距離行列
☐ Mahalanobis(H)
☐ Cook(K)
☐ てこ比の値(G)

予測区間

影響力の統計
☐ DfBeta(B)
☐ 標準化 DfBeta(Z)
☐ DfFit(F)
☐ 標準化 DfFit(T)

【SPSS による出力】

データビューの画面は，次のようになります．

	配向度	温度	圧力	PRE_1	RES_1	PRE_2	RES_2
1	45	17.5	30	43.01961	1.98039	17.79412	-.29412
2	38	17.0	25	38.56863	-.56863	17.27941	-.27941
3	41	18.5	20	34.11765	6.88235	16.76471	1.73529
4	34	16.0	30	43.01961	-9.01961	17.79412	-1.79412
5	59	19.0	45	56.37255	2.62745	19.33824	-.33824
6	47	19.5	35	47.47059	-.47059	18.30882	1.19118
7	35	16.0	25	38.56863	-3.56863	17.27941	-1.27941
8	43	18.0	35	47.47059	-4.47059	18.30882	-.30882
9	54	19.0	35	47.47059	6.52941	18.30882	.69118
10	52	19.5	40	51.92157	.07843	18.82353	.67647
11							
				配向度と圧力		温度と圧力	

【出力結果の読み取り方】

PRE が予測値，RES が残差です．

したがって

- RES_1 ＝配向度から圧力の影響を取り除いた部分
- RES_2 ＝温度　から圧力の影響を取り除いた部分

となります．

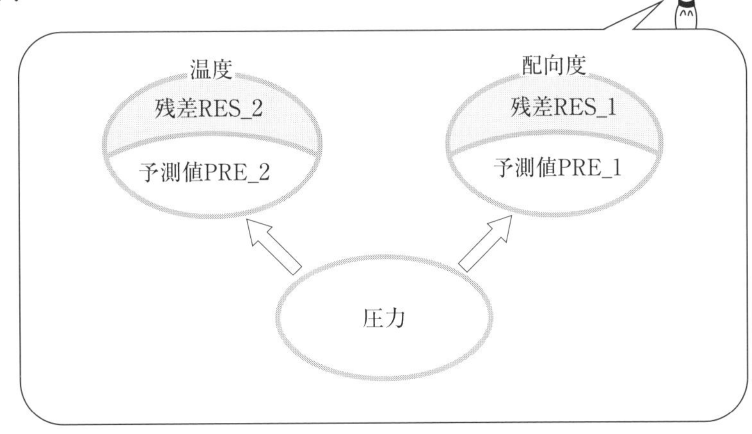

■残差と残差の単回帰式の求め方

次に，RES_1 と RES_2 の単回帰分析をしてみましょう．

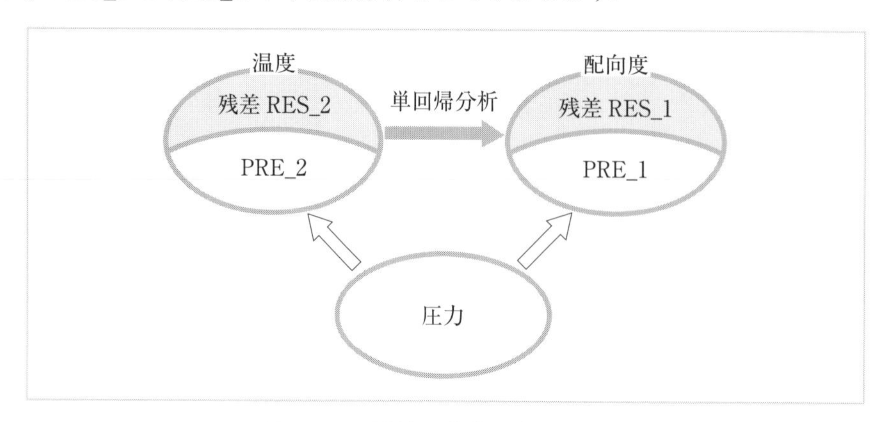

図 2.3.10　残差と残差の単回帰分析

手順 1　分析(A) のメニューから 回帰(R) を選択．

続いて，サブメニューから， 線型(L) を選択します．

ファイル(F)　編集(E)　表示(V)　データ(D)　変換(T)　分析(A)　グラフ(G)　ユーティリティ(U)　拡張機能(X)　ウィンドウ(W)　ヘルプ(H)

検定力分析(W)
メタ分析
報告書(P)
記述統計(E)
ベイズ統計(Y)
一般化線型モデル(Z)
混合モデル(X)
相関(C)
回帰(R)
対数線型(O)
ニューラル ネットワーク

自動線型モデリング…(A)
線型(L)...
曲線推定(C)...

表示: 3 個 (3

	配向度	温度	圧力	var	var	var
1	45	17.5	30			
	38		25			
		19.5				
7	35	16.0	25			
8	43	18.0	35			
9	54	19.0	35			
10	52	19.5	40			
11						
12						

手順 2 そして，次のように RES_1 と RES_2 を移動します．

あとは OK ボタンをマウスでカチッ！

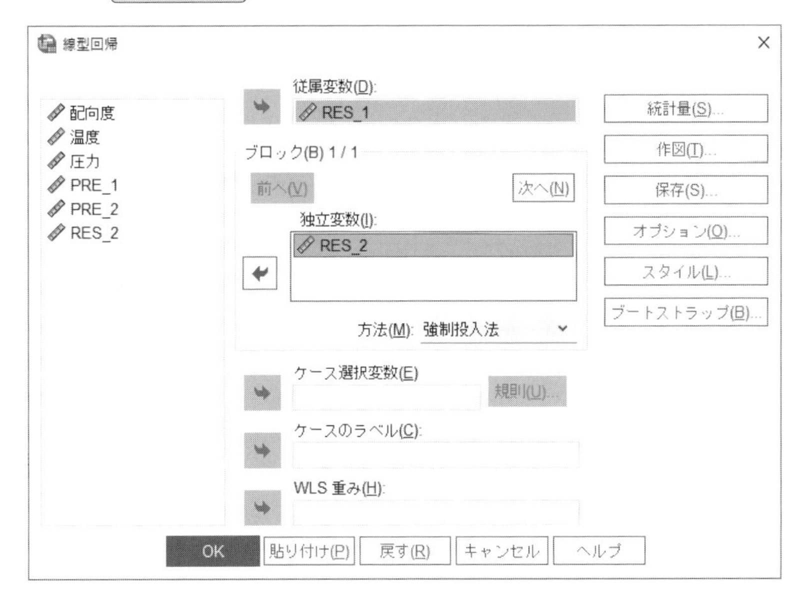

【SPSS による出力】

次のようになりましたか？

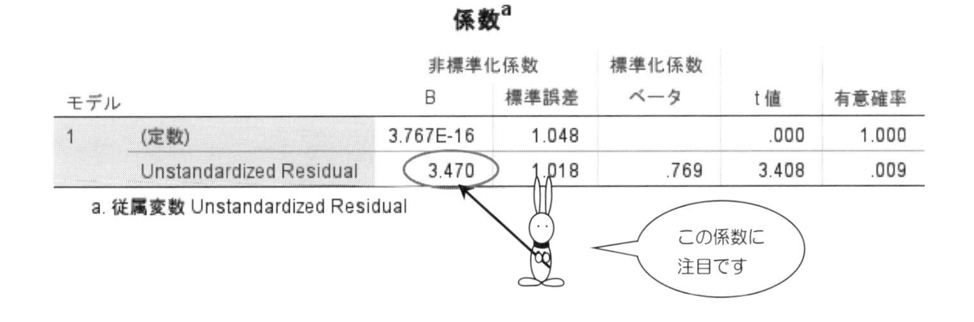

係数[a]

モデル		非標準化係数 B	非標準化係数 標準誤差	標準化係数 ベータ	t 値	有意確率
1	(定数)	3.767E-16	1.048		.000	1.000
	Unstandardized Residual	3.470	1.018	.769	3.408	.009

a. 従属変数 Unstandardized Residual

■偏回帰係数の意味

次の２つの出力結果を比べてみましょう．

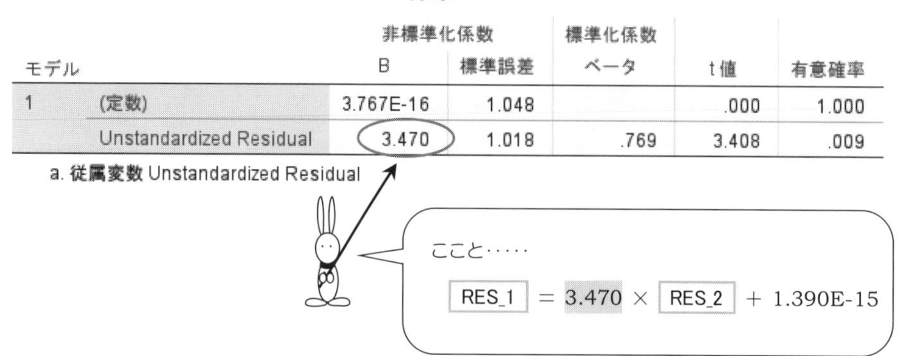

係数[a]

モデル		非標準化係数 B	標準誤差	標準化係数 ベータ	t 値	有意確率
1	(定数)	3.767E-16	1.048		.000	1.000
	Unstandardized Residual	3.470	1.018	.769	3.408	.009

a. 従属変数 Unstandardized Residual

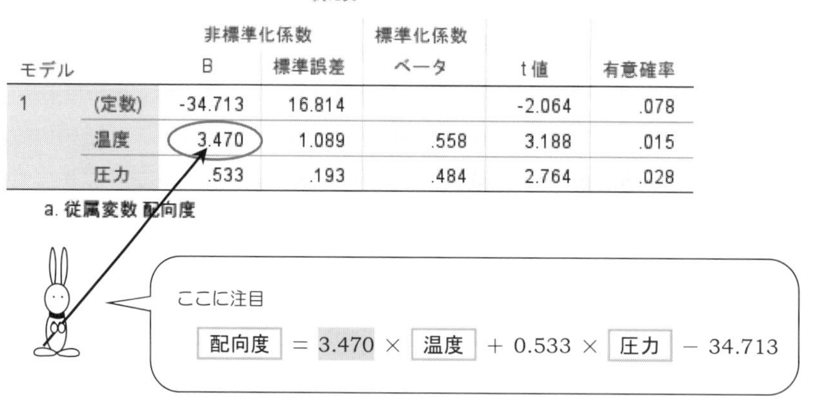

係数[a]

モデル		非標準化係数 B	標準誤差	標準化係数 ベータ	t 値	有意確率
1	(定数)	-34.713	16.814		-2.064	.078
	温度	3.470	1.089	.558	3.188	.015
	圧力	.533	.193	.484	2.764	.028

a. 従属変数 配向度

RES_2 の係数“3.470”に注目すると……

この値は，重回帰分析の温度の偏回帰係数に一致していますね!!

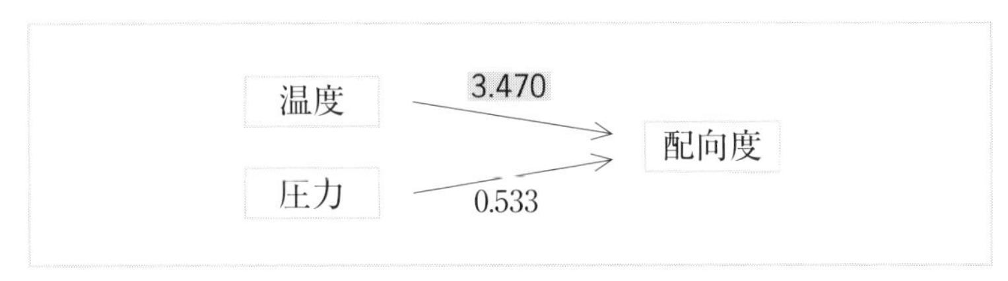

図 2.3.11　重回帰分析のパス図

つまり，偏回帰係数は

“他の独立変数の影響を取り除いたあとの

独立変数が従属変数に与える影響の大きさ”

を意味しているということがわかりました．

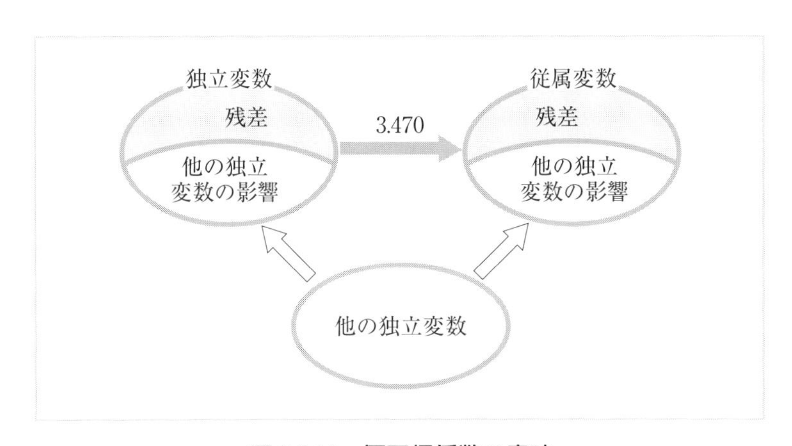

図 2.3.12　偏回帰係数の意味

偏回帰係数の意味が
やっとわかった！

Section 2.4　重相関係数・決定係数・当てはまり

求めた重回帰式（p.43）

$$Y = 3.470 \times \boxed{温度} + 0.533 \times \boxed{圧力} - 34.713$$

の温度，圧力のところに値を代入すると，
配向度Yを予測することができます．

でも……

もし，予測がはずれるとしたら⁉

予測がはずれる原因として，重回帰式の当てはまりの悪さがあります．

重回帰式がよく当てはまっているかどうかを調べるには，
どのようにすればいいのでしょうか？

そこで，配向度の予測値と残差を，それぞれ求めてみると…

11番目のケースに温度と圧力を入力しておくと
その予測値が計算されます　→p.189を参照

	配向度	温度	圧力	PRE_1	RES_1
8	43	18.0	35	46.39903	-3.39903
9	54	19.0	35	49.86884	4.13116
10	52	19.5	40	54.26879	-2.26879
11	.	20.0	30	50.67361	.
12					

■重回帰式の予測値と残差の求め方

手順 1　データビューの画面から，分析(A) ⇨ 回帰(R) ⇨ 線型(L) を選択します．

	配向度	温度	圧力
1	45	17.5	30
2	38	17.0	25
3	41	18.5	20
4	34	16.0	30
5	59	19.0	45
6	47	19.5	35
7	35	16.0	25
8	43	18.0	35
9	54	19.0	35
10	52	19.5	40

手順 2　線型回帰の画面になったら，次のように変数を移動して

保存(S) をクリック．

手順 3　次の画面になったら，予測値 の 標準化されていない(U) と，

残差 の 標準化されていない(N) をそれぞれクリックして，［続行］.

手順 2 の画面に戻ったら，

あとは ［OK］ ボタンをマウスでカチッ！

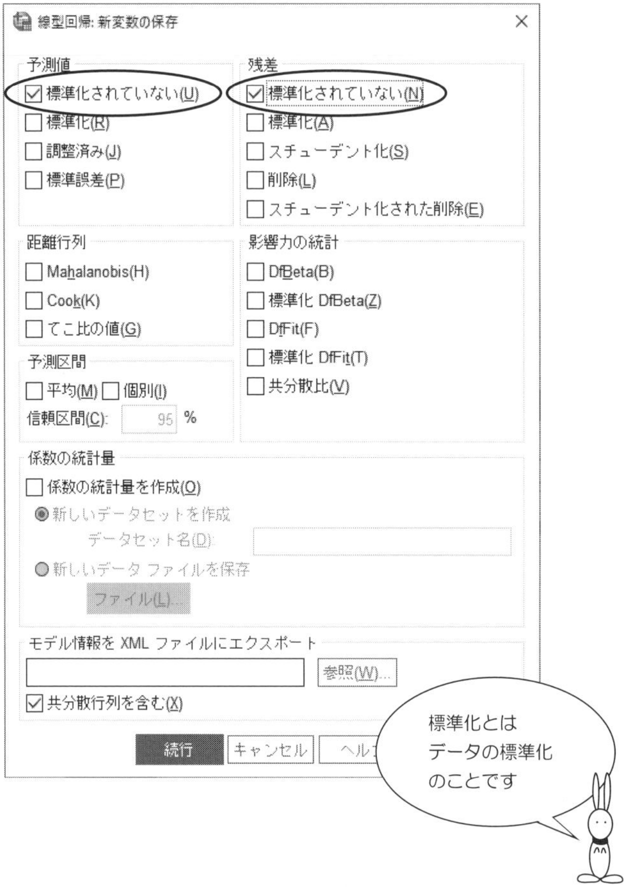

【SPSS による出力】

データビューの画面は，次のようになりましたか？

	配向度	温度	圧力	PRE_1	RES_1	var	var	var
1	45	17.5	30	41.99907	3.00093			
2	38	17.0	25	37.59912	.40088			
3	41	18.5	20	40.13879	.86121			
4	34	16.0	30	36.79436	-2.79436			
5	59	19.0	45	55.19894	3.80106			
6	47	19.5	35	51.60375	-4.60375			
7	35	16.0	25	34.12931	.87069			
8	43	18.0	35	46.39903	-3.39903			
9	54	19.0	35	49.86884	4.13116			
10	52	19.5	40	54.26879	-2.26879			
11								

【出力結果の読み取り方】

この PRE は予測値の略，RES は残差の略ですから……

表 2.4.1　実測値と予測値と残差

配向度	PRE_1	RES_1
45	41.99907	3.00093
38	37.59912	0.40088
⋮	⋮	⋮
52	54.26879	−2.26879
↑ 実測値 y	↑ 予測値 Y	↑ 残差 $y-\mathrm{Y}$

となっています．ここで相関係数を思い出しましょう．

求めた重回帰式がデータによく当てはまっていたら

“実測値と予測値の相関係数が 1 に近い”

と考えられます．

そこで，実測値と予測値の相関係数を求めてみると……

■実測値と予測値の相関係数の求め方

手順 1　分析(A) のメニューから 相関(C) を選択．

続いて，サブメニューから，2変量(B) を選択します．

	配向度	温度	圧力
1	45	17.5	30
2	38	17.0	25
3	41	18.5	20
4	34	16.0	30
5	59	19.0	45
6	47	19.5	35
7	35	16.0	25
8	43	18.0	35
9	54	19.0	35
10	52	19.5	40
11			

手順 2　変数(V) のワクの中へ，配向度と PRE_1 を移動します．

あとは OK ボタンをマウスでカチッ！

【SPSS による出力】

次のようになりましたか？

相関

		配向度	Unstandardized Predicted Value
配向度	Pearson の相関係数	1	.926**
	有意確率 (両側)		<.001
	度数	10	10
Unstandardized Predicted Value	Pearson の相関係数	.926**	1
	有意確率 (両側)	<.001	
	度数	10	10

**. 相関係数は 1% 水準で有意 (両側) です。

予測値のこと

【出力結果の読み取り方】

配向度と予測値の相関係数は 0.926 になっています.

この値は 1 にとても近いですね．したがって,

"求めた重回帰式はデータによく当てはまっている"

と考えられます.

重回帰分析では，この相関係数のことを

"**重相関係数** R"

と呼んでいます.

重相関係数 R の 2 乗を

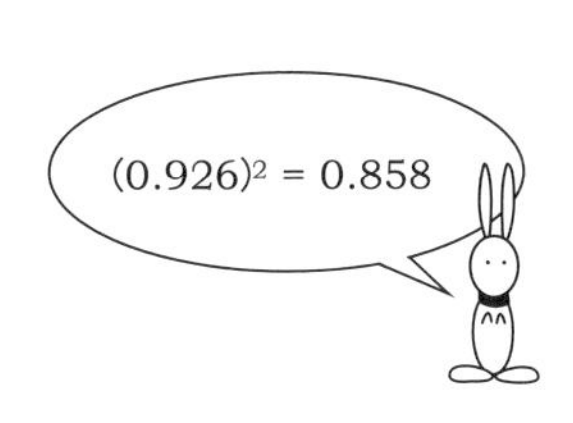

"**決定係数** R^2"

といいます.

もちろん，重相関係数が 1 に近いと，重回帰式の当てはまりがよいわけですから,

決定係数 R^2 も 1 に近いほど当てはまりがよいわけです.

Section 2.5　標準偏回帰係数は大切です

配向度に関係のある要因として，2 つの独立変数

温度　と　圧力

を取り上げています．この 2 つの独立変数のうち

どちらが配向度に，より大きな影響を与えているのでしょうか？

求めた重回帰式（p.43）は

$$Y = 3.470 \times \boxed{温度} + 0.533 \times \boxed{圧力} - 34.713$$

となっていました．

この偏回帰係数の大きい方が，より重要な変数なのでしょうか？

そこで，次のデータを考えてみましょう．

この変数は
温度×100
です

表 2.5.1　単位を変えると……

No.	配向度 y	温度 x_1	圧力 x_2	x_3
1	45	17.5	30	1750
2	38	17.0	25	1700
3	41	18.5	20	1850
4	34	16.0	30	1600
5	59	19.0	45	1900
6	47	19.5	35	1950
7	35	16.0	25	1600
8	43	18.0	35	1800
9	54	19.0	35	1900
10	52	19.5	40	1950

■変数の単位を変えてみると……

手順 1　データビューの画面は，次のようになっています！

	配向度	温度	圧力	var	var	var	var	var	var	var
1	45	17.5	30							
2	38	17.0	25							
3	41	18.5	20							
4	34	16.0	30							
5	59	19.0	45							
6	47	19.5	35							
7	35	16.0	25							
8	43	18.0	35							
9	54	19.0	35							
10	52	19.5	40							
11										
12										
13										
14										

この状態から……

手順 2　そこで 変換(T) のメニューから， 変数の計算(C) を選択します．

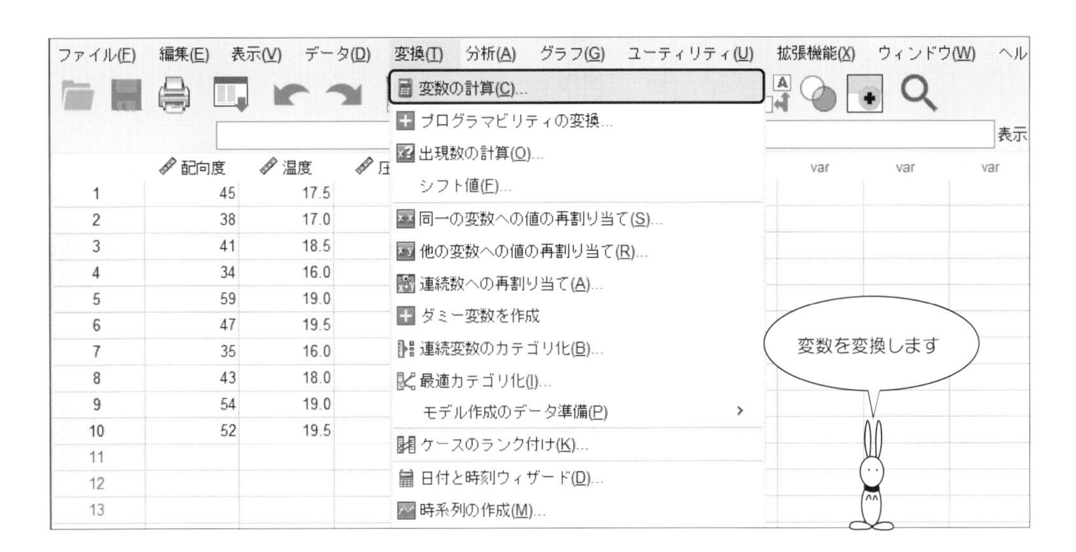

手順 3 次の画面になったら，目標変数(T) のところに，X3 と入力，

数式(E) のところに

温度＊100

と入力します．

あとは OK ボタンをマウスでカチッ！

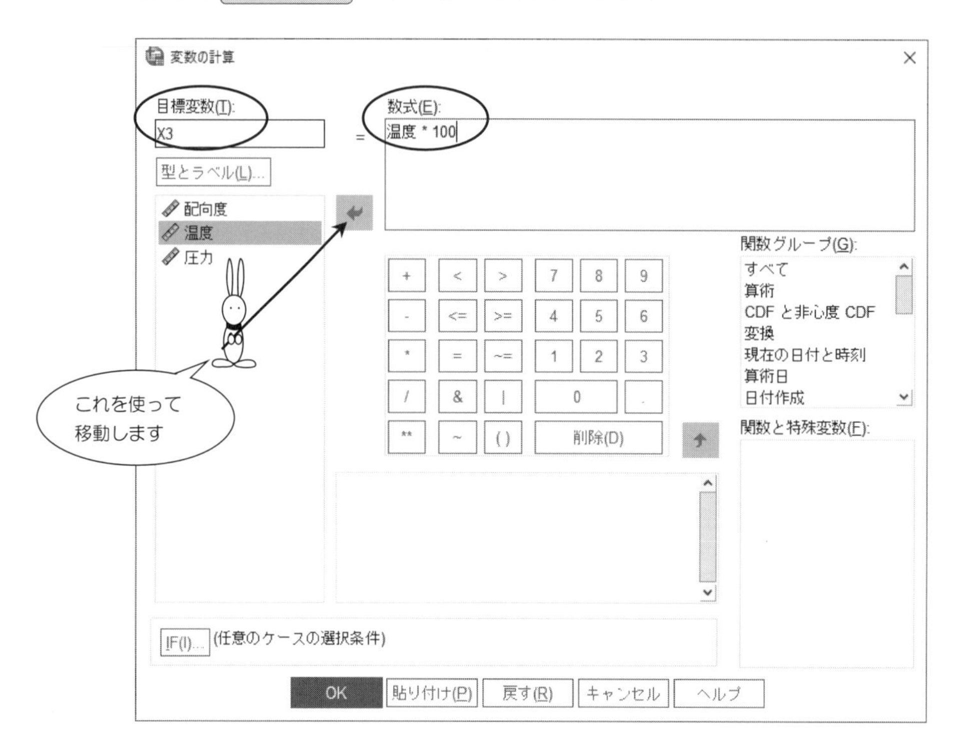

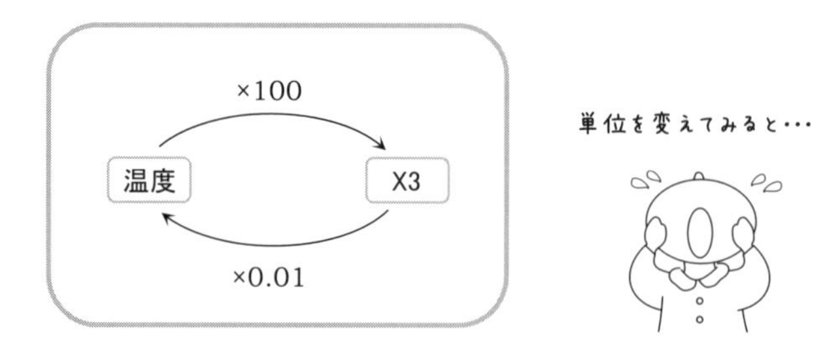

【SPSS による出力】

データビューの画面は，次のようになりましたか？

	配向度	温度	圧力	X3	var	var	var	var	var
1	45	17.5	30	1750.00					
2	38	17.0	25	1700.00					
3	41	18.5	20	1850.00					
4	34	16.0	30	1600.00					
5	59	19.0	45	1900.00					
6	47	19.5	35	1950.00					
7	35	16.0	25	1600.00					
8	43	18.0	35	1800.00					
9	54	19.0	35	1900.00					
10	52	19.5	40	1950.00					
11									
12									
13									

そこで

配向度　を　従属変数

X3，圧力　を　独立変数

として，重回帰式を求めてみましょう．

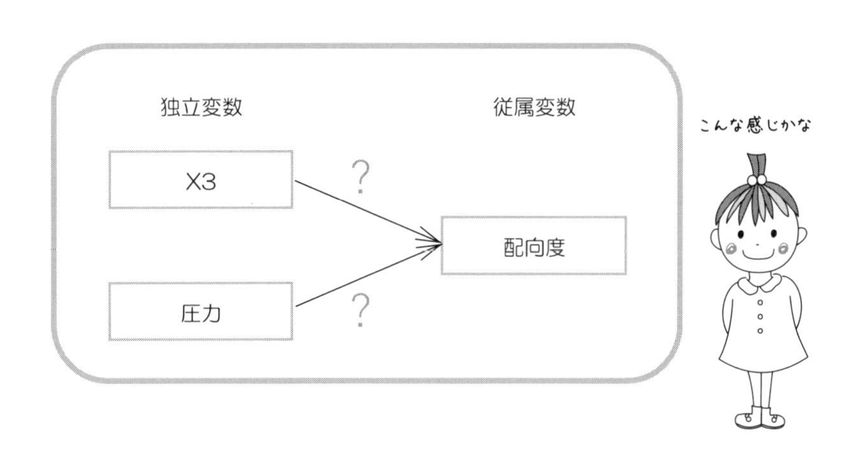

■変数の単位を変えて重回帰分析をすると……

手順 1　分析(A) のメニューから 回帰(R) ⇨ 線型(L) を選択します．

	配向度	温度	圧力
1	45	17.5	30
2	38	17.0	25
3	41	18.5	20
4	34	16.0	30
5	59	19.0	45
6	47	19.5	35
7	35	16.0	25
8	43	18.0	35
9	54	19.0	35
10	52	19.5	40

手順 2　従属変数(D) のワクの中へ配向度， 独立変数(I) のワクの中へ X3 と圧力を移動して，あとは OK ボタンをマウスでカチッ！

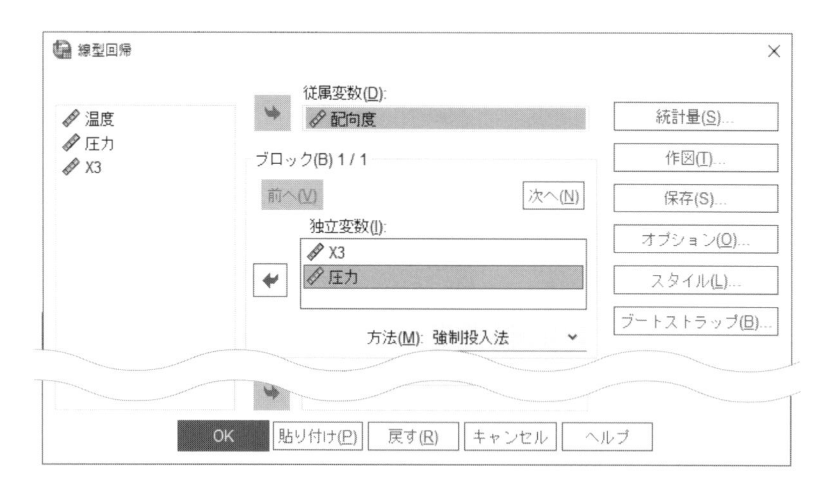

【SPSS による出力】

次のようになりましたか？

係数[a]

モデル		非標準化係数 B	非標準化係数 標準誤差	標準化係数 ベータ	t 値	有意確率
1	(定数)	-34.713	16.814		-2.064	.078
	X3	.035	.011	.558	3.188	.015
	圧力	.533	.193	.484	2.764	.028

a. 従属変数 配向度

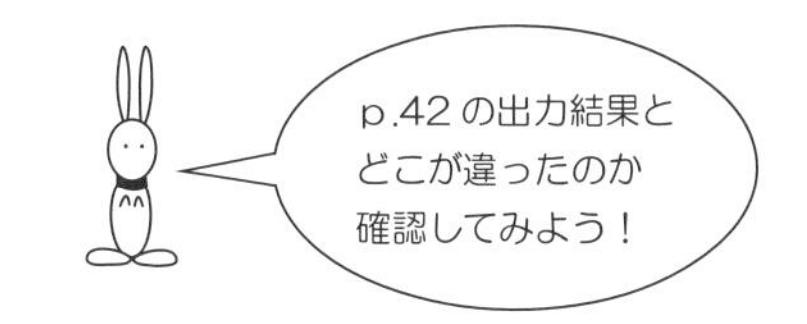
p.42 の出力結果と
どこが違ったのか
確認してみよう！

【出力結果の読み取り方】

したがって，重回帰式は

$$Y = 0.035 \times \boxed{X3} + 0.533 \times \boxed{圧力} - 34.713$$

となりました.

X3 の偏回帰係数に注目しましょう．温度の単位が 100 倍に変わると，偏回帰係数は

3.470 ➡ 0.035

のように，$\frac{1}{100}$ 倍になっています.

つまり，偏回帰係数は変数の単位の影響を受けてしまいます.

このようなときには

“データの標準化”

をしておきましょう．データの標準化とは，次の変換のことです.

データの標準化は
p.16 を参照してね

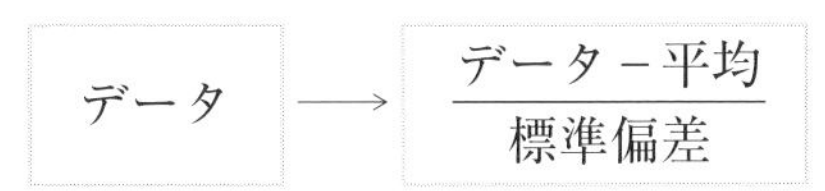
データ
データ − 平均
標準偏差

■データの標準化をしてみよう

手順 1　分析(A) ⇨ 記述統計(E) ⇨ 記述統計(D) を選択します．

ファイル(F)　編集(E)　表示(V)　データ(D)　変換(T)　分析(A)　グラフ(G)　ユーティリティ(U)　拡張機能(X)　ウィンドウ(W)　ヘル

	配向度	温度	圧力
1	45	17.5	30
2	38	17.0	25
3	41	18.5	20
4	34	16.0	30
5	59	19.0	45
6	47	19.5	35
7	35	16.0	25
8	43	18.0	35
9	54	19.0	35
10	52	19.5	40
11			
12			
13			

検定力分析(W)
メタ分析
報告書(P)
記述統計(E)
ベイズ統計(Y)
テーブル(B)
平均の比較(M)
一般線型モデル(G)
一般化線型モデル(Z)
混合モデル(X)
相関(C)
回帰(R)
対数線型(O)
ニューラル ネットワーク
分類(F)

度数分布表(F)...
記述統計(D)...
Population Descriptives
探索的(E)...
クロス集計表(C)...
TURF 分析
比率(R)...
Proportion Confidence Intervals
正規 P-P プロット(P)...
正規 Q-Q プロット(Q)...

手順 2　次の画面になったら，変数(V) のワクの中へ，配向度，温度，圧力を移動し，標準化された値を変数として保存(Z) をクリックします．
あとは OK ボタンをマウスでカチッ！

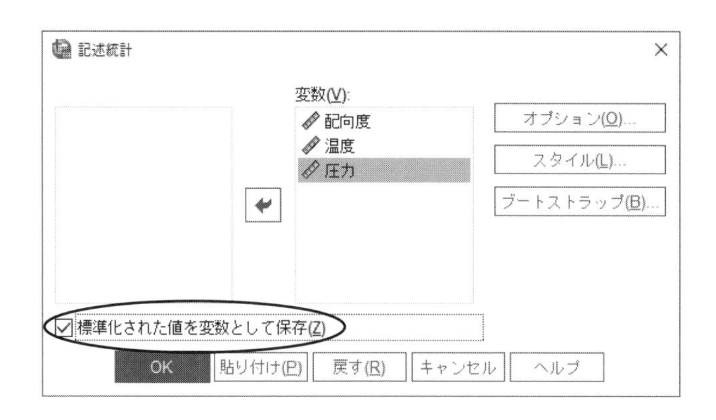

【SPSS による出力】

データビューの画面は，次のようになりましたか？

	配向度	温度	圧力	Z配向度	Z温度	Z圧力	var	var	var
1	45	17.5	30	.02410	-.37500	-.26568			
2	38	17.0	25	-.81955	-.75000	-.92990			
3	41	18.5	20	-.45798	.37500	-1.59411			
4	34	16.0	30	-1.30164	-1.50000	-.26568			
5	59	19.0	45	1.71141	.75000	1.72695			
6	47	19.5	35	.26515	1.12500	.39853			
7	35	16.0	25	-1.18111	-1.50000	-.92990			
8	43	18.0	35	-.21694	.00000	.39853			
9	54	19.0	35	1.10880	.75000	.39853			
10	52	19.5	40	.86776	1.12500	1.06274			
11									
12									
13									

【出力結果の読み取り方】

変数の名前の前に Z が付いている変数は，標準化された変数です．

この標準化された変数を使って，重回帰式を求めてみましょう．

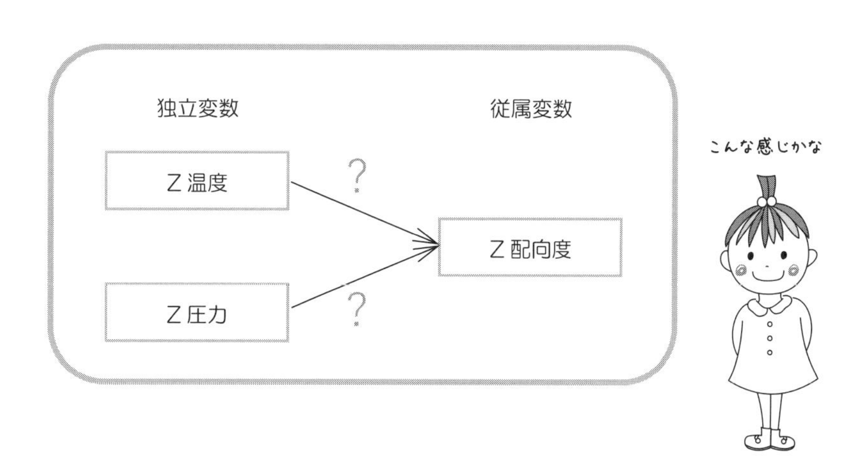

■標準化された重回帰式の求め方

手順 1 分析(A) のメニューから 回帰(R) ⇨ 線型(L) を選択します.

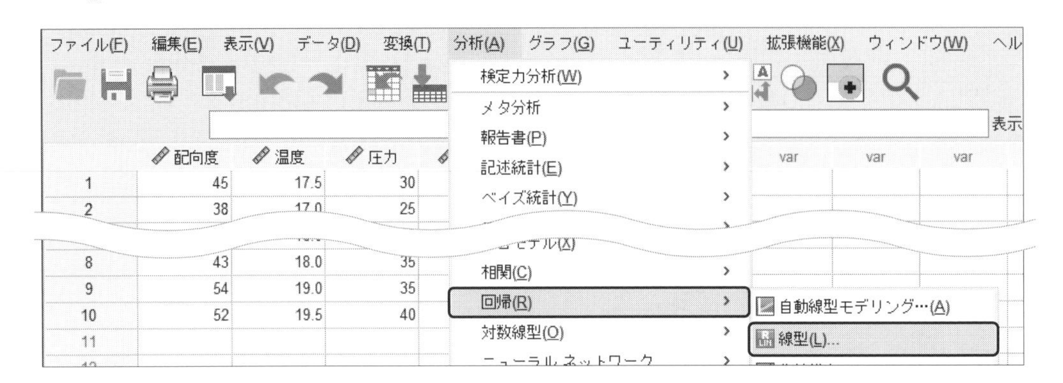

手順 2 従属変数(D) のワクの中へ Z 配向度を, 独立変数(I) のワクの中へ Z 温度と Z 圧力を移動して, あとは OK .

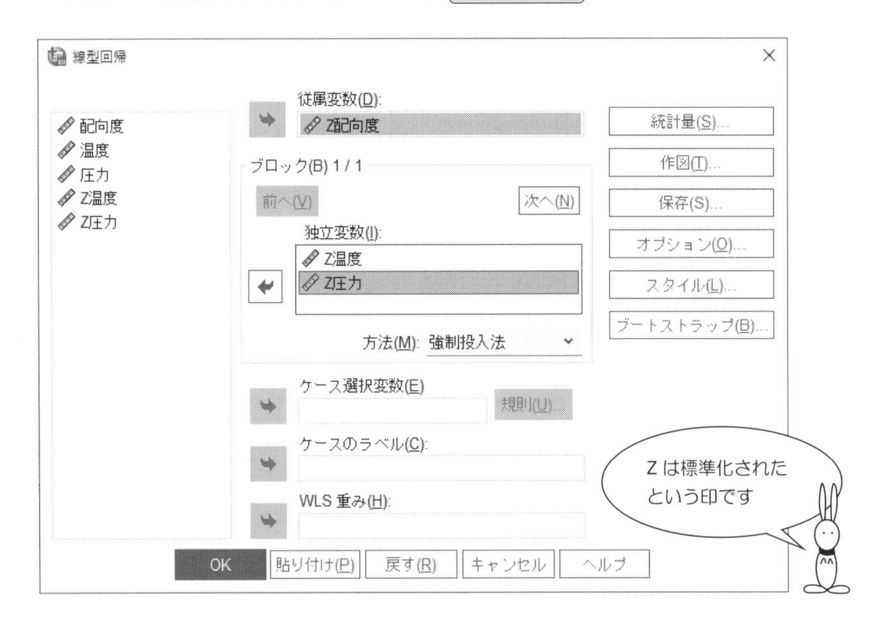

【SPSS による出力】

次のようになりましたか？

係数[a]

モデル		非標準化係数 B	非標準化係数 標準誤差	標準化係数 ベータ	t 値	有意確率
1	(定数)	3.632E-16	.135		.000	1.000
	Zスコア(温度)	.558	.175	.558	3.188	.015
	Zスコア(圧力)	.484	.175	.484	2.764	.028

a. 従属変数 Zスコア(配向度)

標準化係数ベータが
標準偏回帰係数です

【出力結果の読み取り方】

標準化したデータの偏回帰係数のことを

“標準偏回帰係数”

といいます．

表 2.5.2　標準偏回帰係数

独立変数	標準偏回帰係数
温度	0.558
圧力	0.484

２つの標準偏回帰係数の絶対値を比べると，圧力より温度の方が大きいですね．このことは

“配向度に及ぼす影響の強さは，
圧力より温度の方が大きい”

ことを示しています．

標準偏回帰係数を求めるためには，

“はじめにデータの標準化をしておかなければならない”

のでしょうか？

SPSS の出力をよく見ると，標準化されていない係数の右側に

標準化係数

というのがあります．

その値と表 2.5.2（p.77）の値が一致していますよ！

係数[a]

モデル		非標準化係数 B	標準誤差	標準化係数 ベータ	t 値	有意確率
1	(定数)	3.632E-16	.135		.000	1.000
	Z スコア(温度)	.558	.175	.558	3.188	.015
	Z スコア(圧力)	.484	.175	.484	2.764	.028

a. 従属変数 Z スコア(配向度)

つまり
標準偏回帰係数は
ベータのところを
見ればいいのです
なんだあ…

Section 2.6　多重共線性って，なに？

手順 1　データビューの画面から，変換(T) ⇨ 変数の計算(C) を選択します．

手順 2　そこで，目標変数(T) のワクの中に X4，数式(E) のワクの中へ

2＊温度－3＊圧力

と入力してください．

あとは OK ボタンをマウスでカチッ！

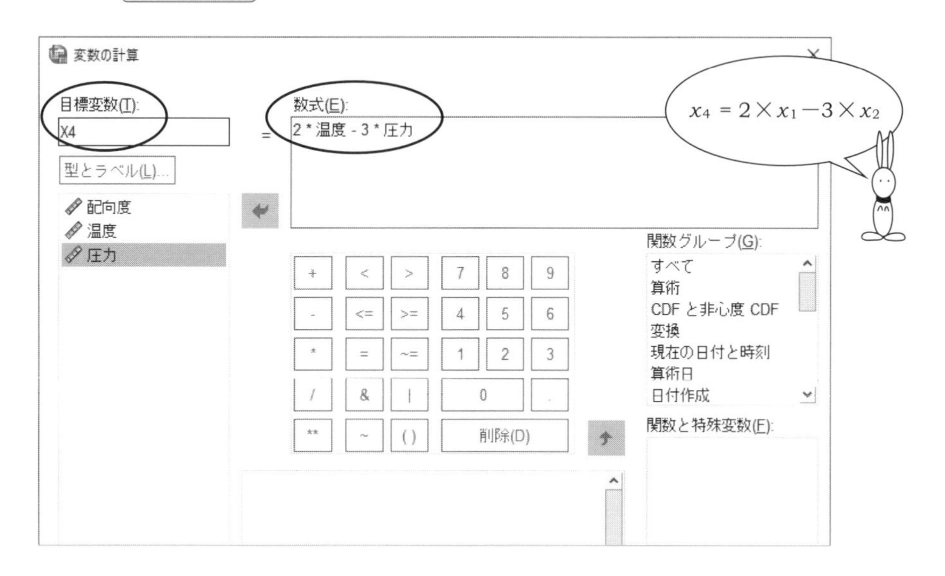

【SPSS による出力】

データビューの画面は，次のようになりましたか？

	配向度	温度	圧力	X4	var	var	var	var	var
1	45	17.5	30	-55.00					
2	38	17.0	25	-41.00					
3	41	18.5	20	-23.00					
4	34	16.0	30	-58.00					
5	59	19.0	45	-97.00					
6	47	19.5	35	-66.00					
7	35	16.0	25	-43.00					
8	43	18.0	35	-69.00					
9	54	19.0	35	-67.00					
10	52	19.5	40	-81.00					
11									
12									
13									

そこで

配向度　を　従属変数

温度，圧力，X4　を　独立変数

として，重回帰分析をしてみましょう．

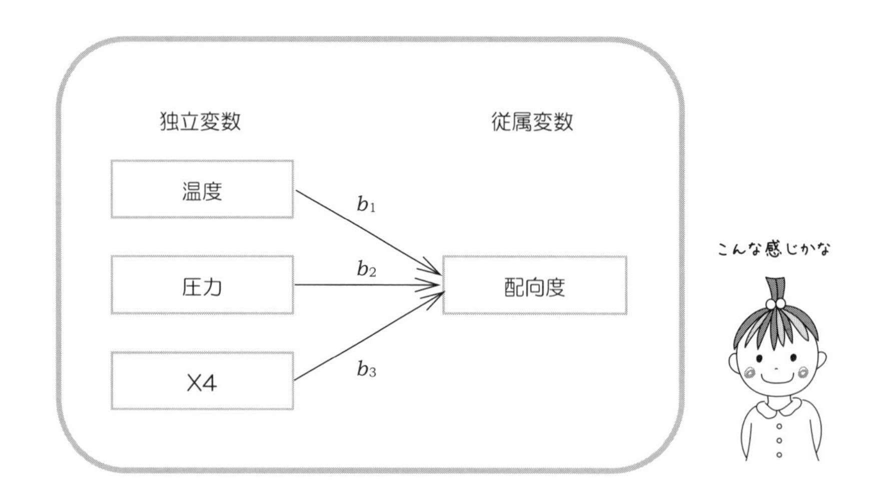

手順 1　分析(A) のメニューから 回帰(R) ⇨ 線型(L) を選択します.

手順 2　そして，次のように配向度を 従属変数(D)，

温度，圧力，X4 を 独立変数(I) に移動．あとは OK .

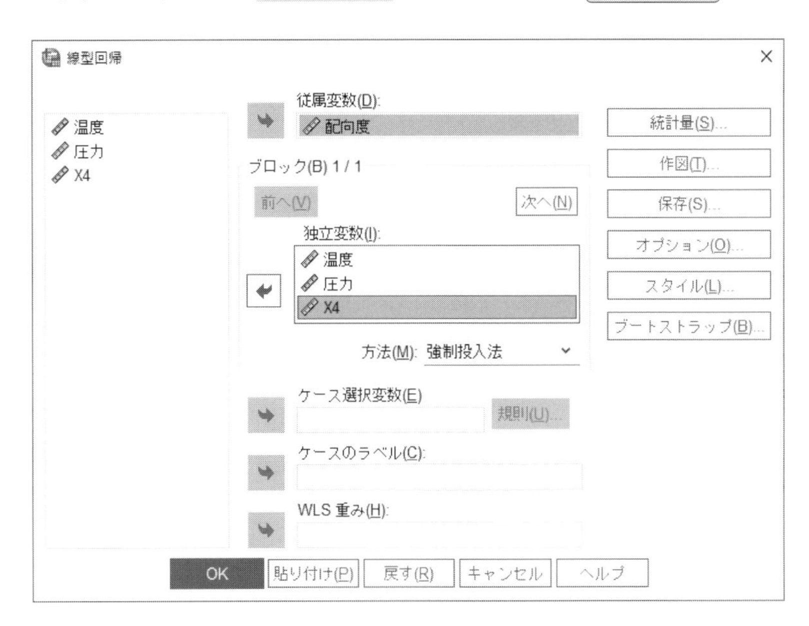

【SPSS による出力】

次のようになりましたか？

係数[a]

モデル		非標準化係数 B	非標準化係数 標準誤差	標準化係数 ベータ	t 値	有意確率
1	(定数)	-34.713	16.814		-2.064	.078
	温度	3.825	1.019	.615	3.753	.007
	X4	-.178	.064	-.453	-2.764	.028

a. 従属変数 配向度

除外された変数[a]

モデル		投入されたときの標準回帰係数	t 値	有意確率	偏相関	共線性の統計量 許容度
1	圧力	.[b]	.	.	.	.000

a. 従属変数 配向度

b. モデルの予測値: (定数)、X4, 温度。

【出力結果の読み取り方】

次の重回帰式

$$Y = b_1 \times \boxed{温度} + b_2 \times \boxed{圧力} + b_3 \times \boxed{X4} + b_0$$

を求めようとしたのですが，

SPSS の出力を見ると，重回帰式は

$$Y = 3.825 \times \boxed{温度} - 0.178 \times \boxed{X4} - 34.713$$

となっています．

なぜ，圧力が除外されたのでしょうか？

実は，3つの変数

温度　と　圧力　と　X4

の間には

$$X4 = 2 \times 温度 - 3 \times 圧力$$

という1次の関係式が成り立っています．

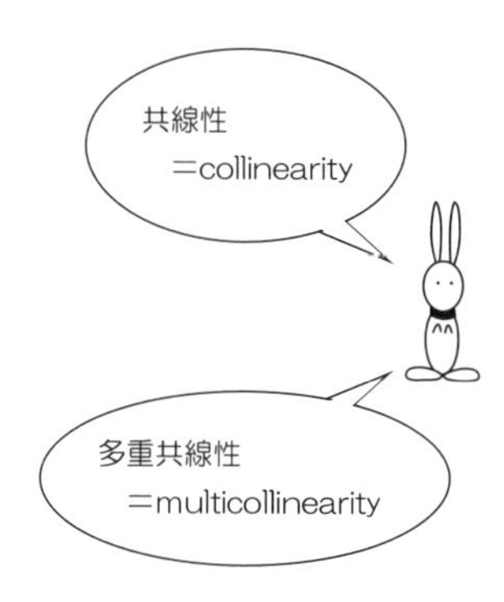

このような1次の関係式が成り立つとき，

“独立変数の間に**共線性**がある”

といいます．

そして，独立変数の間に，このような共線性があるとき，

“それらすべての独立変数を用いた重回帰式は
求めることができない”

のです．

そのため，SPSSは

“共線性のある独立変数たちの中から，とりあえず
圧力を除外して重回帰式を求めてみた”

というわけです．

共線性がいくつか存在するときは

多重共線性

といいます．

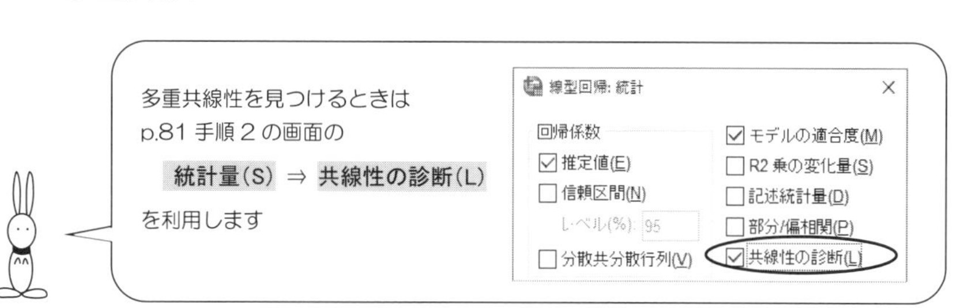

演習 2

問題 2.1　次のデータは，平均寿命，医療費の割合，タンパク質摂取量について調べたものです．

表 2.1　長生きの原因は？

平均寿命 y	医療費の割合 x_1	タンパク質摂取量 x_2
65.7	3.27	69.7
67.8	3.06	69.7
70.3	4.22	71.3
72.0	4.10	77.6
74.3	5.26	81.0
76.2	6.18	78.7

【2.1.1】　平均寿命と医療費の割合，平均寿命とタンパク質摂取量の散布図をそれぞれ描いてください．

【2.1.2】　重回帰式を求めてください．

【2.1.3】　予測値を求め，実測値との相関係数を計算してください．

【2.1.4】　データを標準化してから，標準偏回帰係数を求めてください．

【2.1.5】　従属変数にとって，どちらがより重要な独立変数か判定してください．

問題 2.2　次のデータは，5年間のエビの国内生産量と輸入量の合計 y，全国の飲食店数 x_1，年間1人当たりのエビの消費量 x_2 について調査したものです．

表 2.2　エビのデータと飲食店の数

エビの 国内生産量+輸入量	全国の 飲食店数	年間1人当たり エビ消費量
8.2	38	240
11.3	41	430
18.2	57	650
19.1	75	660
23.7	81	670

エビの国内生産量＋輸入量（万ｔ）…… y
全国の飲食店数（万店）…… x_1
年間１人当たりエビ消費量（g）…… x_2

【2.2.1】 エビの国内生産量＋輸入量と飲食店数の散布図，
エビの国内生産量＋輸入量とエビの消費量の散布図を
それぞれ描いてください．

【2.2.2】 重回帰式を求めてください．

【2.2.3】 予測値を求め，実測値との相関係数を計算してください．

【2.2.4】 データを標準化してから，標準偏回帰係数を求めてください．

【2.2.5】 従属変数にとって，どちらがより大切な独立変数か判定してください．

第3章 主成分分析で順位付けを！

Section 3.1 見て理解する主成分分析

次のデータは，10か所の地域における人口１万人当たりの介護施設の数と，人口１万人当たりの医療施設の数です．

表 3.1.1 介護施設と医療施設

No.	地域名	介護施設	医療施設
1	A	22	12
2	B	22	8
3	C	18	6
4	D	18	15
5	E	15	7
6	F	19	9
7	G	19	7
8	H	24	17
9	I	21	14
10	J	25	11

このデータを使って，**主成分分析**をしてみましょう．

主成分分析は，いくつかの変数を総合的に取り扱う手法です．

はじめに，介護施設と医療施設の関係を調べてみましょう．

そのための最もよい方法は“散布図”を描いてみることです．

■［介護施設］と［医療施設］の散布図を描いてみよう

手順 1　データは，次のようにス力します．

	地域	介護施設	医療施設	var	var	var	var	var	var	var
1	A	22	12							
2	B	22	8							
3	C	18	6							
4	D	18	15							
5	E	15	7							
6	F	19	9							
7	G	19	7							
8	H	24	17							
9	I	21	14							
10	J	25	11							
11										
12										
13										
14										

まずは散布図を
描いてみましょう

手順 2　データを入力したら，グラフ(G) のメニューから，

図表ビルダー(C) を選択します．

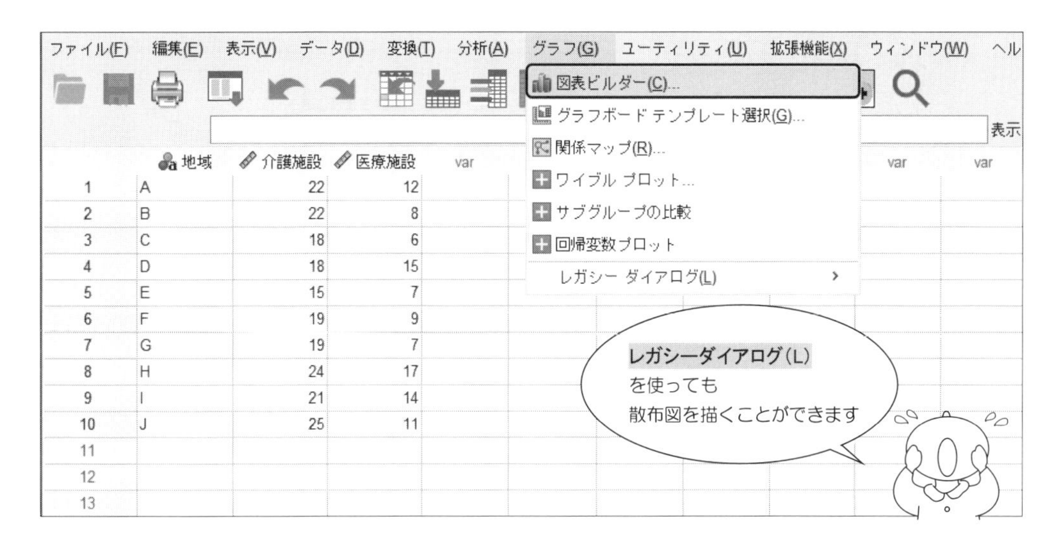

手順 3 ギャラリ の中から 散布図/ドット を選択して

次のようにマウスでドラッグします.

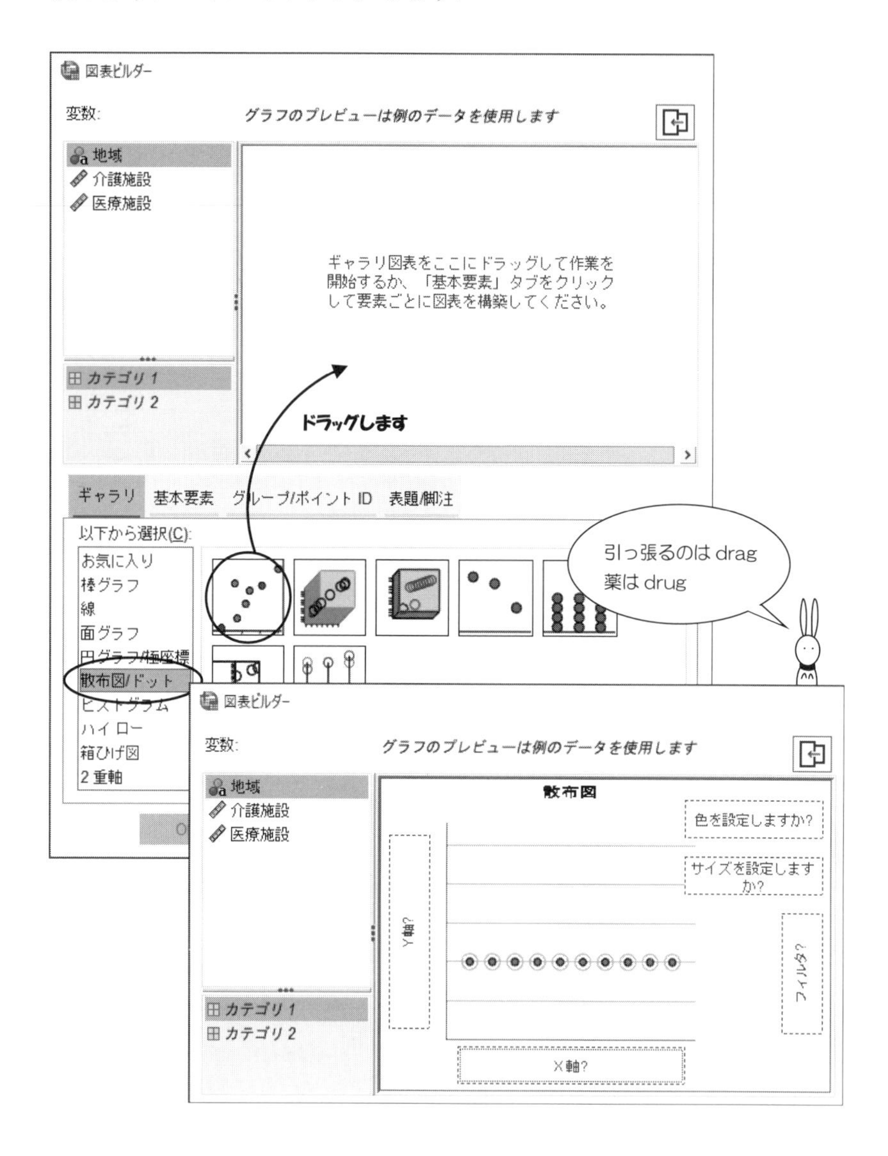

手順4　介護施設を x 軸に，医療施設を y 軸にマウスでドラッグしたら
あとは OK ボタンをマウスでカチッ！

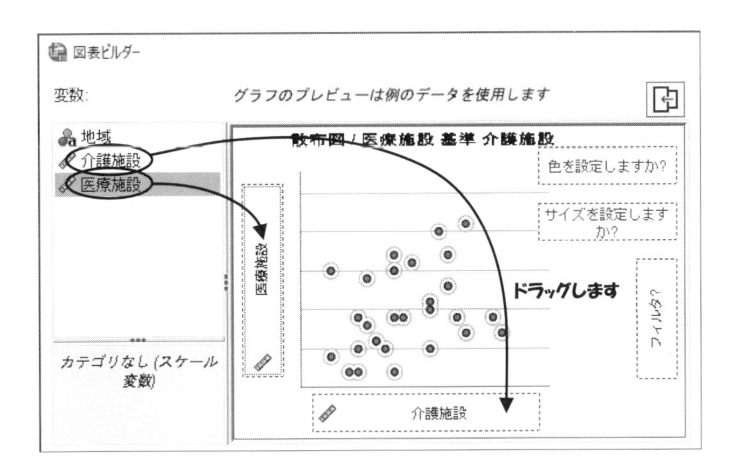

【SPSS による出力】

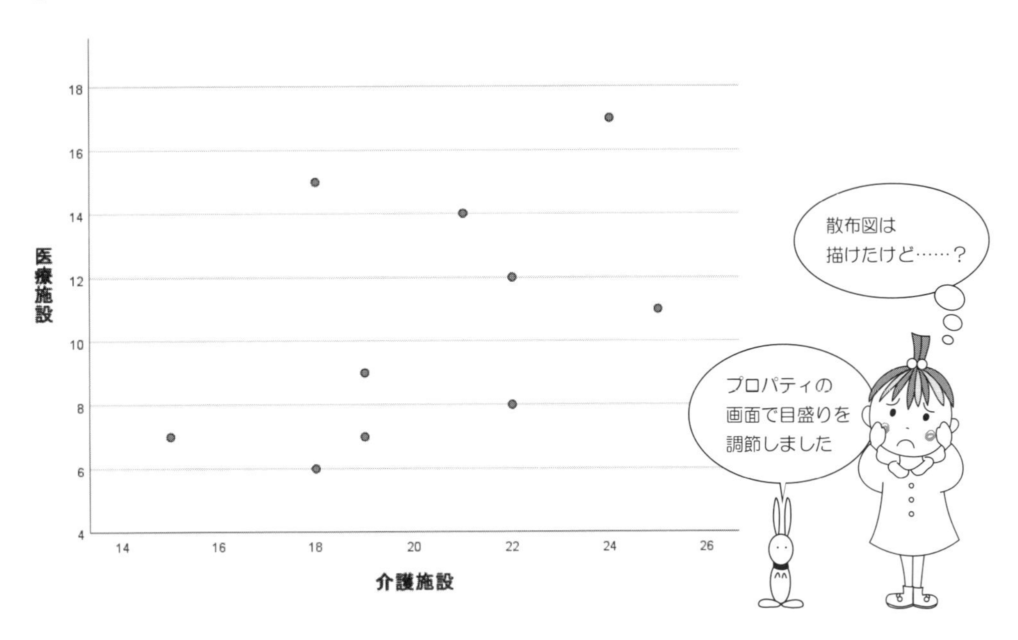

■これが主成分分析です！

主成分分析はいくつかの変数を総合的に取り扱います.

“総合的”とは“いくつかの変数を 1 つにまとめること”.

そこで，この散布図を見ていると，10 個のデータは，
次のように，新しい座標軸 z 上に表現できそうです.

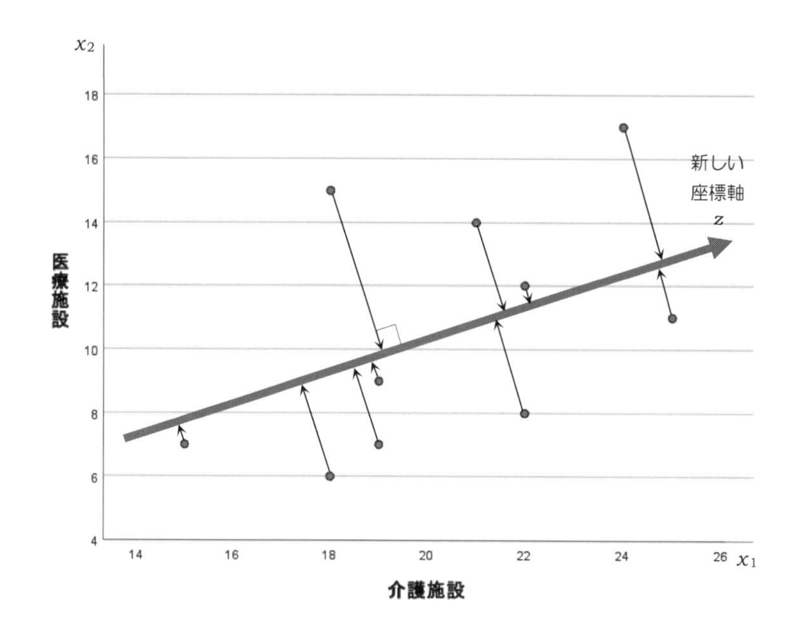

図 3.1.1　新しい座標軸に垂線を下ろすと……

この新しい座標軸 z のことを

主成分

といい，この新しい座標軸 z を求める統計手法を

主成分分析

といいます．

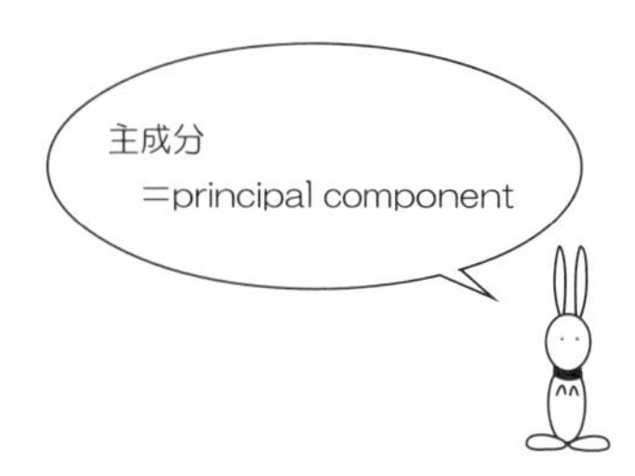

ところで，この新しい座標軸 z の方向比が $a_1 : a_2$ のとき，

主成分 z は

$$z = a_1 \times x_1 + a_2 \times x_2$$

のように表現できます．

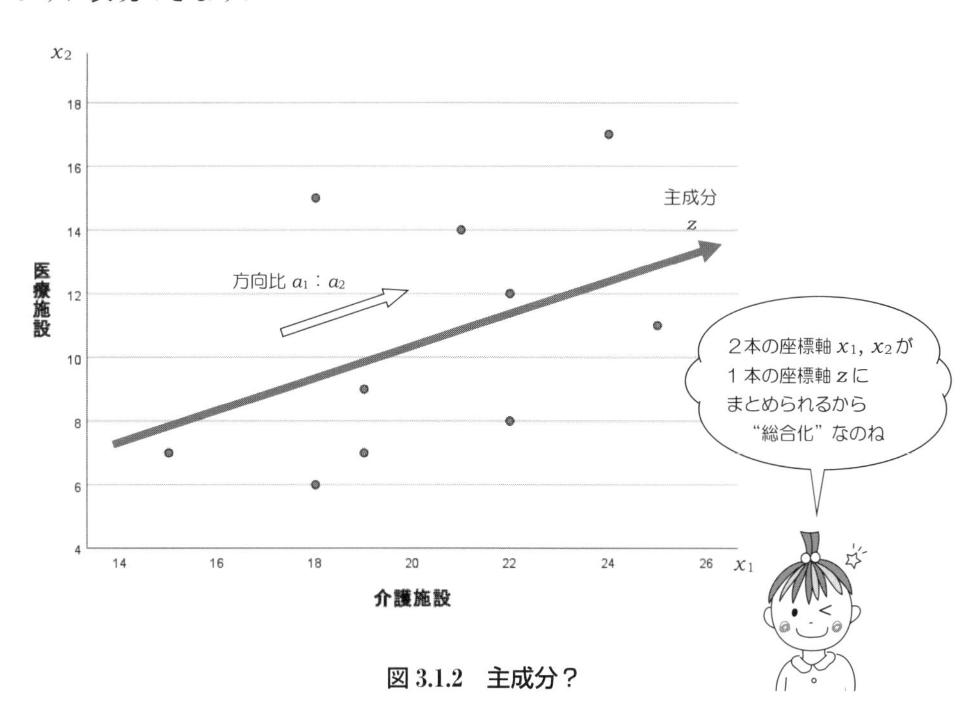

図 3.1.2　主成分？

Section 3.2　分散共分散行列による主成分分析をしよう

主成分を求める方法には

- 分散共分散行列による方法
- 相関行列による方法

の２通りがあります．

分散共分散行列
相関行列の説明は
p.12 です
相関行列による
方法は p.104 です

ここでは分散共分散行列による方法について考えてみましょう．

■分散共分散行列による主成分分析の手順

手順 1　分析(A) のメニューから次元分解(D) を選択．

続いて，サブメニューから，因子分析(F) を選択します．

ファイル(F)　編集(E)　表示(V)　データ(D)　変換(T)　分析(A)　グラフ(G)　ユーティリティ(U)　拡張機能(X)　ウィンドウ(W)　ヘル

	地域	介護施設	医療施設
1	A	22	12
2	B	22	8
3	C	18	6
4	D	18	15
5	E	15	7
6	F	19	9
7	G	19	7
8	H	24	17
9	I	21	14
10	J	25	11

検定力分析(W)
メタ分析
報告書(P)
記述統計(E)
ベイズ統計(Y)
テーブル(B)
平均の比較(M)
一般線型モデル(G)
一般化線型モデル(Z)
混合モデル(X)
相関(C)
回帰(R)
対数線型(O)
ニューラル ネットワーク
分類(F)
次元分解(D)
尺度(A)
ノンパラメトリック検定(N)
時系列(T)

因子分析(F)...
コレスポンデンス分析(C)...
最適尺度法(O)...

手順 2　因子分析の画面になったら，変数(V) のワクの中へ，

介護施設と医療施設を移動します．

そして，因子抽出(E) をクリック．

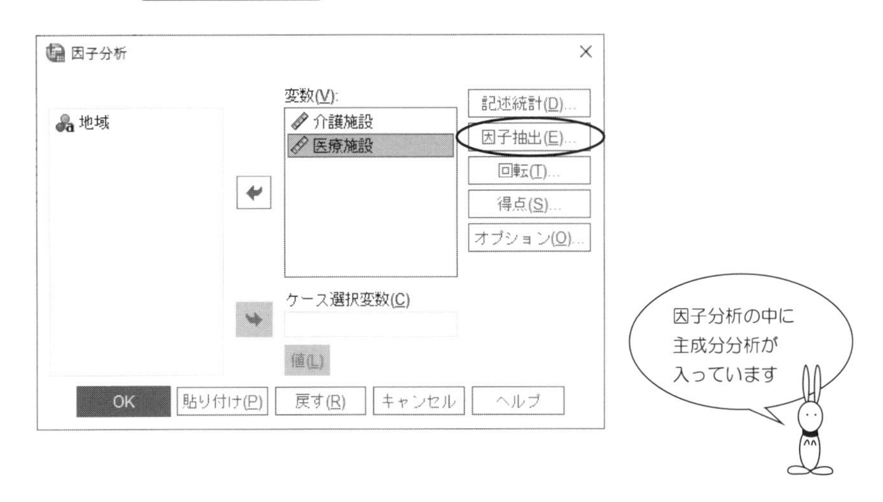

手順 3　次の画面になったら，方法(M) のワクの中が

主成分分析になっていることを確認しましょう．

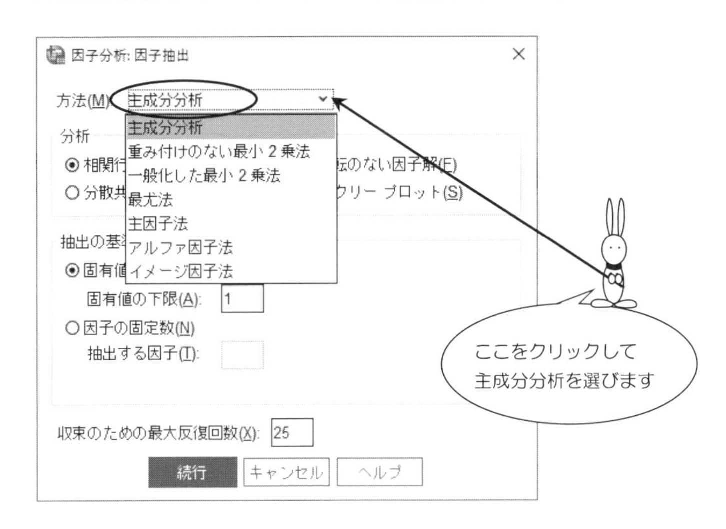

手順 **4**　分析 のところの 分散共分散行列(V) をクリックして，

続行 します．

因子分析: 因子抽出

方法(M): 主成分分析

分析
○相関行列(R)
◉分散共分散行列(V)

表示
☑回転のない因子解(F)
☐スクリー プロット(S)

抽出の基準
◉固有値に基づく(E)
固有値の下限(A): 1 倍の平均固有値
○因子の固定数(N)
抽出する因子(T):

収束のための最大反復回数(X): 25

続行　キャンセル　ヘルプ

ここでは
分散共分散行列を
選択します

手順 **5**　次の画面に戻ったら，あとは OK ボタンをマウスでカチッ！

【SPSS による出力】

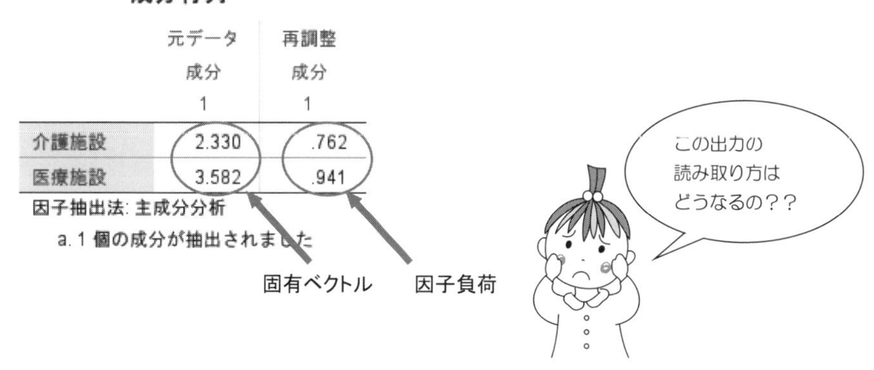
成分行列[a]

	元データ 成分 1	再調整 成分 1
介護施設	2.330	.762
医療施設	3.582	.941

因子抽出法: 主成分分析
a. 1 個の成分が抽出されました

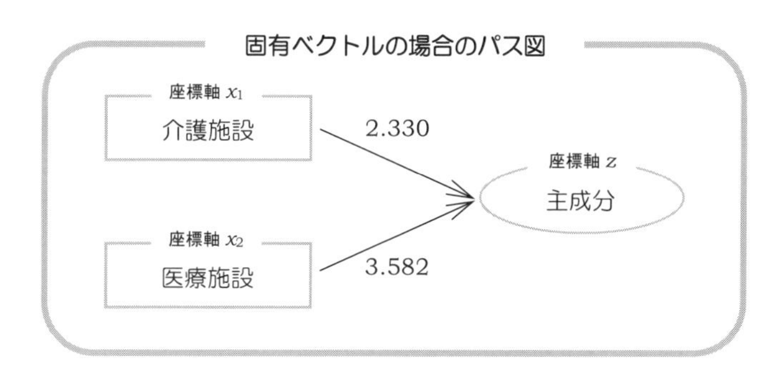

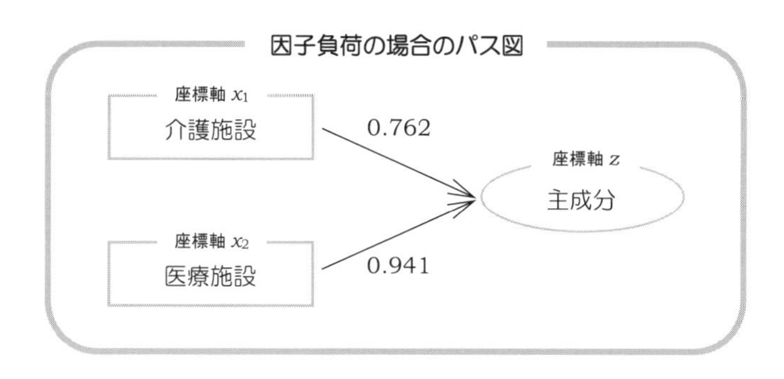

【出力結果の読み取り方】

SPSS による出力を見ると

表 3.2.1

	固有ベクトル	因子負荷量
介護施設	2.330	0.762
医療施設	3.582	0.941

となっていますが，これが求める主成分の係数です．

つまり

$$\text{主成分 } z = 2.330 \times \boxed{\text{介護施設}} + 3.582 \times \boxed{\text{医療施設}}$$

となります．

固有ベクトルの大きさは

$$\sqrt{(2.330)^2 + (3.582)^2} = \sqrt{18.260}$$

ですから，固有ベクトルの大きさを $\boxed{1}$ にすれば

$$\begin{aligned}\text{主成分} &= \frac{2.330}{\sqrt{18.260}} \times \boxed{\text{介護施設}} + \frac{3.582}{\sqrt{18.260}} \times \boxed{\text{医療施設}} \\ &= 0.5453 \times \boxed{\text{介護施設}} + 0.8383 \times \boxed{\text{医療施設}}\end{aligned}$$

となります！

この固有ベクトルを，各変数の $\boxed{\sqrt{\text{分散}}}$ で割ったものが，因子負荷です．

$$0.762 = \frac{2.330}{\sqrt{9.344}} \qquad 0.941 = \frac{3.582}{\sqrt{14.489}}$$

これが
分散共分散行列の
固有ベクトルの
１つです

大切なのは
固有ベクトルの
読み取り方ね！

ところで，この主成分

主成分 z = 2.330 × 介護施設 + 3.582 × 医療施設

は何を表しているのでしょうか？

たとえば，介護施設を増やしてみましょう．すると……

それに 2.330 をかけたものが主成分 z ですから，主成分 z も増加します．

たとえば，医療施設を増やしてみましょう．すると……

それに 3.582 をかけたものが主成分 z ですから，主成分 z も増加します．

このことから

“主成分は 福祉の充実度 を表している”

と考えることができそうですね！

主成分分析で最も大切なことは，このように

“主成分の意味を読み取る”

ことです．

つまり…

固有ベクトルの場合

$$2.330 = \sqrt{18.260} \times 0.5453$$

$$3.582 = \sqrt{18.260} \times 0.8383$$

因子負荷の場合

$$0.762 = \frac{\sqrt{18.260} \times 0.5453}{\sqrt{9.344}}$$

$$0.941 = \frac{\sqrt{18.260} \times 0.941}{\sqrt{14.489}}$$

Section 3.3　主成分得点を求めてみると……

主成分

$$z = 2.330 \times \boxed{介護施設} + 3.582 \times \boxed{医療施設}$$

は，福祉の充実度 を表現していることがわかりました．

では，いちばん福祉の充実している地域はどこなのでしょうか？

そのために

主成分得点

を計算してみましょう．

すると，最も福祉の充実している地域を見つけることができます．

■主成分得点の求め方

手順 1　分析(A) のメニューから 次元分解(D) ⇨ 因子分析(F) を選択．

次の画面になったら２つの変数を移動して，因子抽出(E) をクリック．

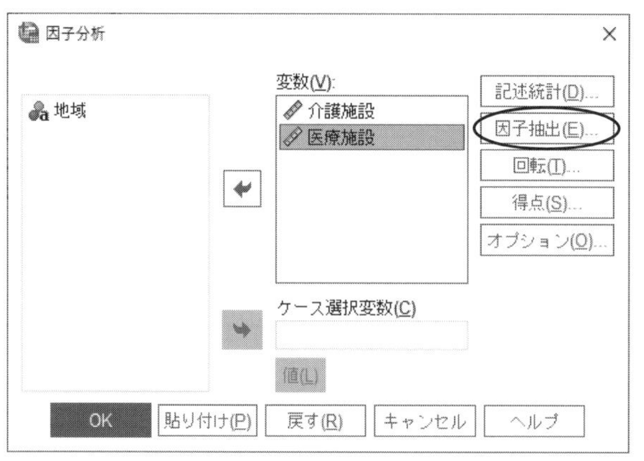

手順 **2**　分析 のところで 分散共分散行列(V) を選択．そして 続行 ．

因子分析: 因子抽出

方法(M): 主成分分析

分析
- ○ 相関行列(R)
- ◉ 分散共分散行列(V)

表示
- ☑ 回転のない因子解(F)
- ☐ スクリー プロット(S)

抽出の基準
- ◉ 固有値に基づく(E)
  - 固有値の下限(A): 1 倍の平均固有値
- ○ 因子の固定数(N)
  - 抽出する因子(T):

収束のための最大反復回数(X): 25

続行　キャンセル　ヘルプ

手順 **3**　手順１に戻るので， 得点(S) をクリックして， 変数として保存(S)
因子得点係数行列を表示(D) をチェックして， 続行 ．
もう一度，手順１に戻ったら，
あとは OK ボタンをマウスでカチッ！

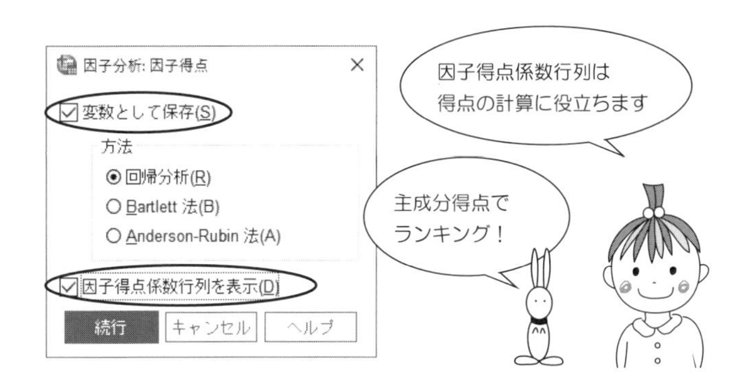

【SPSS による出力】

データビューは，次のようになっていますか？

	地域	介護施設	医療施設	FAC1_1	var	var	var	var	var
1	A	22	12	.49154					
2	B	22	8	-.29312					
3	C	18	6	-1.19582					
4	D	18	15	.56966					
5	E	15	7	-1.38243					
6	F	19	9	-.47973					
7	G	19	7	-.87206					
8	H	24	17	1.72754					
9	I	21	14	.75627					
10	J	25	11	.67815					
11									

これが
主成分得点ね！

ところで，主成分得点の定義式は，次のようになります．

$$\text{主成分得点} = 2.330 \times \boxed{\text{介護施設}} + 3.582 \times \boxed{\text{医療施設}} - 85.268$$

主成分得点の定義式に，データを代入してみると……

表 3.3.1　主成分得点

地域名	介護施設	医療施設	主成分得点
A	22	12	8.976
B	22	8	−5.352
C	18	6	−21.836
D	18	15	10.402
E	15	7	−25.244
F	19	9	−8.760
G	19	7	−15.924
H	24	17	31.546
I	21	14	13.810
J	25	11	12.384

さらに，この主成分得点を標準化すると……

表 3.3.2　標準化された主成分得点

地域名	標準化された主成分得点
A	0.492
B	−0.293
C	−1.196
D	0.570
E	−1.382
F	−0.480
G	−0.872
H	1.727
I	0.756
J	0.678

データの標準化は
p.16 です

つまり，SPSS による出力は，この標準化された主成分得点ですね．

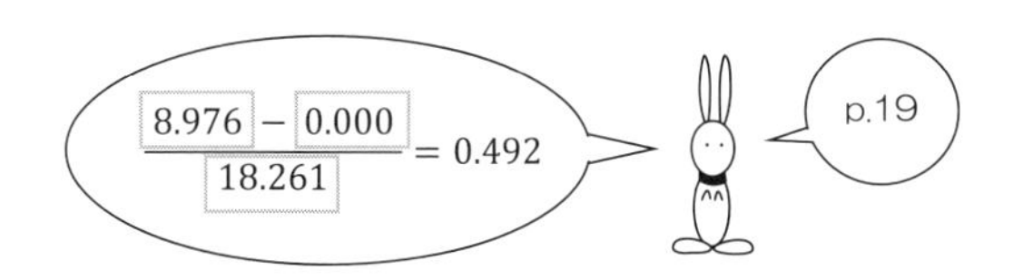

ところで，この主成分は

福祉の充実度

を表していると考えられるのですが，

では，どの地域が最も福祉の充実した地域なのでしょうか？

SPSS を使って，主成分得点を大きさの順に並べ替えてみましょう．

■主成分得点によるランキングの手順

手順 1　データ(D) のメニューから，ケースの並べ替え(O) を選択します．

手順 2　次の画面になったら，並べ替え(S) のワクの中へ FAC1_1 を移動します．

あとは OK ボタンをマウスでカチッ！

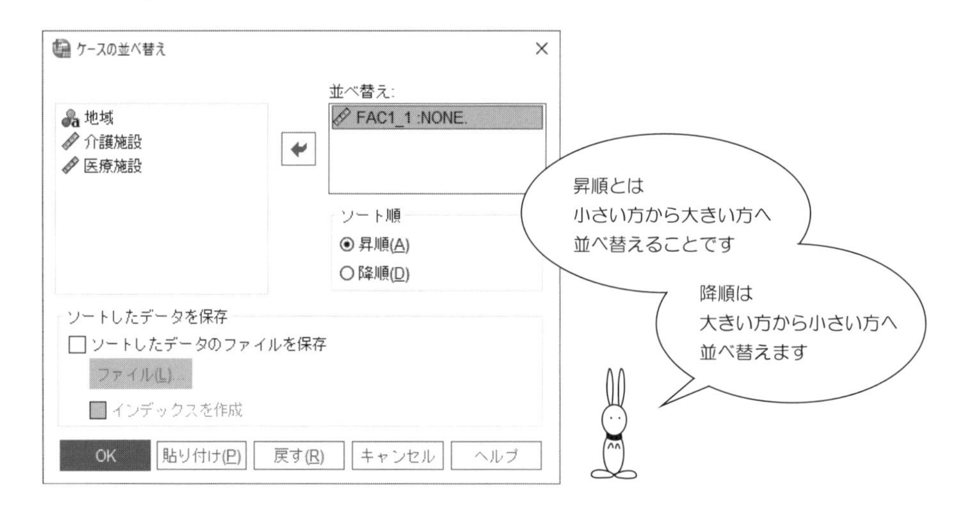

【SPSS による出力】

データビューの画面は，次のようになります．

	地域	介護施設	医療施設	FAC1_1	var	var	var	var	var
1	E	15	7	-1.38243					
2	C	18	6	-1.19582					
3	G	19	7	-.87206					
4	F	19	9	-.47973					
5	B	22	8	-.29312					
6	A	22	12	.49154					
7	D	18	15	.56966					
8	J	25	11	.67815					
9	I	21	14	.75627					
10	H	24	17	1.72754					
11									
12									
13									

小さい値から大きい値の順に並べたので，

最も福祉が充実しているのは，地域 H のようですね！

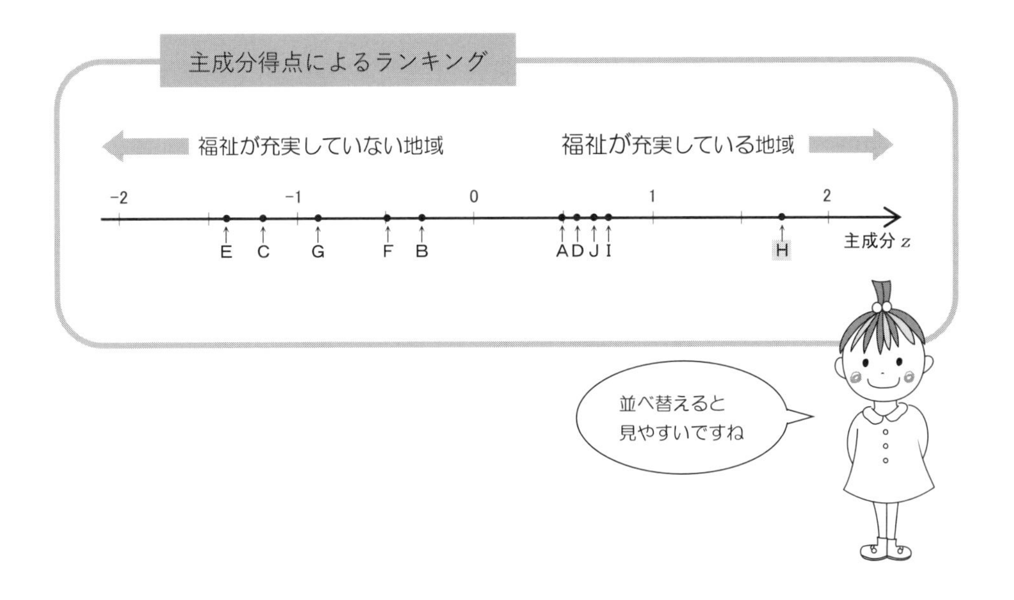

Section 3.4　相関行列による主成分分析をしよう

次は，相関行列を用いて主成分分析をしてみましょう．

■相関行列による主成分分析の手順

手順 1　データビューの画面から，分析(A) ⇨ 次元分解(D) ⇨ 因子分析(F) を選択します．

次の画面になったら，変数(V) の中へ，介護施設と医療施設を移動し，因子抽出(E) をクリックします．

$$x \text{と} y \text{の相関係数} = \frac{x \text{と} y \text{の共分散}}{\sqrt{x \text{の分散}} \times \sqrt{y \text{の分散}}}$$

標準化をすると

$$\text{相関係数} = \frac{\text{共分散}}{\sqrt{1} \times \sqrt{1}}$$

手順2 方法(M) の中が主成分分析になっていることを確認したら，

相関行列(R) をクリックして 続行 .

手順1の画面に戻ったら， 得点(S) をクリック.

因子分析: 因子抽出

方法(M): 主成分分析

分析
◉ 相関行列(R)
○ 分散共分散行列(V)

表示
☑ 回転のない因子解(F)
☐ スクリー プロット(S)

抽出の基準
◉ 固有値に基づく(E)
固有値の下限(A): 1
○ 因子の固定数(N)
抽出する因子(T):

収束のための最大反復回数(X): 25

続行 キャンセル ヘルプ

変数の単位の影響が
気になるときは
相関行列を利用します

手順3 次の画面になったら， 変数として保存(S) をクリックして，

続行 . 手順1の画面に戻ったら，

あとは OK ボタンをマウスでカチッ！

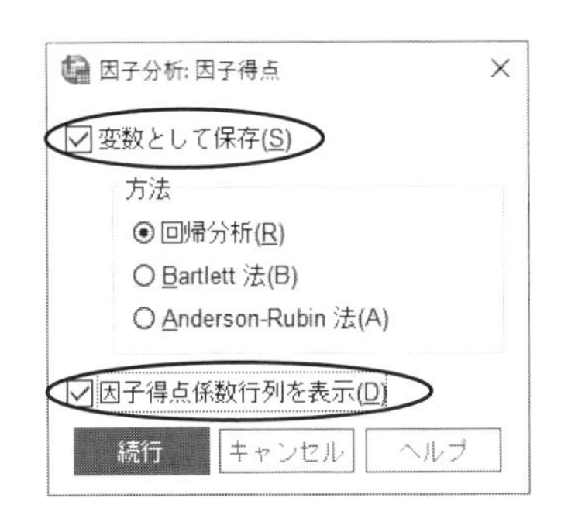

【SPSS による出力】

共通性

	初期	因子抽出後
介護施設	1.000	.749
医療施設	1.000	.749

因子抽出法: 主成分分析

説明された分散の合計

	初期の固有値			抽出後の負荷量平方和		
成分	合計	分散の %	累積 %	合計	分散の %	累積 %
1	1.498	74.923	74.923	1.498	74.923	74.923
2	.502	25.077	100.000			

因子抽出法: 主成分分析

成分行列[a]

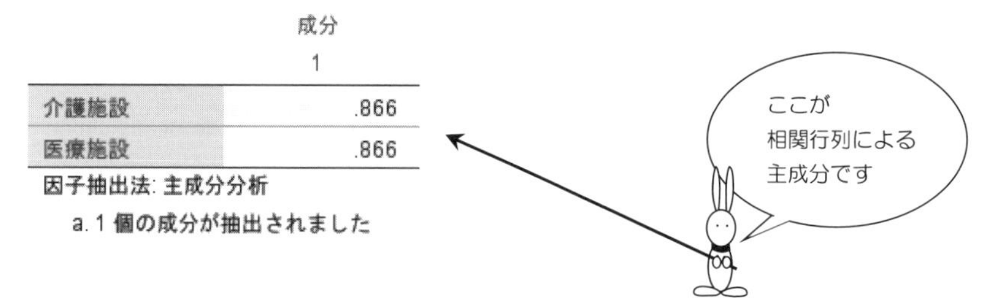

	成分
	1
介護施設	.866
医療施設	.866

因子抽出法: 主成分分析
　a. 1 個の成分が抽出されました

主成分得点係数行列

	成分
	1
介護施設	.578
医療施設	.578

因子抽出法: 主成分分析
成分得点

【出力結果の読み取り方】

成分行列のところを見ると

$$\begin{cases} \text{介護施設} \cdots\cdots\cdots\ 0.866 \\ \text{医療施設} \cdots\cdots\cdots\ 0.866 \end{cases}$$

になっています.

したがって，主成分は

$$\text{主成分}\ z = 0.866 \times \boxed{\text{介護施設}} + 0.866 \times \boxed{\text{医療施設}}$$

となっていることがわかります.

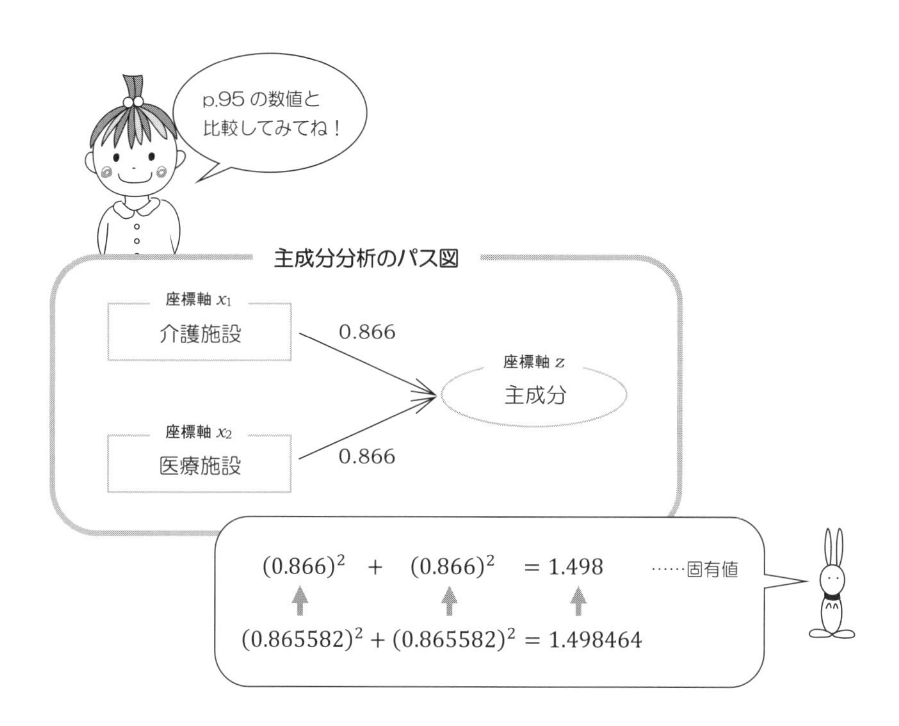

【SPSS による出力】

データビューの画面は，次のようになっていますか？

	地域	介護施設	医療施設	FAC1_1	var	var	var	var	var
1	A	22	12	.53370					
2	B	22	8	-.07332					
3	C	18	6	-1.13270					
4	D	18	15	.23310					
5	E	15	7	-1.54784					
6	F	19	9	-.48847					
7	G	19	7	-.79198					
8	H	24	17	1.67041					
9	I	21	14	.64825					
10	J	25	11	.94885					
11									
12									

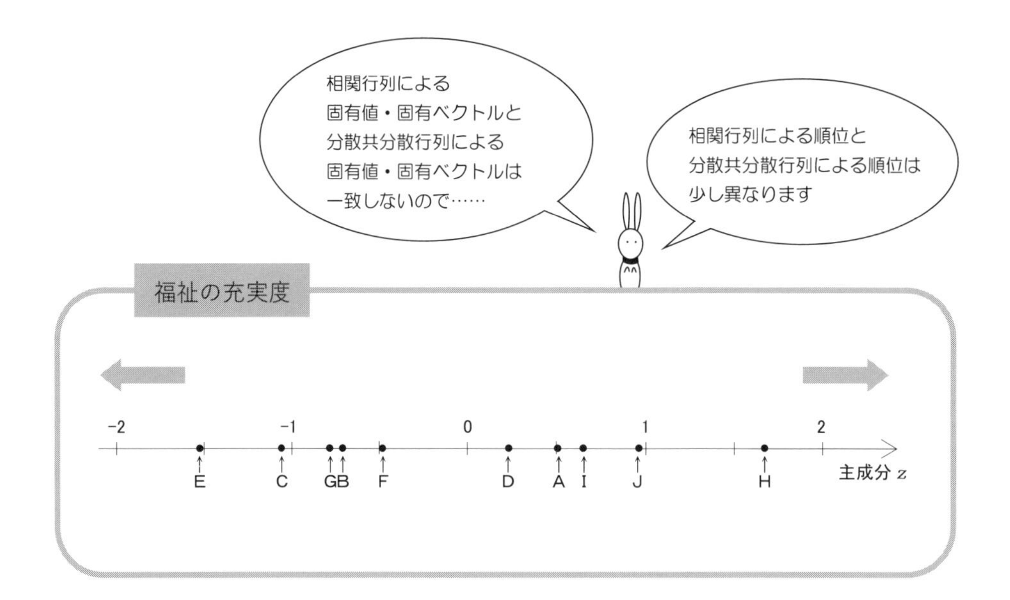
相関行列による
固有値・固有ベクトルと
分散共分散行列による
固有値・固有ベクトルは
一致しないので……
相関行列による順位と
分散共分散行列による順位は
少し異なります
福祉の充実度
−2
−1
0
1
2
E
C
GB
F
D
A
I
J
H
主成分 z

なるほど one point

たとえば，次のようなアンケート調査の場合……

質問項目 A：あなたは赤ワインが好きですか？

1. 少し好き　2. 好き　3. 大好き

質問項目 B：あなたはオクラが好きですか？

1. 大嫌い　2. 嫌い　3. 少し嫌い

質問項目 C：あなたは納豆が好きですか？

1. 嫌い　2. どちらでも　3. 好き

質問項目の回答は

1.　2.　3.

のような

順序データになっているので

相関行列による主成分分析と

分散共分散行列による主成分分析の

結果はあまり変わりません．

相関行列による主成分

	主成分 1
赤ワイン	.898
オクラ	-.878
納豆	.189

分散共分散行列による主成分

	元データ 主成分 1	再調整 主成分 1
赤ワイン	.758	.897
オクラ	-.752	-.890
納豆	.075	.115

Section 3.5 重回帰分析と主成分分析の違いはどこ？

■重回帰分析と主成分分析の違い——変数が2個の場合

重回帰分析と主成分分析をグラフで表現すると

よく似た散布図ができ上がります.

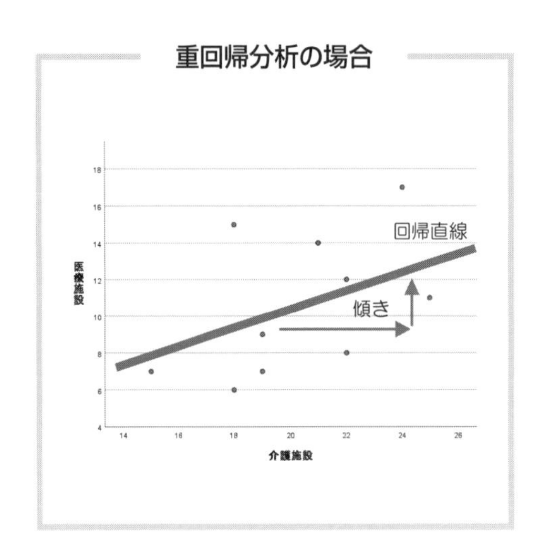

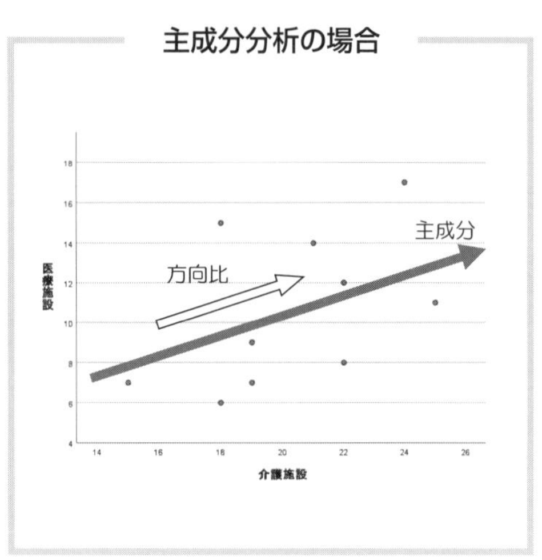

はたして，この2つの分析方法は同じなのでしょうか？

そこで……

次の 2 変数データに対して，重回帰分析をしてみましょう．

医療施設を従属変数，介護施設を独立変数とします．

独立変数は介護施設の 1 個だけなので，これは単回帰分析になります．

表 3.5.1

No.	介護施設	医療施設
1	22	12
2	22	8
3	18	6
4	18	15
5	15	7
6	19	9
7	19	7
8	24	17
9	21	14
10	25	11

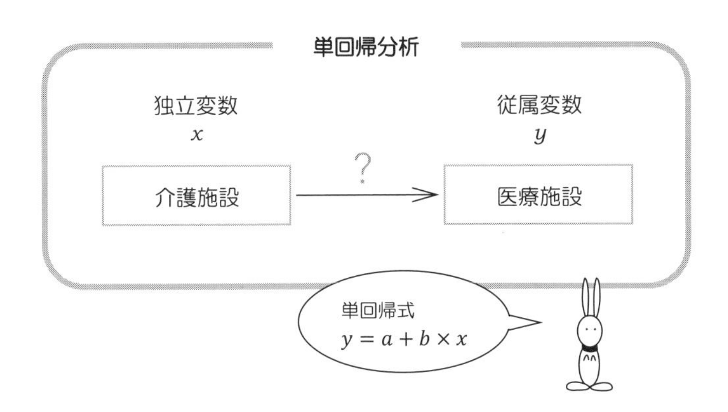

手順 1 分析のメニューから 回帰(R) ⇨ 線型(L) を選択.

続いて，サブメニューから

	地域	介護施設	医療施設
1	A	22	12
2	B	22	8
3	C	18	6
4	D	18	15
5	E	15	7
6	F	19	9
7	G	19	7
8	H	24	17
9	I	21	14
10	J	25	11

手順 2 従属変数(D) の中へ医療施設を， 独立変数(I) の中へ介護施設を移動して，あとは OK ボタンをマウスでカチッ！

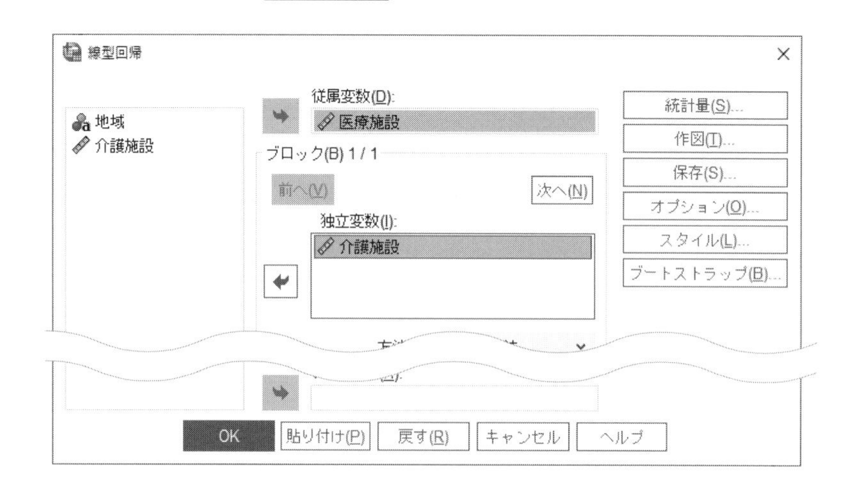

【SPSS による出力】

次のようになりましたか？

係数[a]

モデル		非標準化係数 B	非標準化係数 標準誤差	標準化係数 ベータ	t 値	有意確率
1	(定数)	-2.000	7.826		-.256	.805
	介護施設	.621	.382	.498	1.626	.143

a. 従属変数 医療施設

【出力結果の読み取り方】

SPSS の出力から，介護施設と医療施設の回帰式は

$$\boxed{医療施設} = 0.621 \times \boxed{介護施設} - 2.000$$

となりました.

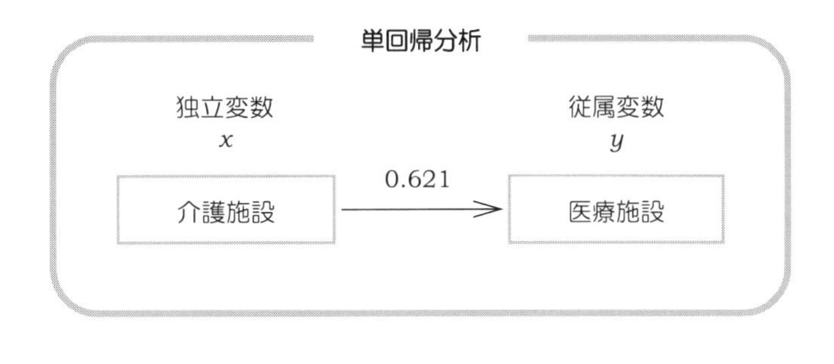

前ページの回帰式を散布図の上に描くと……

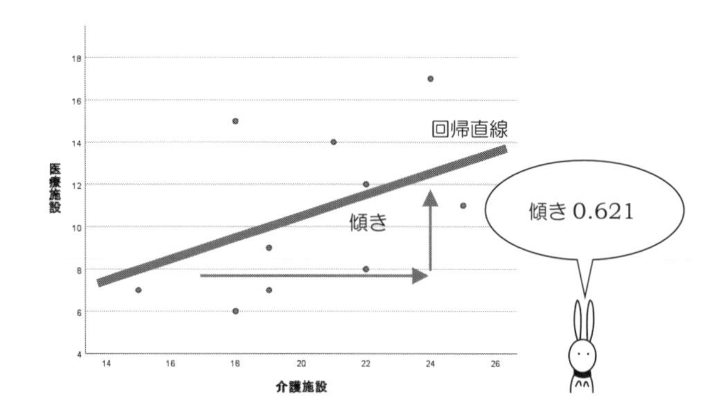

図 3.5.1　回帰直線 Y は直線です

この図と次の主成分分析の図を比べてみると……

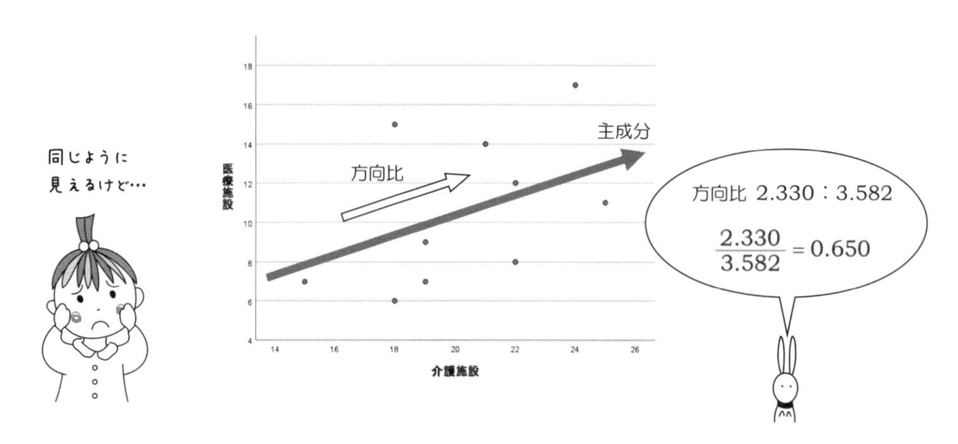

図 3.5.2　主成分 z は座標軸です

確かに，よく似ていますね !!

主成分分析は，重回帰分析と同じなのでしょうか？

答は "No" です．

この違いを図で表現すると，次のようになります．

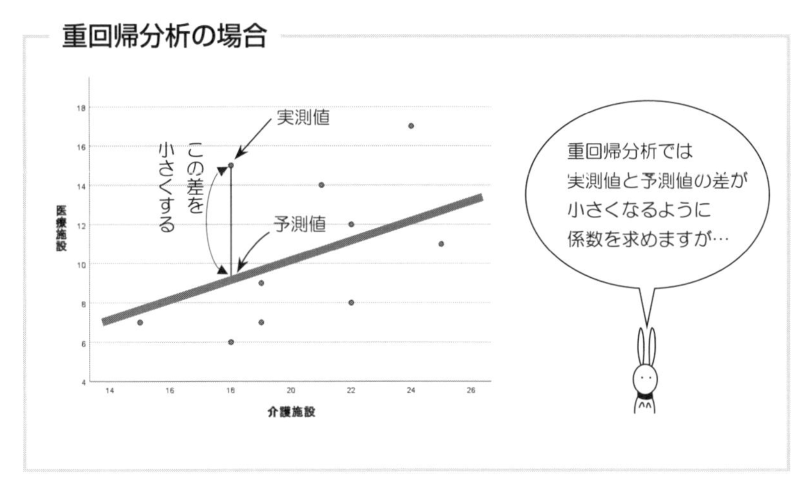

図 3.5.3　残差に注目します

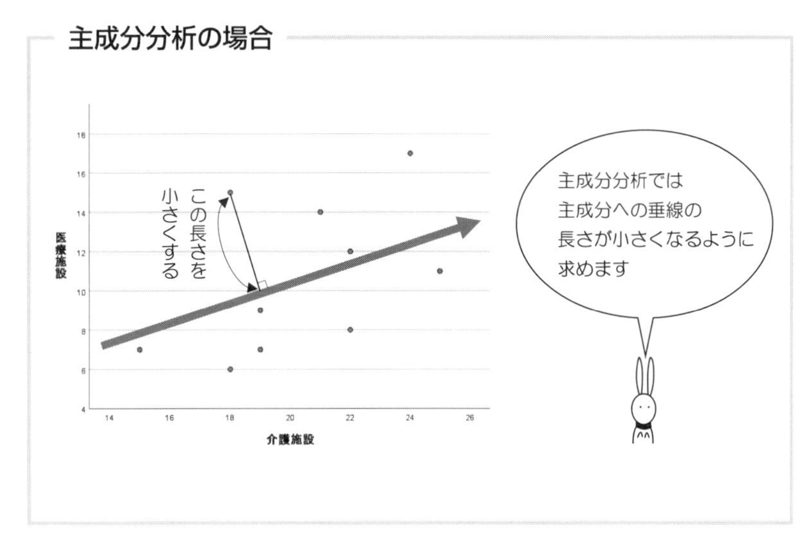

図 3.5.4　垂線に注目します

■重回帰分析と主成分分析の違い——変数が 3 個の場合

次のデータに対して，主成分分析をしてみましょう．

表 3.5.2

No.	配向度	条件	
		温度	圧力
1	45	17.5	30
2	38	17.0	25
3	41	18.5	20
⋮	⋮	⋮	⋮
9	54	19.0	35
10	52	19.5	40

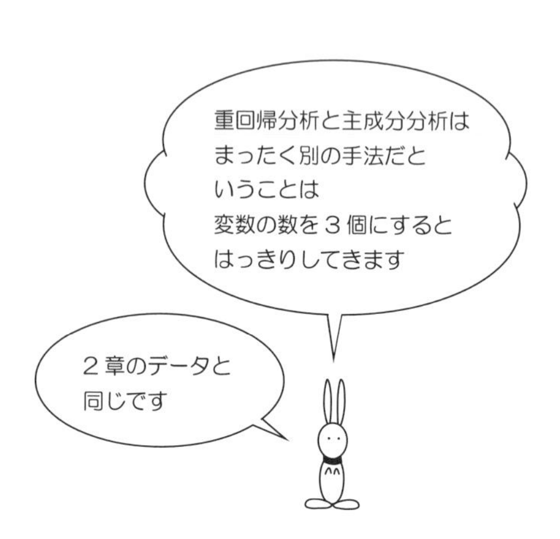

手順 **1**　データを入力したら，分析(A) ⇨ 次元分解(D) ⇨ 因子分析(F) を選択．

次の画面になったら 3 つの変数を移動して，因子抽出(E) をクリック．

手順 **2**　方法(M) の中が主成分分析になっていることを確認し，［続行］.

手順 1 の画面に戻ったら，［OK］ボタンをマウスでカチッ！

因子分析: 因子抽出

方法(M): 主成分分析

分析
- ◉ 相関行列(R)
- ○ 分散共分散行列(V)

表示
- ☑ 回転のない因子解(F)
- ☐ スクリー プロット(S)

抽出の基準
- ◉ 固有値に基づく(E)
  - 固有値の下限(A): 1
- ○ 因子の固定数(N)
  - 抽出する因子(T):

収束のための最大反復回数(X): 25

［続行］［キャンセル］［ヘルプ］

変数が
2 個から 3 個に
増えると……？

【SPSS による出力】

次のようになりましたか？

成分行列[a]

	成分
	1
配向度	.971
温度	.887
圧力	.872

因子抽出法: 主成分分析

a. 1 個の成分が抽出されました

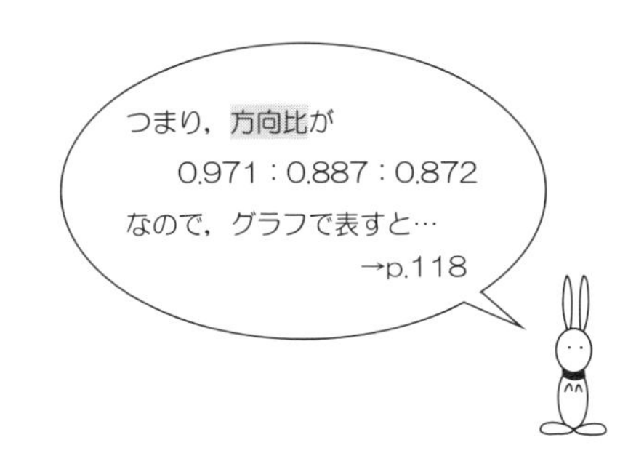
つまり，方向比が
0.971 : 0.887 : 0.872
なので，グラフで表すと…
→p.118

したがって，3 変数 x_1，x_2，x_3 の主成分分析の結果は，
次の図のようになります．

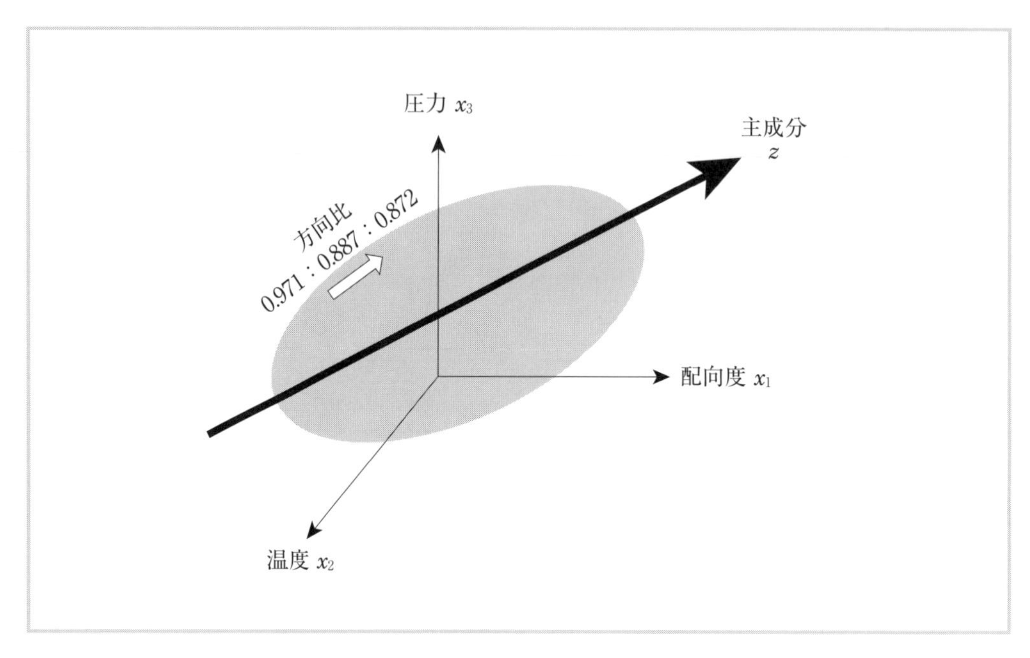

図 3.5.5　主成分のグラフ表現—座標軸です—

これに対し，3変数 y，x_1，x_2 の重回帰分析の結果は，
次の図のようになります．

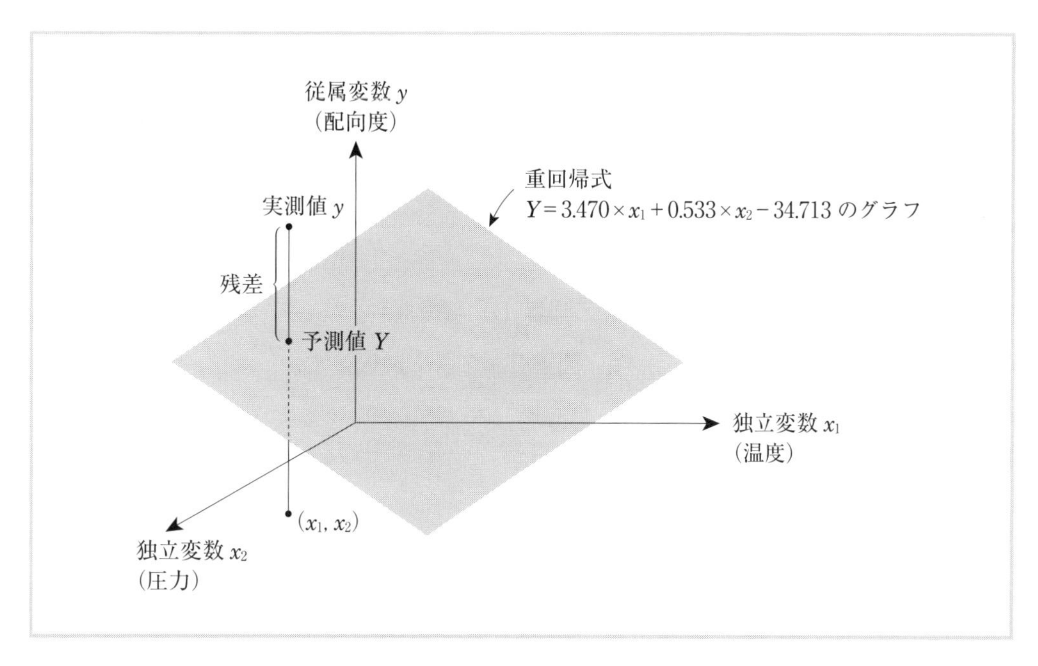

図 3.5.6　重回帰式のグラフ表現—平面になります—

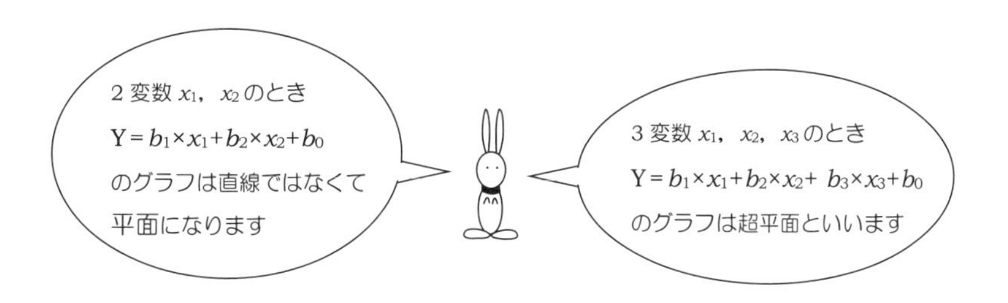

Section 3.6　主成分の回転？

主成分分析の場合，主成分の回転をおこなわないのが一般的ですが，

主成分の読み取りがうまくできないときは，

主成分の回転

をおこなうことがあります．

手順 1　分析(A) のメニューから 次元分解(D) を選択．

続いて，サブメニューから，因子分析(F) を選択します．

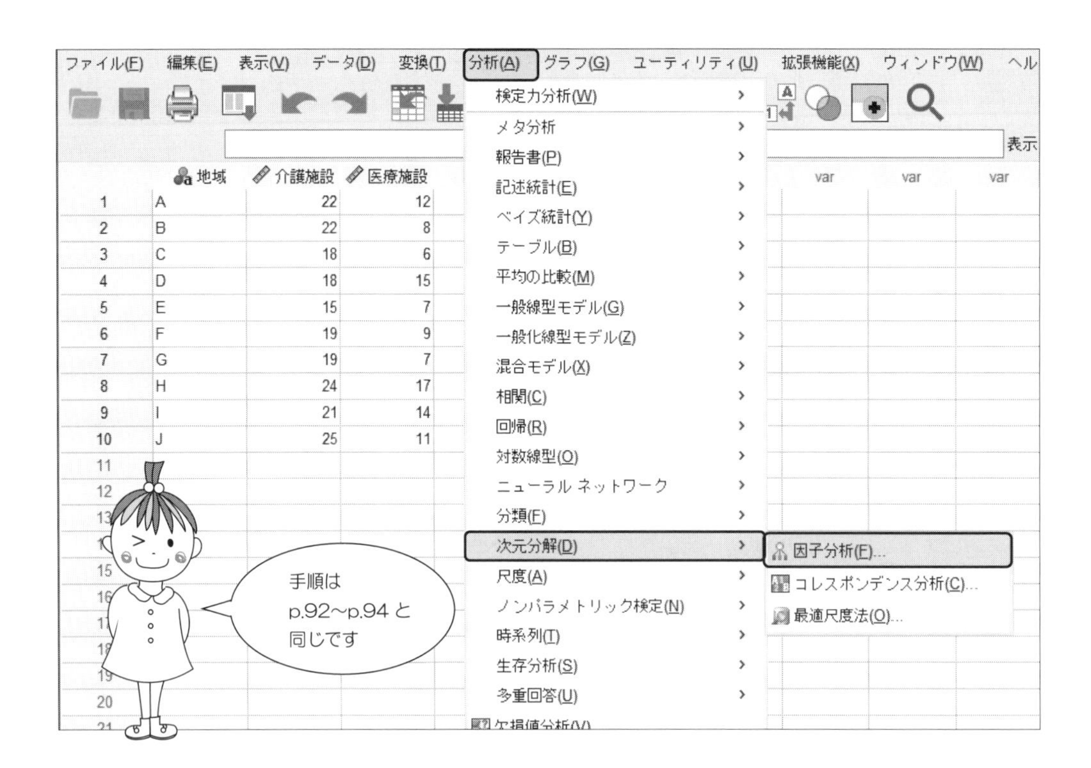

手順 2　変数(V) のワクの中へ，介護施設と医療施設を移動します．

そして，因子抽出(E) をクリックします．

手順 3　因子抽出の画面になったら，主成分分析になっていることを確認して

分散共分散行列(V)

因子の固定数(N)　を　抽出する因子(T)　2

として，続行 .

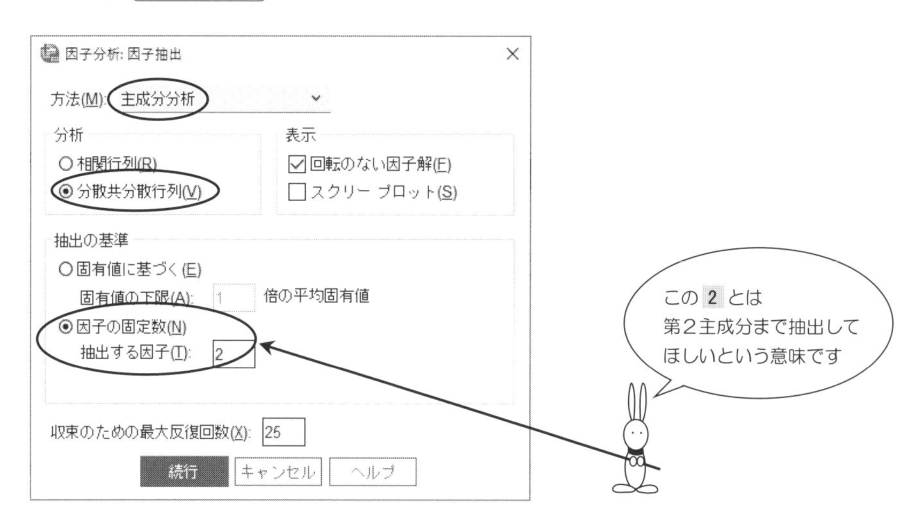

手順4 手順2の画面に戻ったら，回転(T) をクリック．

バリマックス(V)

をクリックして，続行．

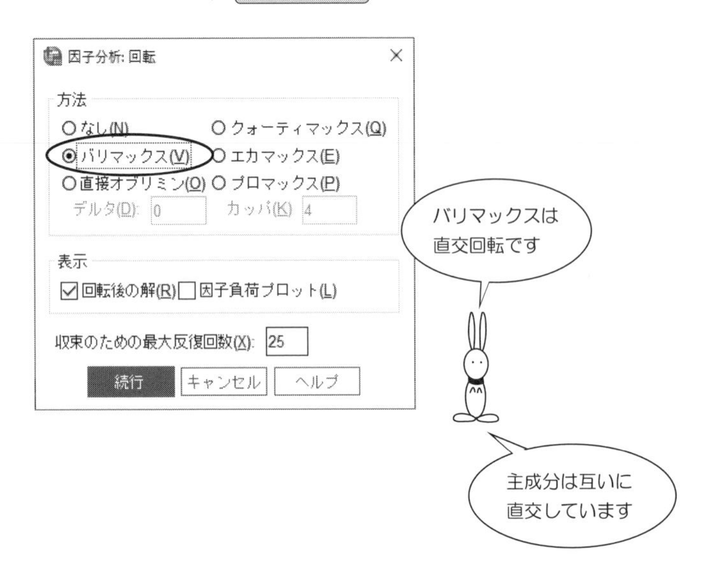

手順5 次の画面に戻ったら，あとは OK ボタンをマウスでカチッ！

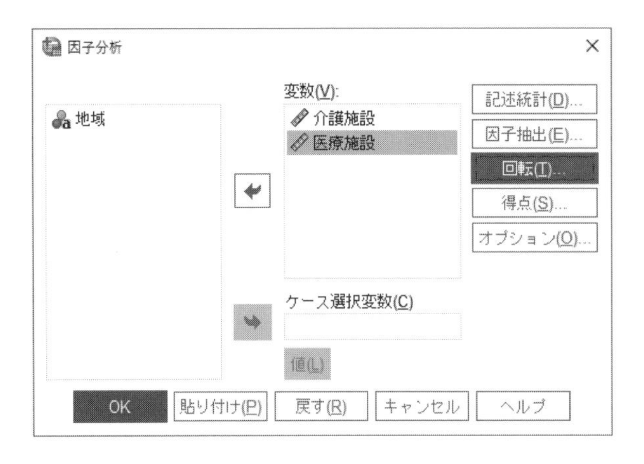

【SPSS による出力】

成分行列[a]

	元データ 成分 1	2	再調整 成分 1	2
介護施設	2.330	1.979	.762	.647
医療施設	3.582	-1.287	.941	-.338

因子抽出法: 主成分分析
a. 2 個の成分が抽出されました

回転後の成分行列[a]

	元データ 成分 1	2	再調整 成分 1	2
介護施設	.789	2.953	.258	.966
医療施設	3.678	.982	.966	.258

因子抽出法: 主成分分析
回転法: Kaiser の正規化を伴うバリマックス法
a. 3 回の反復で回転が収束しました。

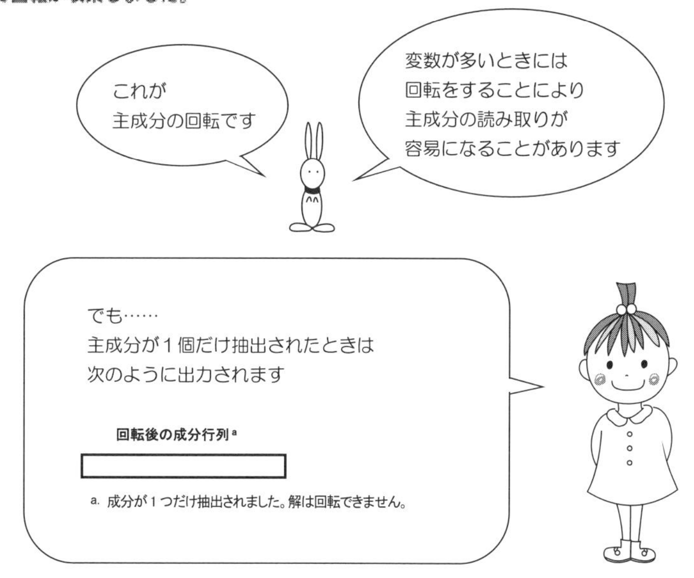

これが主成分の回転です
変数が多いときには回転をすることにより主成分の読み取りが容易になることがあります
でも……主成分が1個だけ抽出されたときは次のように出力されます
回転後の成分行列 a
a. 成分が 1 つだけ抽出されました。解は回転できません。

演　習 3

問題 3.1　次のデータは，6 か国における国民総生産と貿易収支における輸出入超額について調べたものです．

表 3.1　国の豊かさをさぐる

国名	総生産(千ドル) x_1	貿易収支(百ドル) x_2
日　本	23.3	5.24
アメリカ	19.8	−5.23
イギリス	14.7	−7.95
ド イ ツ	19.7	11.70
フランス	16.9	−2.44
イタリア	14.4	−2.14

【3.1.1】 総生産と貿易収支の散布図を描いてください．

【3.1.2】 分散共分散行列による固有ベクトルと因子負荷量を求めてください．

【3.1.3】 分散共分散行列による方法で主成分得点を求め，
主成分得点の大きい順にデータを並べ替えてください．

【3.1.4】 相関行列による方法で主成分得点を求め，
主成分得点の大きい順にデータを並べ替えてください．

問題 3.2　次のデータは，6つの川について，水質汚濁の状態を調査した結果です．

表 3.2　6つの河川の DO と BOD

河川名	DO x_1	BOD x_2
下田川	7.2	1.3
国分川	9.4	0.8
久万川	5.2	3.9
江の口川	3.8	5.0
舟入川	8.1	1.5
鏡川	8.6	0.9

← DO（溶存酸素量）
水中に溶けている酸素量．
この値が低いと生物は生きられない．

← BOD（生物化学的酸素要求量）
水中の汚濁物質が微生物によって
分解されるのに必要な酸素量．
この値が高いと川は汚れている．

【3.2.1】　DO と BOD の散布図を描いてください．

【3.2.2】　分散共分散行列による固有ベクトルと因子負荷量を求めてください．

【3.2.3】　分散共分散行列による方法で主成分得点を求め，
主成分得点の大きい順にデータを並べ替えてください．

【3.2.4】　相関行列による方法で主成分得点を求め，
主成分得点の大きい順にデータを並べ替えてください．

4章 因子分析で探る深層心理

Section 4.1 見て理解する因子分析

因子分析は心理学の分野などでよく利用されています．

そこで，ダイエットに関心のある人に対して
次のようなアンケート調査をおこないました．

これは
ダイエットに関する
アンケート調査票の
一部です

表 4.1.1　アンケート調査票

項目1　あなたは近頃，仕事に集中できますか？　[仕事]

1．まったくできない　2．あまりできない
3．どちらともいえない
4．できる　5．よくできる

項目2　あなたは近頃，疲れがとれないと感じますか？　[疲れ]

1．まったく感じない　2．あまり感じない
3．どちらともいえない
4．感じる　5．とても感じる

項目3　あなたは近頃，イライラしますか？　[イライラ]

1．まったくしない　2．あまりしない
3．どちらともいえない
4．する　5．とてもする

その結果，次のような回答を得ました．

表 4.1.2　アンケート調査の結果

調査回答者	仕事に集中できる	疲れがとれない	イライラする
1	3	1	2
2	4	1	1
3	3	4	5
4	1	4	4
5	2	5	5
6	5	2	1
7	1	5	4
8	4	2	3
9	2	3	3
10	5	3	2
	↑［仕事］	↑［疲れ］	↑［イライラ］

このデータを使って，**因子分析**をしてみましょう．

因子分析は，いくつかの変数の背後に潜む共通因子を探り出す手法です．

はじめに，変数間の関係を調べてみましょう．

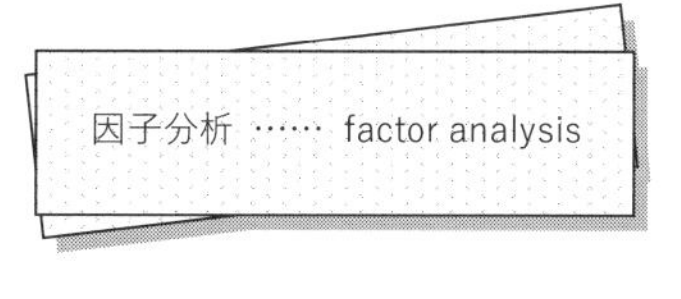
因子分析 …… factor analysis

その最も良い方法は

"散布図"

を描いてみることです．

そこで，

- 仕事 と 疲れ の 散布図
- 仕事 と イライラ の 散布図
- 疲れ と イライラ の 散布図

をそれぞれ描いてみることにしましょう．

統計処理の第一歩は
グラフ表現です！

■［仕事］と［疲れ］の散布図を描いてみよう

手順 1　データは次のように入力します．

	調査回答者	仕事	疲れ	イライラ	var	var	var	var
1	1	3	1	2				
2	2	4	1	1				
3	3	3	4	5				
4	4	1	4	4				
5	5	2	5	5				
6	6	5	2	1				
7	7	1	5	4				
8	8	4	2	3				
9	9	2	3	3				
10	10	5	3	2				
11								
12								
13								
14								
15								
16								
17								
18								
19								
20								
21								
22								
23								

このような
アンケートの協力者は
“調査対象者”
“調査回答者”
と呼びます

医療などの
実験の協力者は
“被験者”
といいます

手順 2　データを入力したら，グラフ(G) ⇨ 図表ビルダー(C) をクリック．

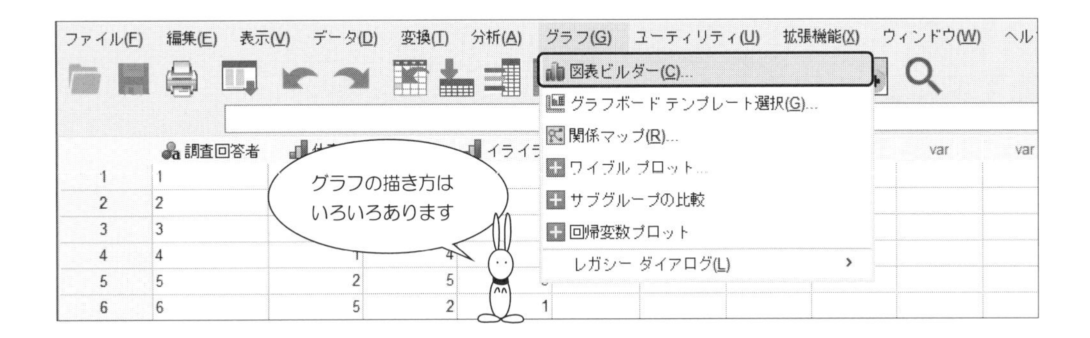

手順 3　ギャラリ の中から 散布図/ドット を選択し，次のようにドラッグ．

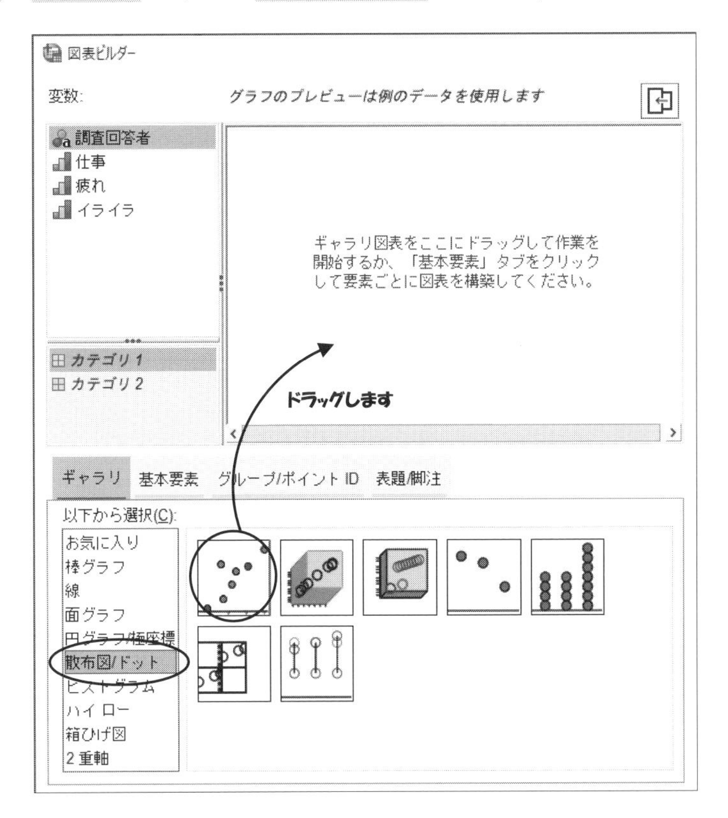

手順 4 次のようになったら，仕事を x 軸に，疲れを y 軸にドラッグします．

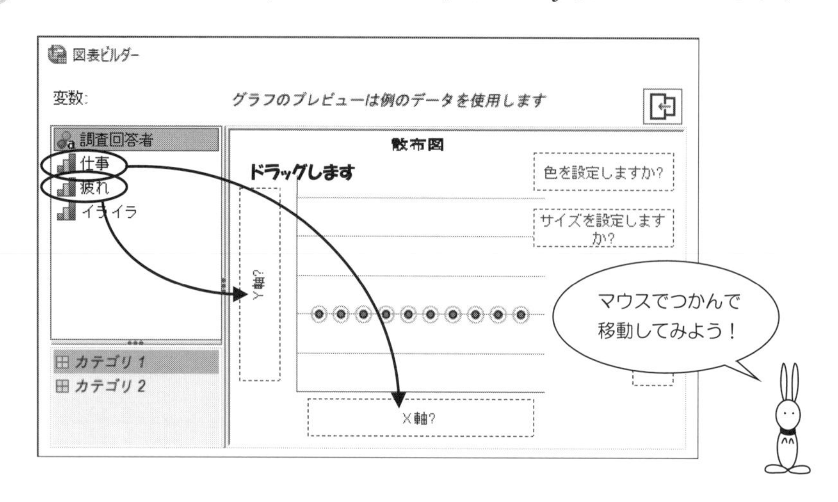

手順 5 次のようになったら， OK ボタンをマウスでカチッ！

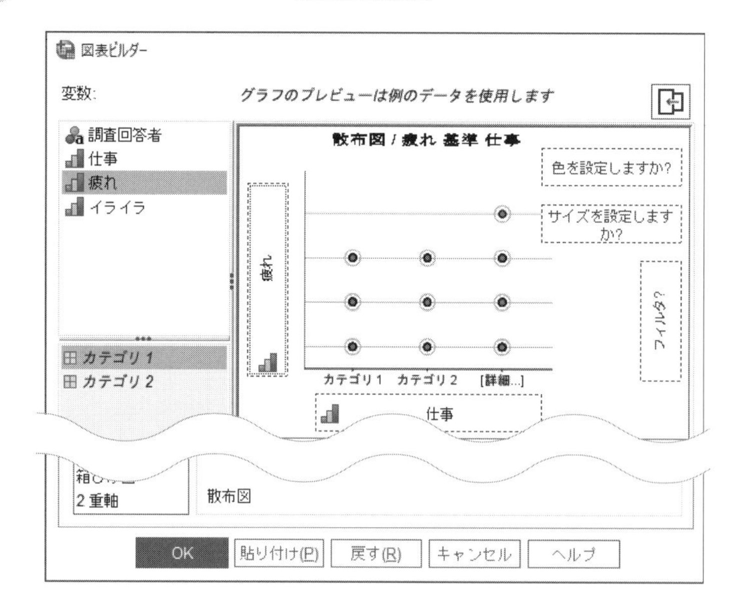

【SPSS による出力】

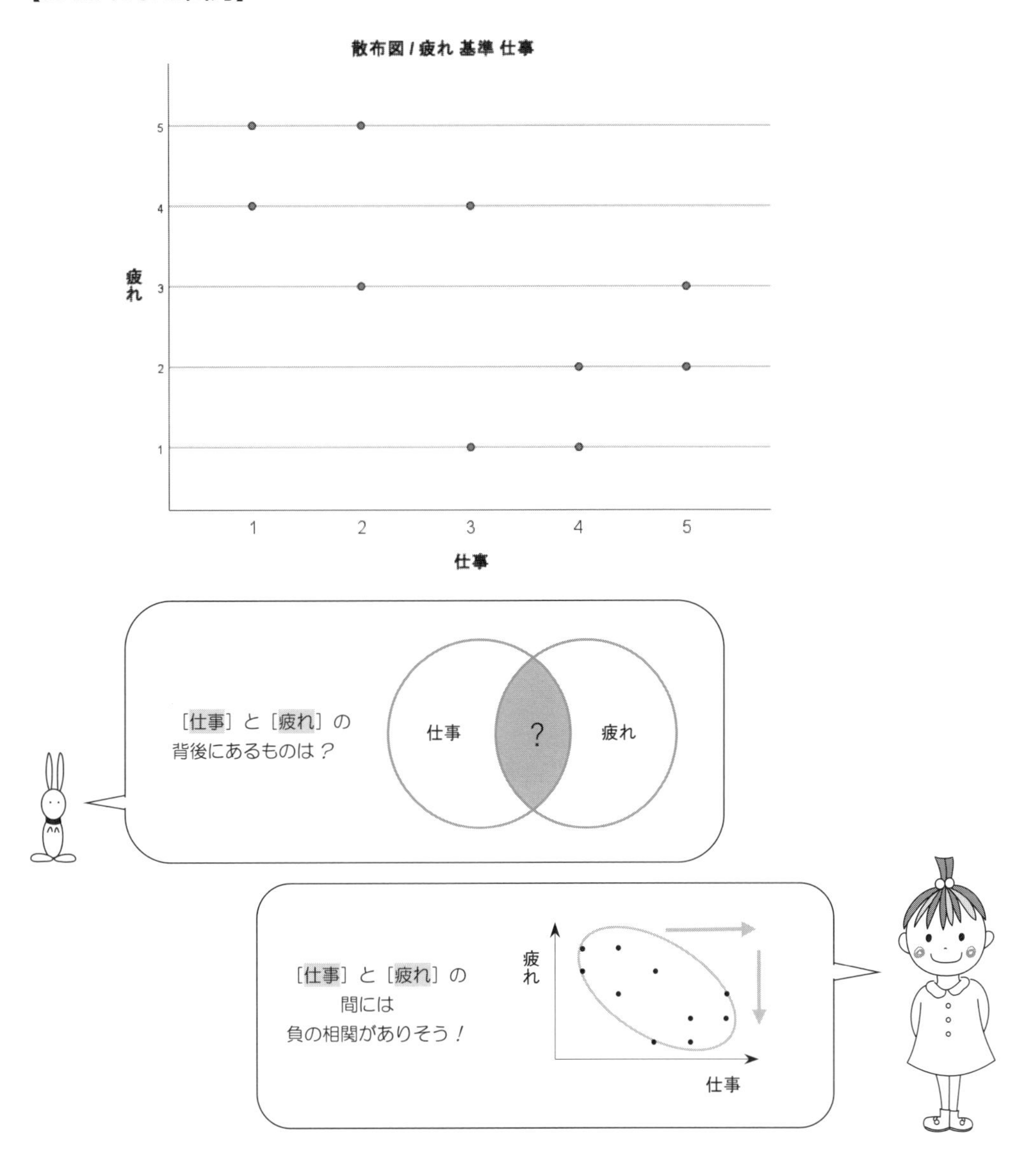
散布図 / 疲れ 基準 仕事
5
4
疲れ
3
2
1
1
2
3
4
5
仕事
［仕事］と［疲れ］の
背後にあるものは？
仕事
?
疲れ
［仕事］と［疲れ］の
間には
負の相関がありそう！
疲れ
仕事

■［仕事］と［イライラ］の散布図を描いてみよう

SPSS による散布図は，次のようになります.

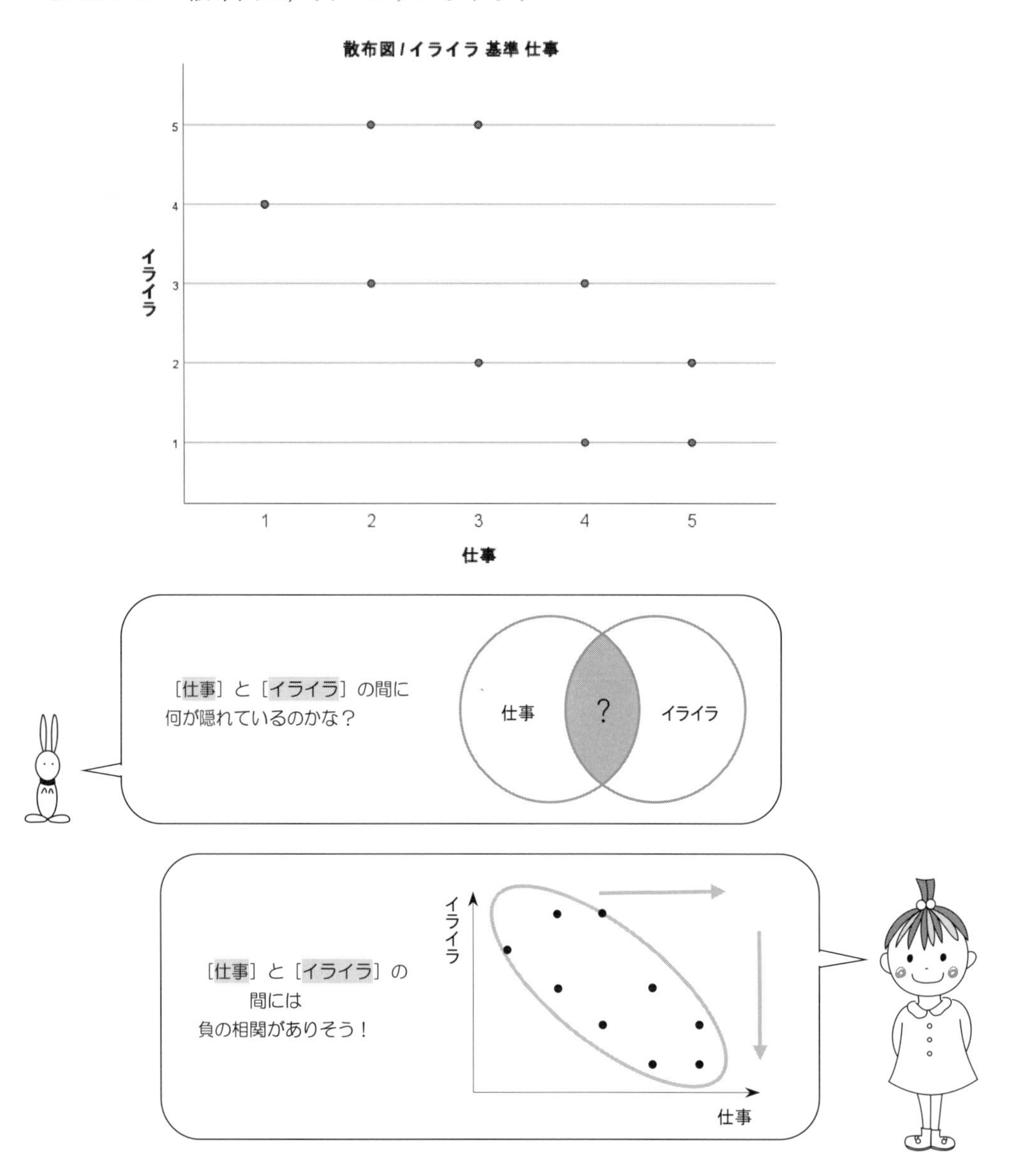

■［疲れ］と［イライラ］の散布図を描いてみよう

SPSS による散布図は，次のようになります．

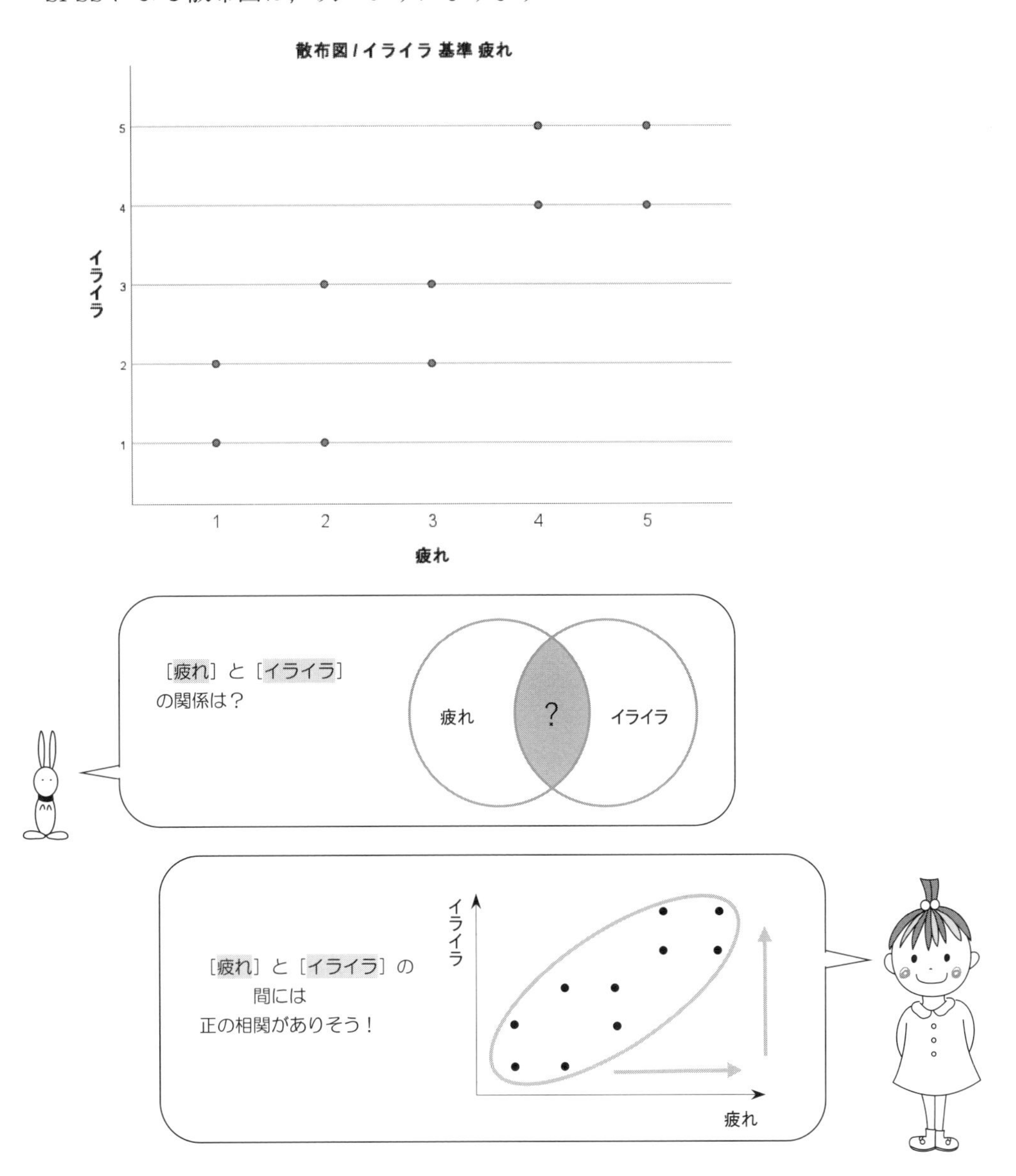

■これが因子分析です！

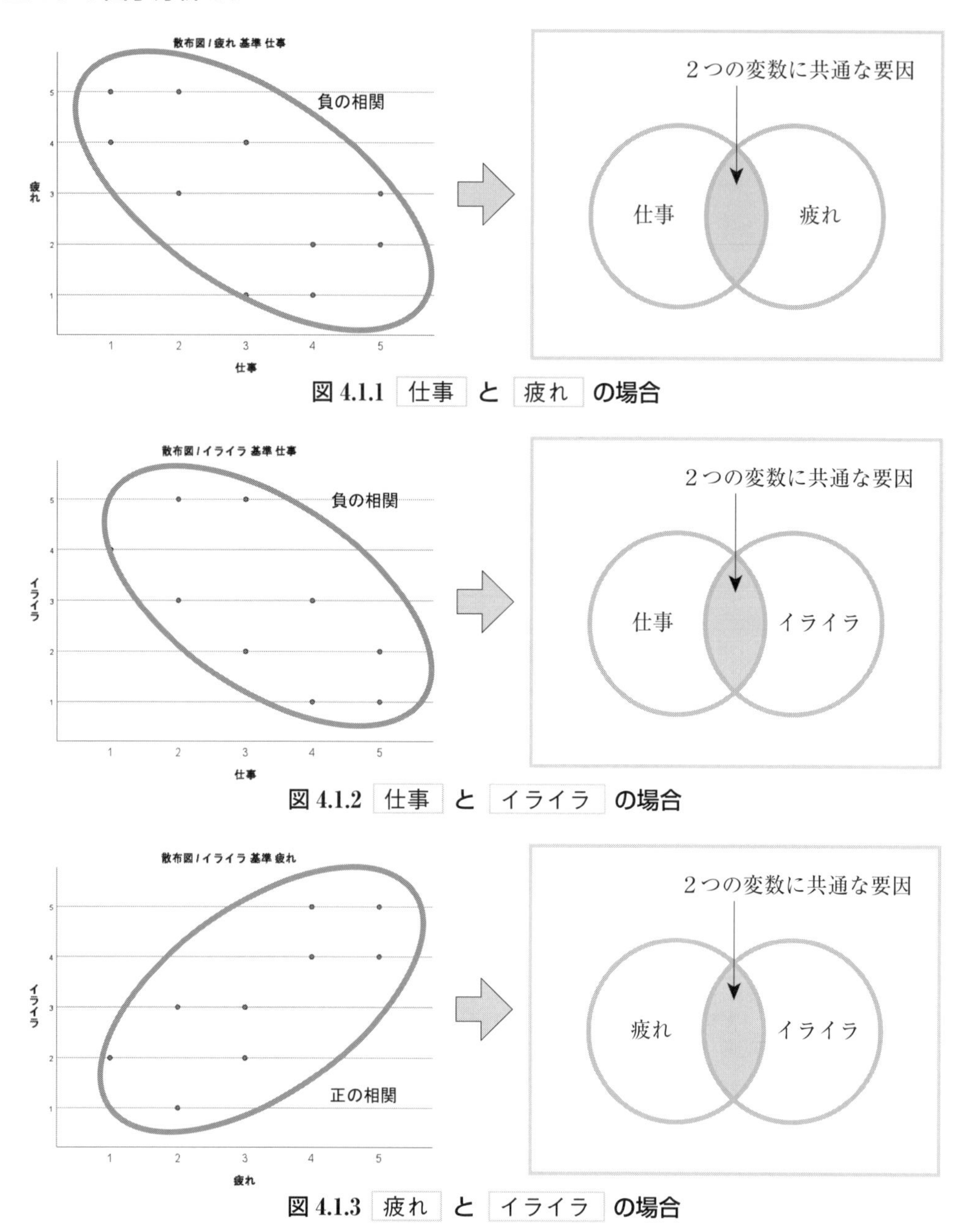

図 4.1.1 仕事 と 疲れ の場合

図 4.1.2 仕事 と イライラ の場合

図 4.1.3 疲れ と イライラ の場合

以上のことから

仕事　疲れ　イライラ

の間に，何か共通な要因が存在していることがわかります．

この共通な要因のことを

共通因子

といいます．

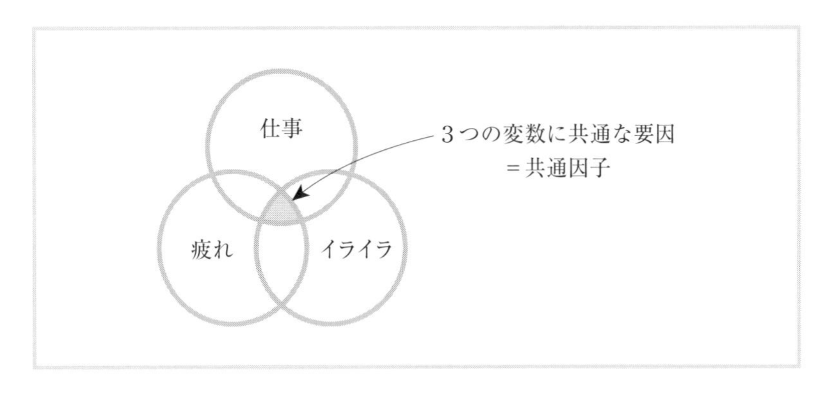

図 4.1.4　共通因子は何？

この共通因子を抽出する統計手法が

因子分析

です．

共通因子を抽出する方法に

- 主因子法
- 最尤法

などがあります．

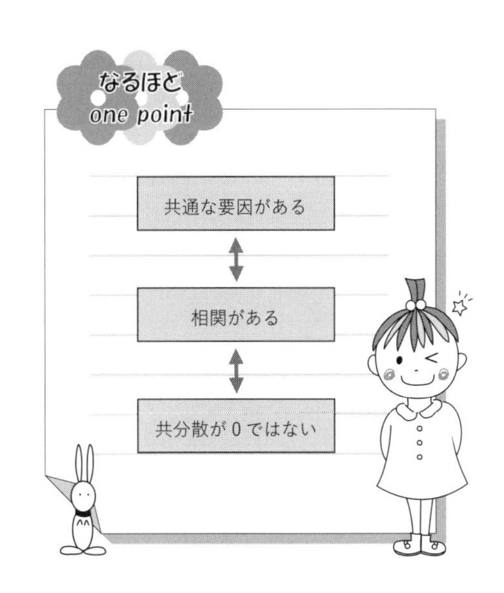

Section 4.2　相関係数を調べてみよう

散布図を使って，変数間の関係を調べてみましたが……

今度は，その関係を数値でながめてみましょう．
そのためには

“相関係数”

が便利です !!

手順 1　分析(A) のメニューの中から 相関(C) を選択．
続いて，サブメニューの中から 2変量(B) を選択します．

手順 2 次の画面になったら，変数(V) の中へ，

仕事，疲れ，イライラを移動します．

あとは， OK ボタンをマウスでカチッ！

2 変量の相関分析

変数(V):
仕事
疲れ
イライラ

オプション(O)...
スタイル(L)...
ブートストラップ(B)...
信頼区間(C)...

相関係数
☑ Pearson(N) ☐ Kendall のタウ b(K) ☐ Spearman(S)

有意差検定
◉ 両側(T) ○ 片側(L)

☑ 有意な相関係数に星印を付ける(F) ☐ 下段の三角形のみを表示(G) ☑ 対角を表示

OK 貼り付け(P) 戻す(R) キャンセル ヘルプ

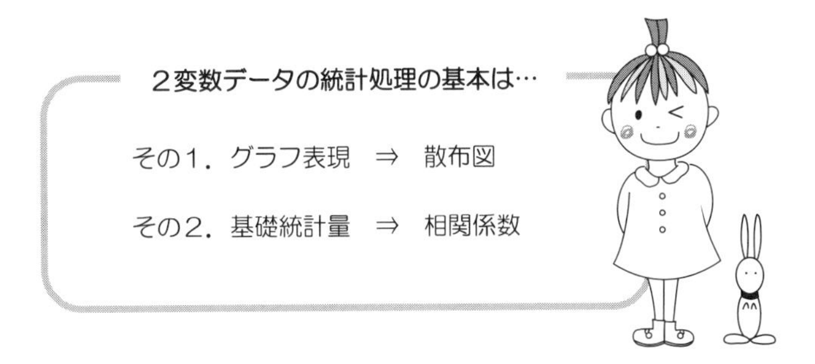

２変数データの統計処理の基本は…
その１．グラフ表現 ⇒ 散布図
その２．基礎統計量 ⇒ 相関係数

【SPSS による出力】

相関

		仕事	疲れ	イライラ
仕事	Pearson の相関係数	1	-.650*	-.700*
	有意確率 (両側)		.042	.024
	度数	10	10	10
疲れ	Pearson の相関係数	-.650*	1	.850**
	有意確率 (両側)	.042		.002
	度数	10	10	10
イライラ	Pearson の相関係数	-.700*	.850**	1
	有意確率 (両側)	.024	.002	
	度数	10	10	10

*. 相関係数は 5% 水準で有意 (両側) です。

**. 相関係数は 1% 水準で有意 (両側) です。

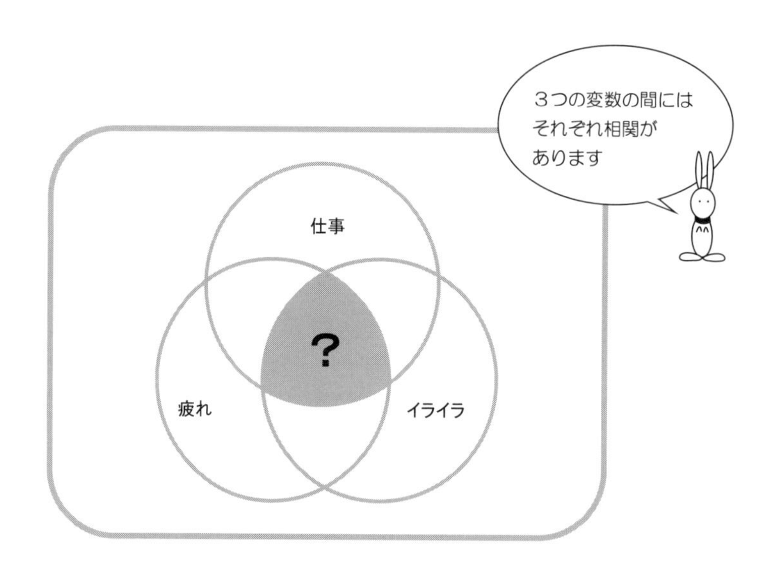
３つの変数の間には
それぞれ相関が
あります
仕事
?
疲れ
イライラ

【出力結果の読み取り方】

出力結果を見ると，仕事 と 疲れ の間には負の相関があります．

つまり

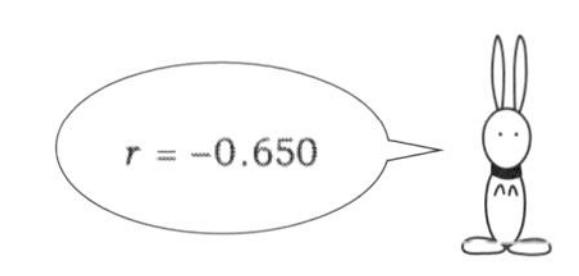

“仕事に集中できると疲れを忘れる

疲れがとれると仕事に集中できる”

といったことを示しているようです．

仕事 と イライラ についてはどうでしょうか？

仕事 と イライラ の間にも負の相関がありますから

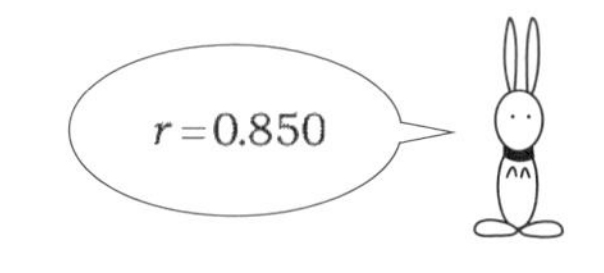

“仕事に集中しているときはイライラしない

イライラしているときは仕事に集中できない”

のかもしれません．

逆に，疲れ と イライラ の間に正の相関があります．

このことは，

“疲れがとれないのでイライラする

イライラするのでますます疲れが残る”

の現れですね!!

したがって，

“この３つの変数間に

何か共通な要因が潜んでいるのでは!?”

と考えたくなります．それが**共通因子**なのです．

共通因子を
言葉で表現して
みましょう

次に，その共通因子を探しましょう．

Section 4.3　共通因子を求めてみよう――主因子法――

■主因子法による因子分析の手順

手順 1　分析(A) のメニューから，次元分解(D) ⇨ 因子分析(F) を選択．

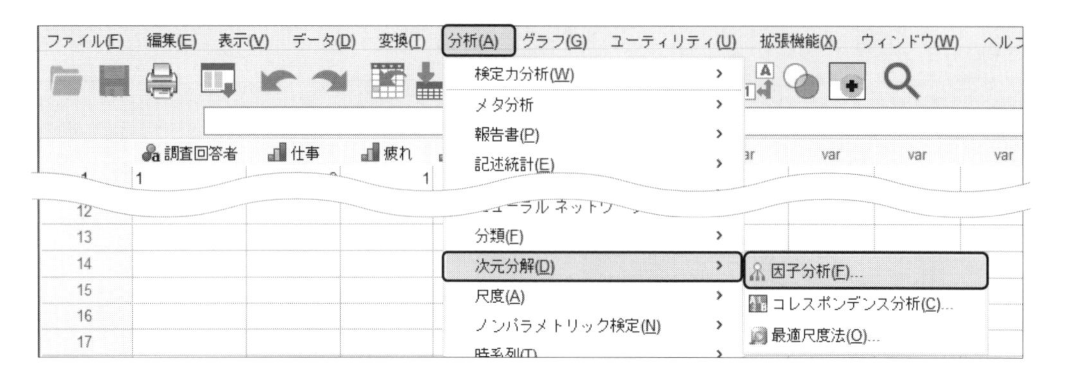

手順 2　次の画面になったら，変数(V) のワクの中へ，仕事，疲れ，イライラを移動します．そして，因子抽出(E) をクリック．

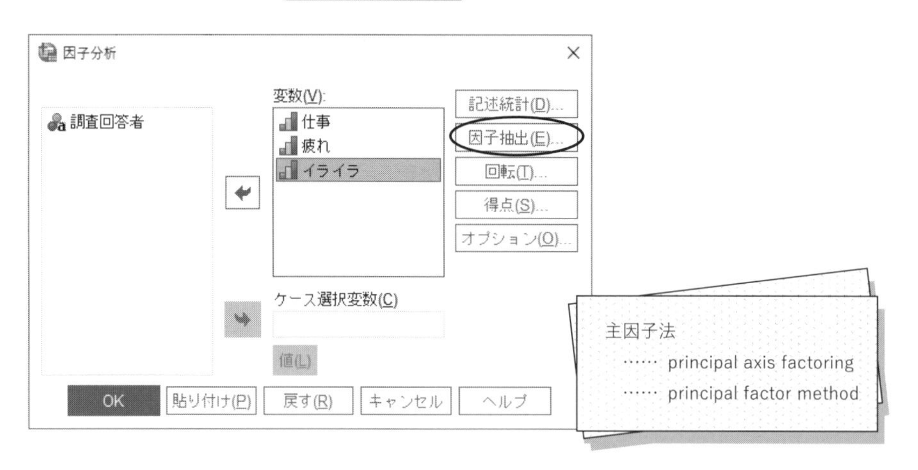

手順 **3**　因子抽出の画面になったら，方法(M) の中から，

主因子法を選択して，続行 .

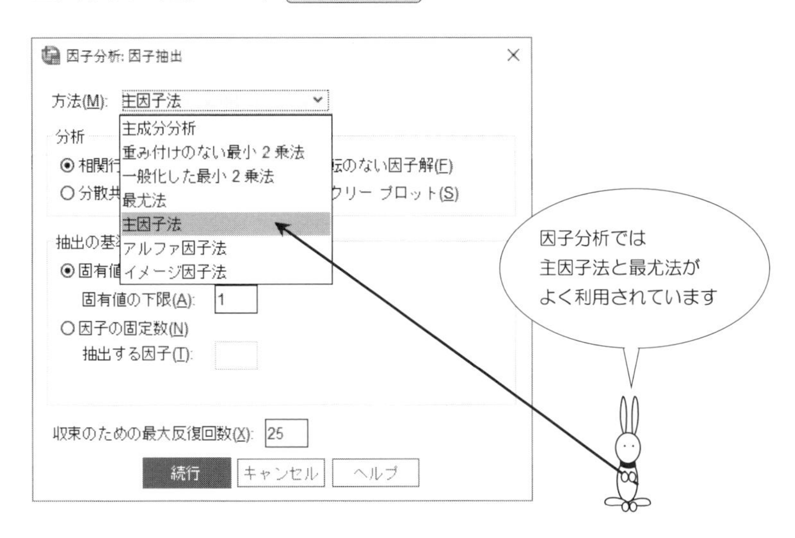

手順 **4**　次の画面に戻ったら，あとは OK ボタンをマウスでカチッ！

因子分析

調査回答者

変数(V):

仕事

疲れ

イライラ

記述統計(D)...

因子抽出(E)...

回転(T)...

得点(S)...

オプション(O)...

ケース選択変数(C)

値(L)

OK　貼り付け(P)　戻す(R)　キャンセル　ヘルプ

【SPSS による出力】

因子行列[a]

	因子
	1
仕事	-.732
疲れ	.889
イライラ	.955

因子抽出法: 主因子法

a. 1 個の因子が抽出されました。
12 回の反復が必要です。

このようにして
出力された３つの数値を
“因子負荷”または“因子負荷量”
といいます

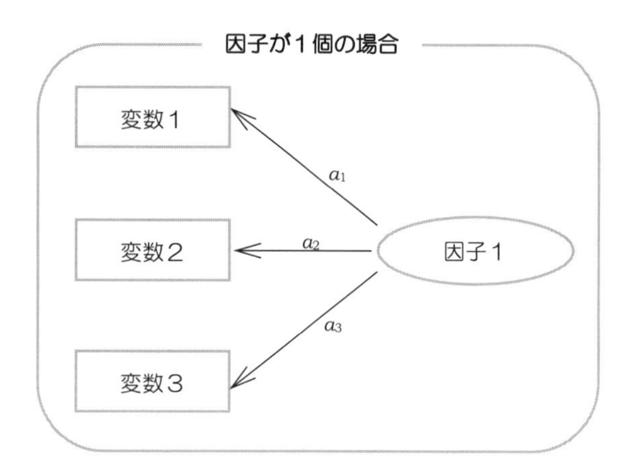

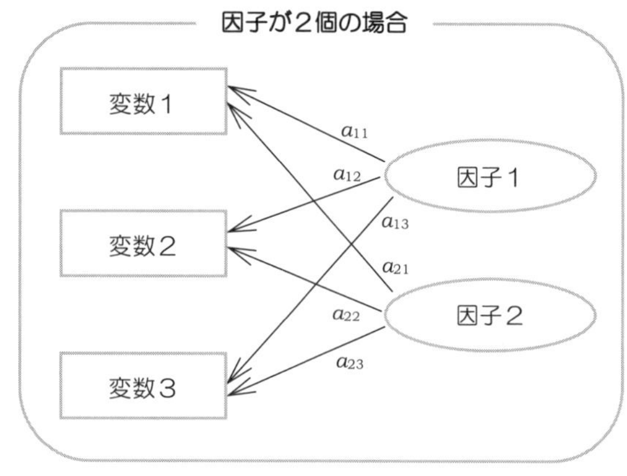

【出力結果の読み取り方】

したがって，パス図で表現すると次のようになります.

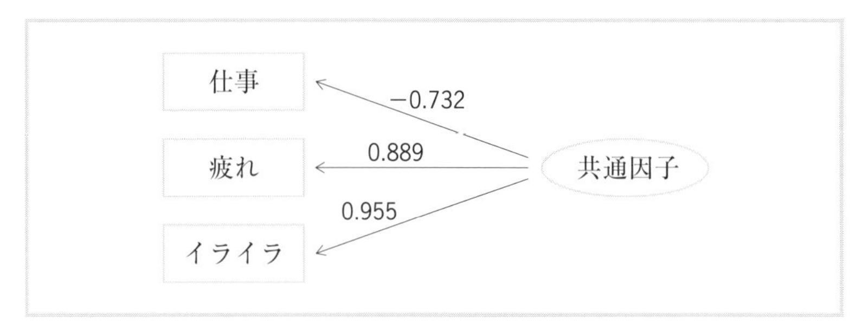

図 4.3.1　因子分析のパス図と因子負荷（量）

すると，次に知りたいことは…

“この共通因子の正体は何？”

そこで，因子負荷

$$
\begin{bmatrix} -0.732 \\ 0.889 \\ 0.955 \end{bmatrix}
$$

の大きさや，プラス・マイナスを見ながら，

共通因子は，たとえば

“やせたいという意識”

なのでは……，などと読み取ります.

Section 4.4　因子の回転をしてみると……!?

実は，因子分析をおこなうとき

“変数が 3 つ”

などとということは，めったにありません．

次のように，変数がたくさんあるデータの場合が一般的です．

このデータは HP から
ダウンロードできます

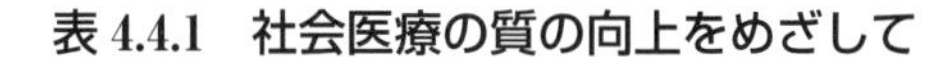

表 4.4.1　社会医療の質の向上をめざして

No.	ストレス	健康行動	健康習慣	社会支援	社会役割	健康度	生活環境	医療機関
1	3	0	5	4	8	3	2	3
2	3	0	1	2	5	3	2	2
3	3	1	5	8	7	3	3	3
4	3	2	7	7	6	3	2	3
5	2	1	5	8	4	2	2	4
6	7	1	2	2	6	4	5	2
7	4	1	3	3	5	3	3	3
8	1	3	6	8	8	2	3	2
9	5	4	5	6	6	3	3	3
⋮	⋮	⋮	⋮	⋮	⋮	⋮	⋮	⋮
345	6	2	3	8	7	4	4	4
346	5	1	5	5	6	2	2	2
347	5	1	4	7	8	2	2	3

このデータをSPSSで因子分析してみると……

【SPSSによる出力】

因子行列[a]

	因子		
	1	2	3
ストレス	.559	-.148	.145
健康行動	-.235	.061	.333
健康習慣	-.387	.039	.213
社会支援	-.329	.202	.116
社会役割	-.320	.245	.183
健康度	.612	-.175	.331
生活環境	.492	.641	.016
医療機関	.246	.199	-.141

因子抽出法: 主因子法

変数がたくさんあっても
分析の手順は
p.140～141と同じです

【出力結果の読み取り方】

この出力を見ると，因子が3つ抽出されています.

たとえば，第1因子の因子負荷を見ると…

3つの因子が
何を表現しているのかを
読み取らなければ
いけないのだけど……

どの値も似たりよったりです.

どうもうまく読み取れません.

このようなときには，因子の回転をしましょう.

因子の回転とは，因子の軸を少し回転することにより，

“因子の意味を読み取りやすくしよう”

ということです．

たとえば，次のような感じです．

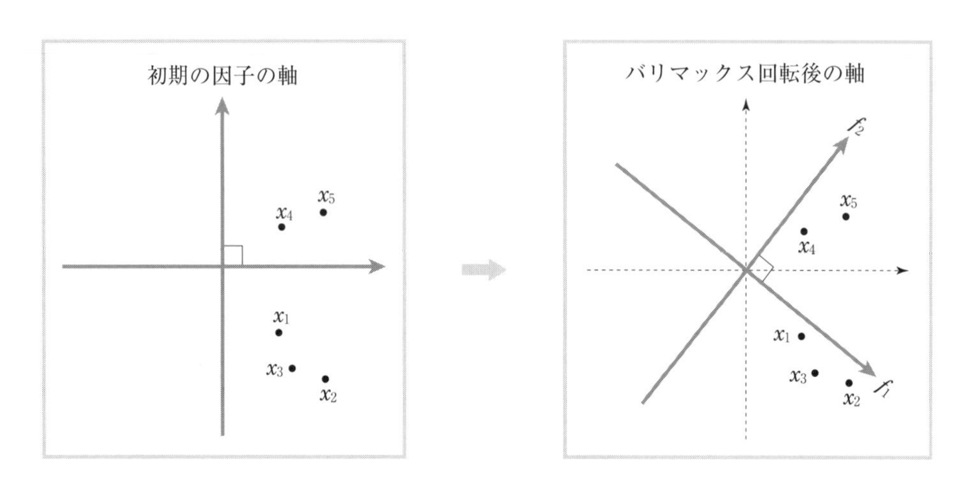

図 4.4.1　因子を回転してみると……

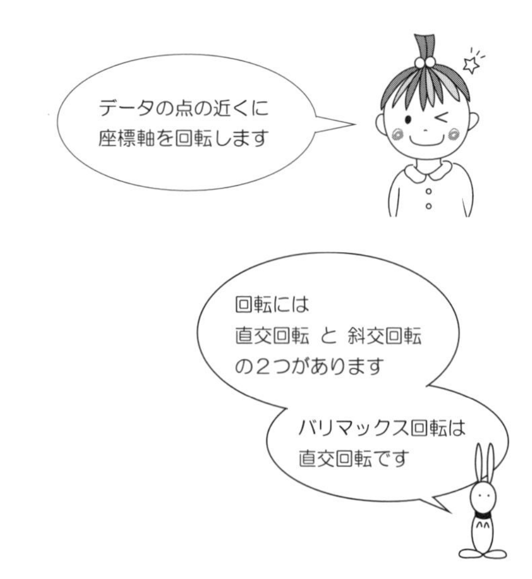

SPSS による因子の回転は，主に

- バリマックス　（主因子法）
- プロマックス　（最尤法）

の 2 種類となります．

■バリマックス回転の手順

手順 1　分析(A) のメニューから 次元分解(D) ⇨ 因子分析(F) を選択.

ファイル(F)　編集(E)　表示(V)　データ(D)　変換(T)　分析(A)　グラフ(G)　ユーティリティ(U)　拡張機能(X)　ウィンドウ(W)　ヘルプ

分析(A) メニュー:
- 検定力分析(W) >
- メタ分析 >
- 報告書(P) >
- 記述統計(E) >
- ベイズ統計(Y) >
- 一般化線型モデル(Z) >
- 混合モデル(X) >
- 相関(C) >
- 回帰(R) >
- 対数線型(O) >
- ニューラル ネットワーク >
- 分類(F) >
- 次元分解(D) >
  - 因子分析(F)...
  - コレスポンデンス分析(C)...
  - 最適尺度法(O)...
- 尺度(A) >
- ノンパラメトリック検定(N) >
- 時系列(T) >

	ストレス	健康行動	健康習慣	生活環境	医療機関	var	var
1	3	0	5	2	3		
2	3	0	1	2	2		
6	7	1	2	5	2		
7	4	1	3	3	3		
8	1	3	6	3	2		
9	5	4	5	3	3		
10	3	1	5	3	3		
11	5	1	4	3	3		
12	6	1	2	4	3		
13	4	0	0	3	3		
14	5	0	0				
15	7	2	3				
16	3	0	1				
17	0	1	3				
18	4	0	5	3	2		

手順 2　次の画面になったら, 変数(V) のワクの中へ, ストレスから医療機関まで, すべての変数を移動します. そして, 因子抽出(E) をクリック.

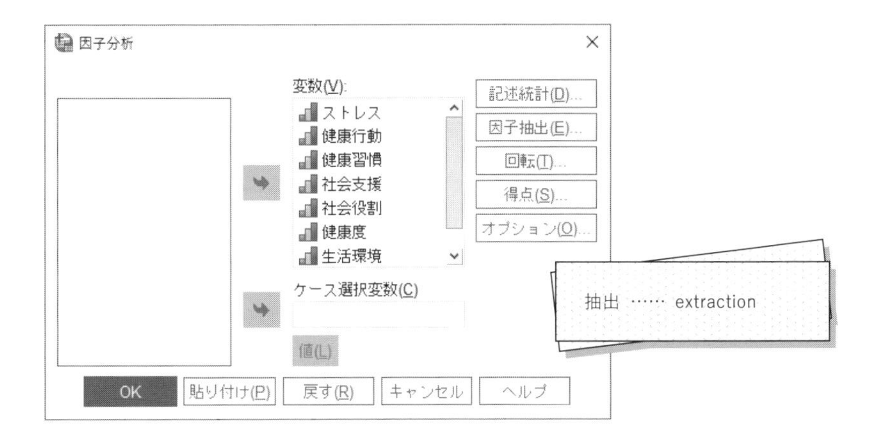

手順 **3**　方法(M) の中から，主因子法を選択して，続行 をクリック．

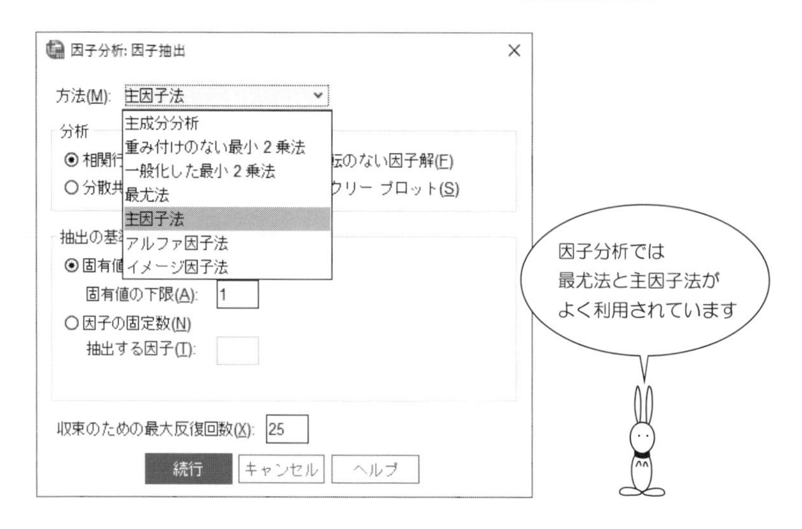

手順 **4**　次の画面に戻るので，

ここで，画面右の 回転(T) をクリックします．

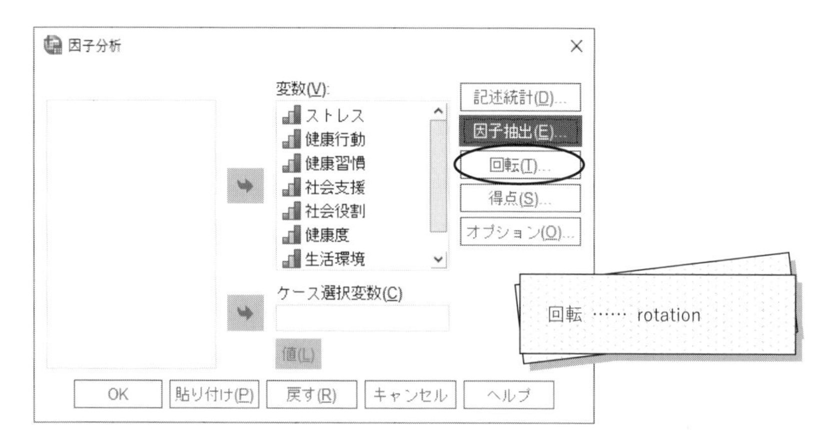

手順 5　方法 の中から，バリマックス(V) を選択しましょう．

そして，続行．

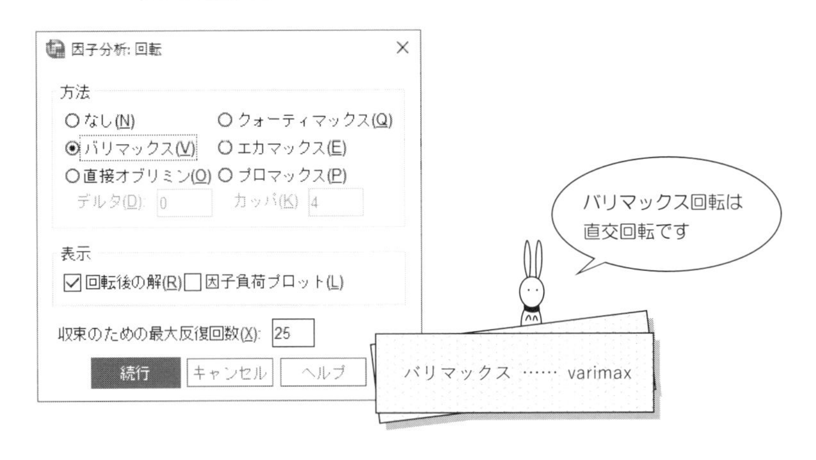

手順 6　次の画面に戻るので，あとは

OK ボタンをマウスでカチッ！

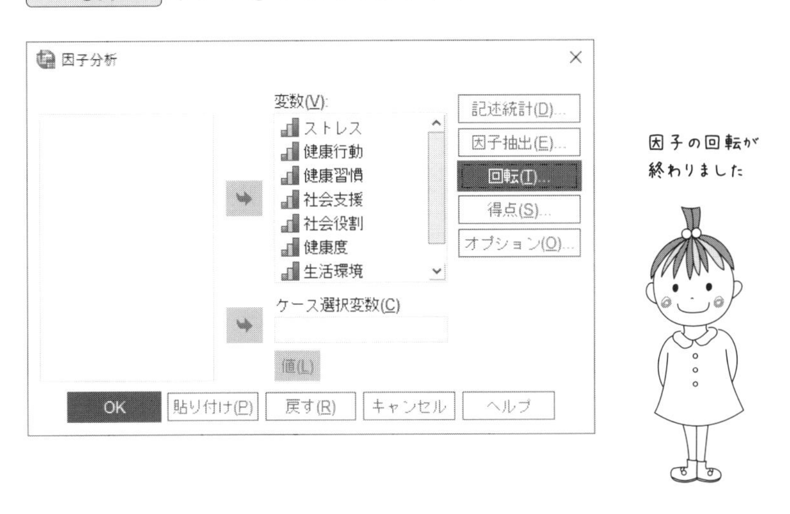

【SPSSによる出力】

因子分析

因子行列[a]

	因子 1	因子 2	因子 3
ストレス	.559	-.148	.145
健康行動	-.235	.061	.333
健康習慣	-.387	.039	.213
社会支援	-.329	.202	.116
社会役割	-.320	.245	.183
健康度	.612	-.175	.331
生活環境	.492	.641	.016
医療機関	.246	.199	-.141

因子抽出法: 主因子法

a. 3 個の因子の抽出が試みられました。

回転後の因子行列[a]

	因子 1	因子 2	因子 3
ストレス	.542	.129	-.212
健康行動	.012	-.109	.398
健康習慣	-.165	-.187	.367
社会支援	-.234	-.005	.329
社会役割	-.200	.027	.394
健康度	.702	.107	-.102
生活環境	.161	.791	.034
医療機関	.029	.312	-.148

因子抽出法: 主因子法

回転法: Kaiser の正規化を伴うバリマックス法

因子分析では
主因子法
⇒バリマックス回転
最尤法
⇒プロマックス回転

【出力結果の読み取り方】

回転後の因子行列を見てみると，因子負荷の値が少し違っていますね．

第1因子は，ストレスや健康度といった変数の因子負荷が特に大きくなっています．このことから

第1因子＝“健康に対する自覚”

と読み取ることができます．

第2因子は，生活環境や医療機関の因子負荷が大きいので

第2因子＝“健康に関する地域環境”

を表しているようです．

このように，因子の回転という手法は，非常に強力な手段です．

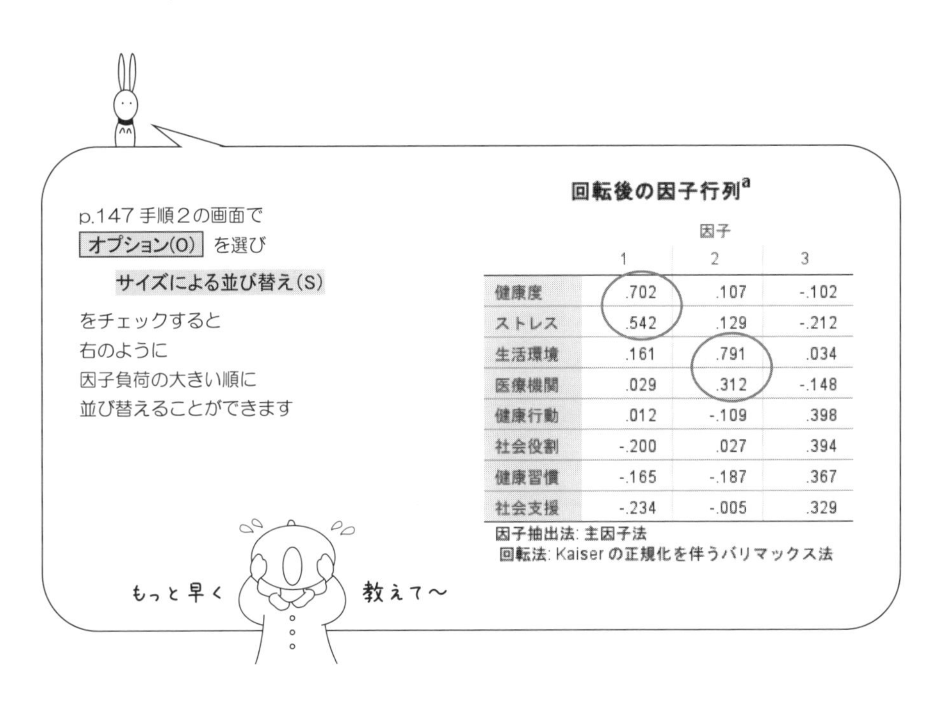
p.147 手順2の画面で
オプション(O) を選び
サイズによる並び替え(S)
をチェックすると
右のように
因子負荷の大きい順に
並び替えることができます
もっと早く
教えて～

回転後の因子行列[a]

	因子 1	因子 2	因子 3
健康度	.702	.107	-.102
ストレス	.542	.129	-.212
生活環境	.161	.791	.034
医療機関	.029	.312	-.148
健康行動	.012	-.109	.398
社会役割	-.200	.027	.394
健康習慣	-.165	-.187	.367
社会支援	-.234	-.005	.329

因子抽出法: 主因子法
回転法: Kaiser の正規化を伴うバリマックス法

Section 4.5　因子得点を求めよう

因子分析の結果，共通因子として

“やせたいという意識”

が浮かび上がってきました．

それでは，10 人の方の“やせたいという意識”は，それぞれどの程度あるのでしょうか？

それを測ってくれるのが

です．

SPSS では，因子得点を次のようにして求めます．

■主因子法による因子得点の求め方

手順 1　分析(A) のメニューから 次元分解(D) ⇨ 因子分析(F) を選択．

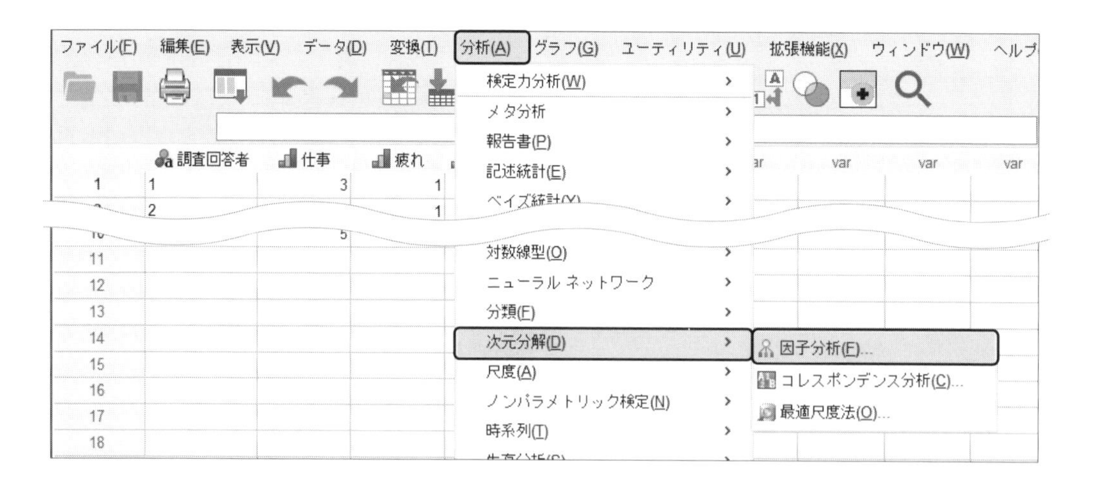

手順 2　次の画面になったら，変数(V)の中へ，3 つの変数

仕事，疲れ，イライラを移動します．

そして，因子抽出(E)をクリック．

手順 3　因子抽出の画面になったら，方法(M)の中から，主因子法を選択します．

そして，続行．

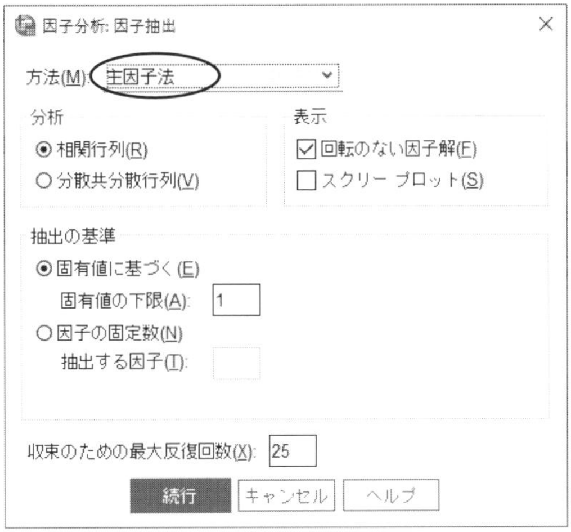

手順 4 手順2に戻ったら，画面右の 得点(S) をクリックします．
次の画面になったら， 変数として保存(S) をクリック．
そして， 続行 ．

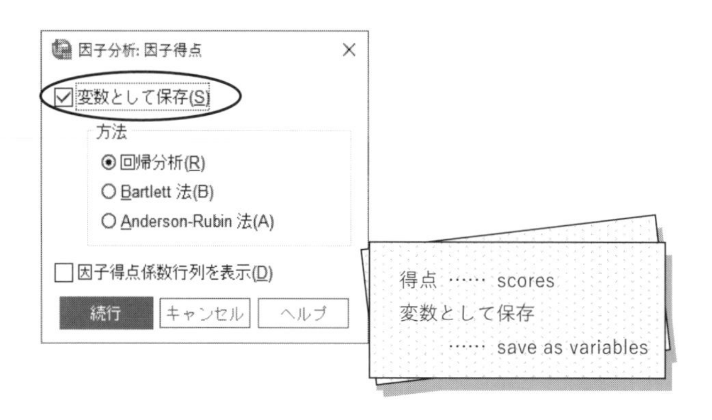

手順 5 再び，次の画面に戻ったら，
あとは OK ボタンをマウスでカチッ！

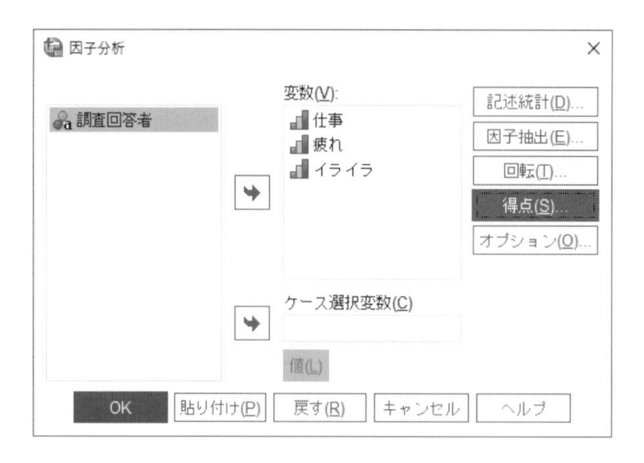

【SPSS による出力】

データビューの画面が，次のようになりましたか？

	調査回答者	仕事	疲れ	イライラ	FAC1_1	var	var	var	va
1	1	3	1	2	-.79625				
2	2	4	1	1	-1.30844				
3	3	3	4	5	1.07019				
4	4	1	4	4	.75043				
5	5	2	5	5	1.30844				
6	6	5	2	1	-1.19847				
7	7	1	5	4	.92454				
8	8	4	2	3	-.23825				
9	9	2	3	3	.06414				
10	10	5	3	2	-.57633				
11									
12									
13									

【出力結果の読み取り方】

この出力結果を見ると，因子得点の最も高い人は No.5 の方なので，
この人が“やせたいという意識”をいちばん強くもっていることがわかります．

逆に，No.2 の方は因子得点が－1.30844 で最も低くなっています．

Section 4.6　最尤法による因子分析

因子分析には

- 主因子法による因子分析
- 最尤法による因子分析

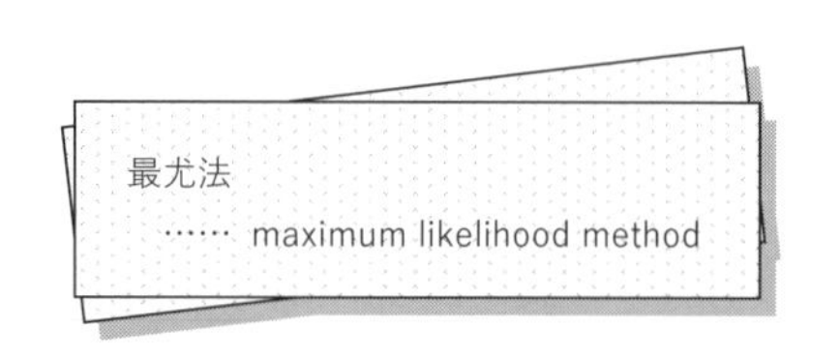

の２通りがよく利用されています.

ここでは，最尤法を使って因子分析をしてみましょう.

■最尤法による因子分析の手順

手順 1　分析(A) のメニューから，次元分解(D) ⇨ 因子分析(F) を選択します.

ファイル(F)　編集(E)　表示(V)　データ(D)　変換(T)　分析(A)　グラフ(G)　ユーティリティ(U)　拡張機能(X)　ウィンドウ(W)　ヘルプ

検定力分析(W)
メタ分析
報告書(P)
記述統計(E)
ベイズ統計(Y)
テーブル(B)
平均の比較(M)
一般線型モデル(G)
一般化線型モデル(Z)
混合モデル(X)
相関(C)
回帰(R)
対数線型(O)
ニューラル ネットワーク
分類(F)
次元分解(D)
尺度(A)
ノンパラメトリック検定(N)
時系列(T)
生存分析(S)
多重回答(U)
欠損値分析(V)...

因子分析(F)...
コレスポンデンス分析(C)...
最適尺度法(O)...

もう一度
表 4.4.1 のデータを
使います（p.144）

手順 2　次の画面になったら，変数(V) の中へ，ストレスから医療機関まで，すべての変数を移動します．

そして，因子抽出(E) をクリック．

手順 3　因子抽出の画面になったら，方法(M) の中から，最尤法を選択します．

そして，続行 ．

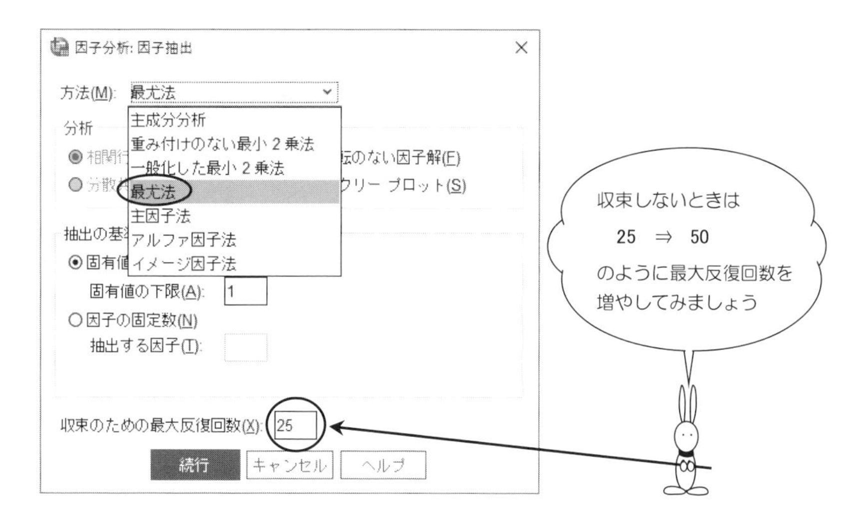

手順 4　次の画面に戻ってきたら，［回転(T)］をクリック．

手順 5　回転の画面になったら，［プロマックス(P)］を選択して，［続行］．

手順 4 の画面に戻ったら，あとは［OK］ボタンをマウスでカチッ！

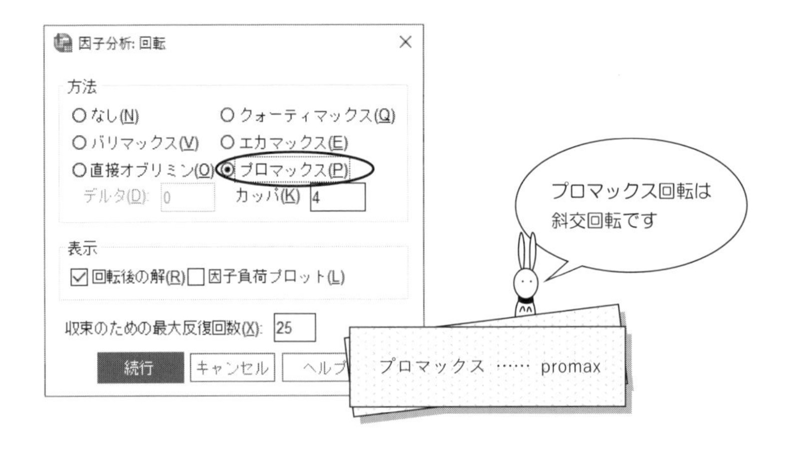

【SPSS による出力】

因子分析

因子行列[a]

	因子		
	1	2	3
ストレス	.172	.499	-.125
健康行動	-.085	-.106	.329
健康習慣	-.167	-.248	.311
社会支援	-.048	-.289	.247
社会役割	.040	-.314	.353
健康度	.209	.797	.168
生活環境	.999	-.001	.000
医療機関	.262	.025	-.225

因子抽出法: 最尤法

a. 3 個の因子の抽出が試みられました。25 回以上の反復が必要です。(収束基準 =.005)。抽出が終了しました。

パターン行列[a]

	因子		
	1	2	3
ストレス	.044	.410	-.206
健康行動	-.081	.093	.371
健康習慣	-.122	-.058	.370
社会支援	.012	-.130	.312
社会役割	.098	-.087	.435
健康度	-.023	.873	.069
生活環境	.993	.040	.041
医療機関	.271	-.100	-.238

因子抽出法: 最尤法
回転法: Kaiser の正規化を伴うプロマックス法

a. 6 回の反復で回転が収束しました。

パターン行列が
因子の回転後の
因子負荷です
因子の読み取りが
うまくできないときは
オプション(O) を選び
サイズによる並び替え(S)
をチェックしましょう！

Section 4.7　因子分析と主成分分析の違いは？

因子分析と主成分分析の違いは，どこにあるのでしょうか？

次のパス図が，その違いを示しています．

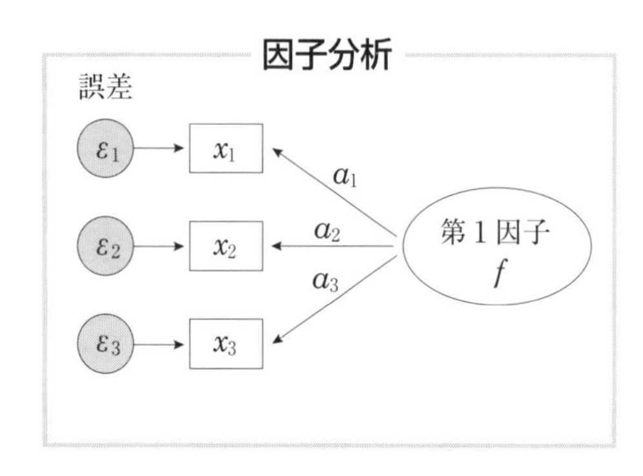

図 4.7.1　因子分析の正確なパス図

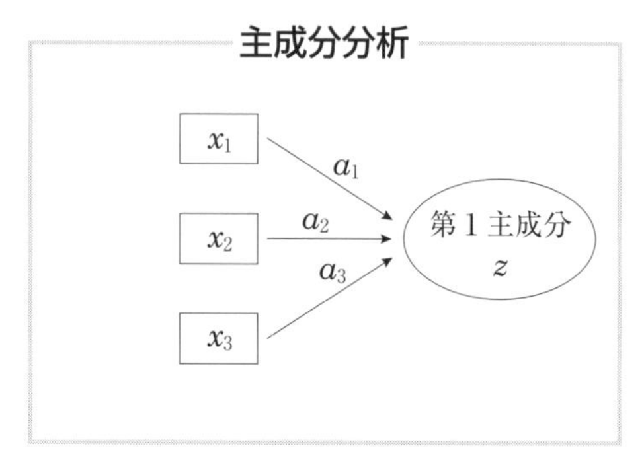

図 4.7.2　主成分分析のパス図

モデルの式で表現すると……

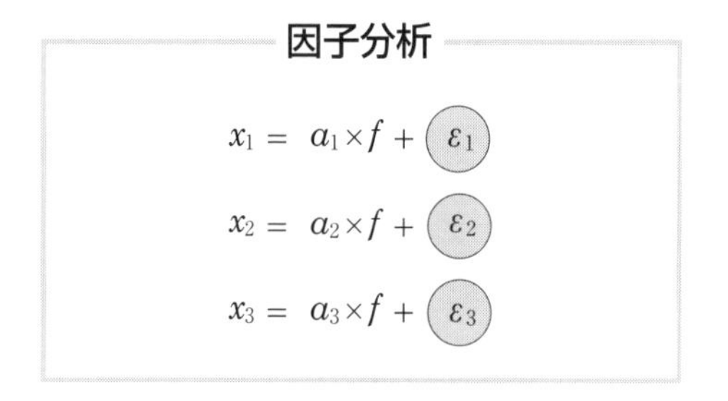

図 4.7.3　因子分析のモデル式

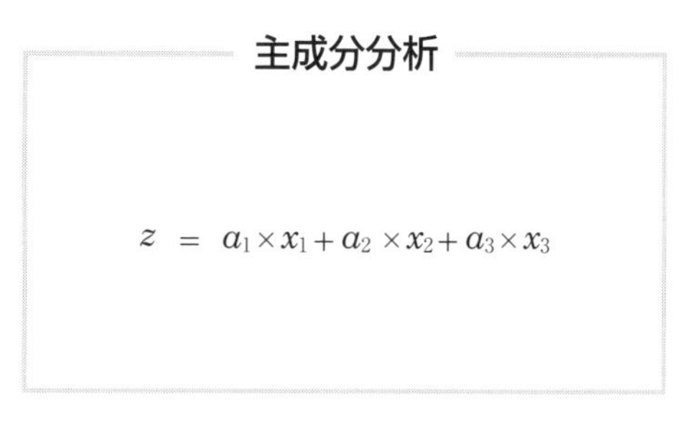

図 4.7.4　主成分分析のモデル式

つまり，違いは **誤差** の取り扱いです!!

- 誤差を考えるのが因子分析
- 誤差を考えないのが主成分分析

というわけです．

演　習

4

問題　次のデータは，社会医療に関するアンケート調査の結果の一部です．

3つの変数の中に潜んでいる共通要因を探るため，因子分析をしてみましょう．

表 4.1　社会医療に関するアンケート調査結果

No.	社会支援	生活環境	医療機関
1	4	5	3
2	2	7	5
3	8	3	3
4	3	7	6
5	5	5	5
6	2	4	6
7	5	7	4
8	6	3	4
9	7	2	3
10	4	5	2
11	3	8	7
12	3	7	4
13	6	3	2
14	6	2	3
15	4	5	4

【4.1】 社会支援と生活環境の散布図，社会支援と医療機関の散布図，
生活環境と医療機関の散布図をそれぞれ描いてください．

【4.2】 社会支援と生活環境と医療機関の相関係数を求めてください．

【4.3】 因子負荷量を求めてください．

【4.4】 因子得点を求めてください．

5章 判別分析で見つける境界線

Section 5.1　見て理解する判別分析

前立腺疾患に，前立腺ガンと前立腺肥大症とがあります．

前立腺ガンの被験者７人と前立腺肥大症の被験者８人に対して，前立腺ガンの２種類の腫瘍マーカーA，腫瘍マーカーBを測定したところ，次のような結果を得ました．

表 5.1.1　前立腺疾患のデータ

前立腺ガンのグループ

被験者 No.	マーカーA	マーカーB
1	3.4	2.9
2	3.9	2.4
3	2.2	3.8
4	3.5	4.8
5	4.1	3.2
6	3.7	4.1
7	2.8	4.2

前立腺肥大症のグループ

被験者 No.	マーカーA	マーカーB
1	1.4	3.5
2	2.4	2.6
3	2.8	2.3
4	1.7	2.6
5	2.3	1.6
6	1.9	2.1
7	2.7	3.5
8	1.3	1.9

このデータを使って，**判別分析**をしてみましょう．

判別分析
…… discriminant analysis

判別分析は，2つのグループをきちんと判別するための手法です．

はじめに，前立腺ガンのグループと前立腺肥大症のグループの関係をながめてみることにしましょう．

その最も良い方法は

“散布図”

を描いてみることです．

統計処理の第一歩は
グラフ表現です

なるほど one point

判別分析には

- 1次式による判別方法…線型判別関数
- 2次式による判別方法…マハラノビスの距離

の2種類があります．

SPSSの判別分析は，1次式による判別分析です．

ところで
ここで問題です！

【問題】16番目の被験者Sさんのデータは次のようになっています

被験者 No.	マーカー A	マーカー B
16	2.7	3.1

Sさんが属するのはどちらのグループでしょうか？

どっちかな？

■ 2 つのグループの散布図の描き方

手順 1 データは次のように入力します．

ファイル(F)　編集(E)　表示(V)　データ(D)　変換(T)　分析(A)　グラフ(G)　ユーティリティ(U)　拡張機能(X)

	グループ	被験者	マーカーA	マーカーB	
1	1	11	3.4	2.9	前立腺ガンのグループ
2	1	12	3.9	2.4	
3	1	13	2.2	3.8	
4	1	14	3.5	4.8	
5	1	15	4.1	3.2	
6	1	16	3.7	4.1	
7	1	17	2.8	4.2	
8	2	21	1.4	3.5	前立腺肥大症のグループ
9	2	22	2.4	2.6	
10	2	23	2.8	2.3	
11	2	24	1.7	2.6	
12	2	25	2.3	1.6	
13	2	26	1.9	2.1	
14	2	27	2.7	3.5	
15	2	[illegible]	[illegible]	1.9	

ここでは
２つのグループに
分かれています

グループの番号は
前立腺ガンのグループ　… 1
前立腺肥大症のグループ … 2
のように入力します

このデータは
『入門はじめての多変量解析』
第５章と同じです

手順 **2**　データを入力したら，グラフ(G) ⇨ 図表ビルダー(C) を選択します．

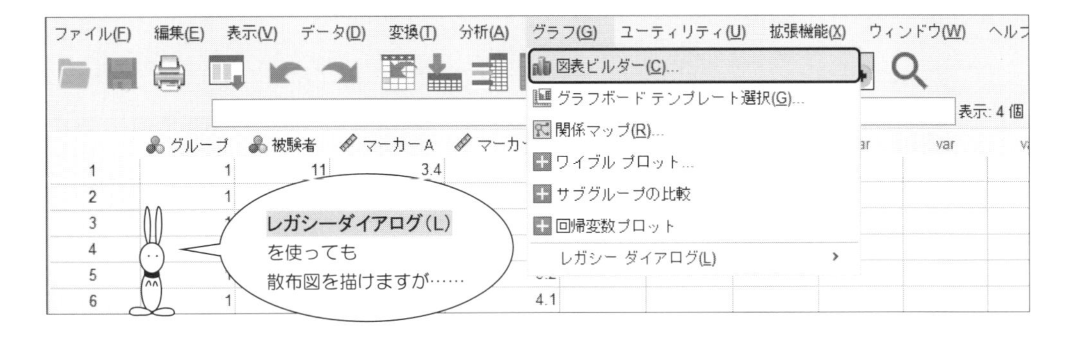

手順 **3**　ギャラリ の中の 散布図/ドット を選択し，次のようにドラッグ．

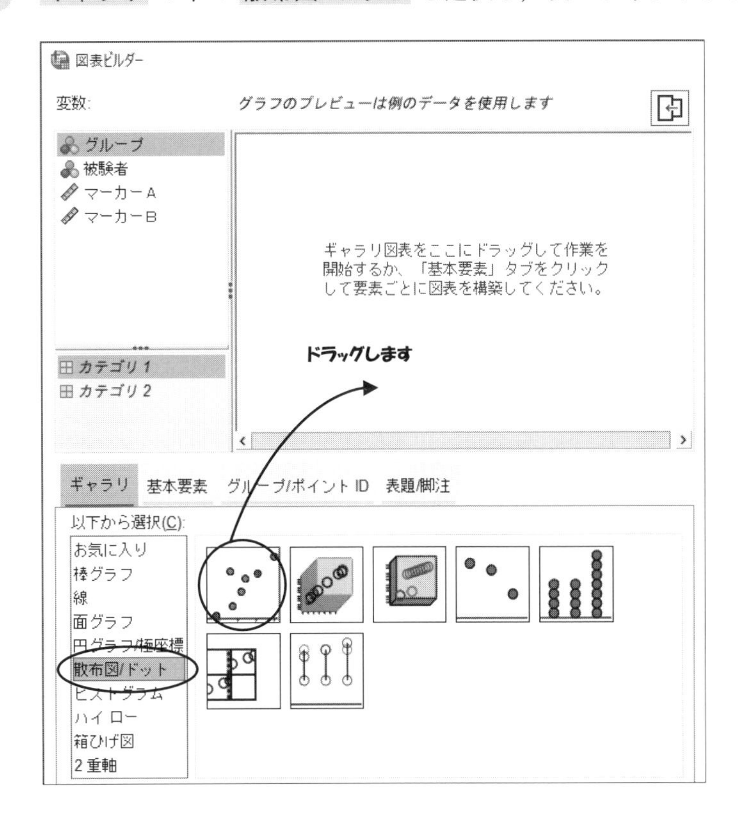

手順 4　次のようになったら……

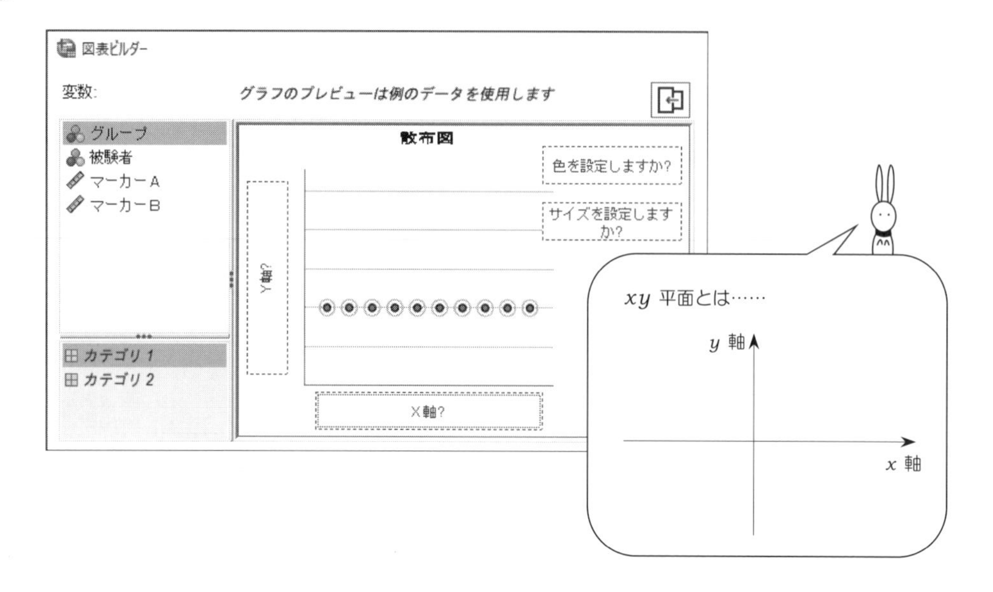

手順 5　x 軸にマーカーA を，y 軸にマーカーB をドラッグします．

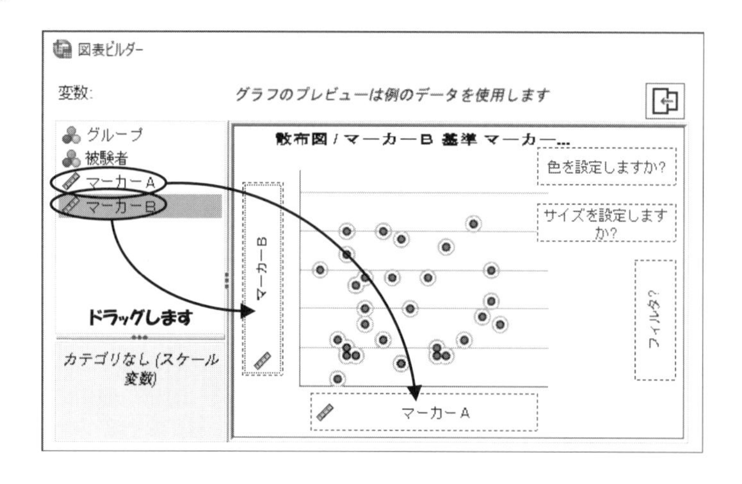

手順6　グループを次のように移動したら，グループ/ポイントID をクリック．
すると，画面下のところが変わるので
点の識別ラベル(I) をチェックします．

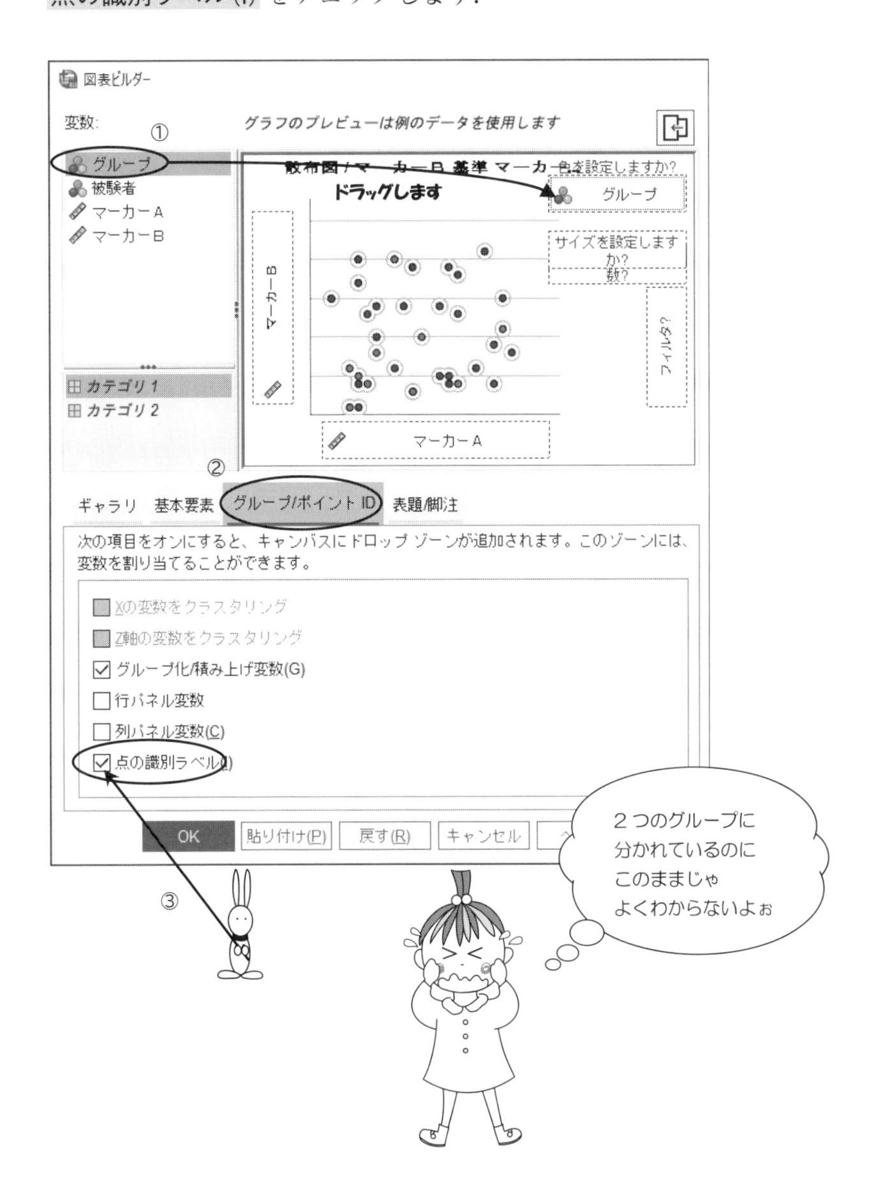

手順 7　続いて，グループを次のように

数？

のところへドラックします．

そして，OK ボタンをマウスでカチッ！

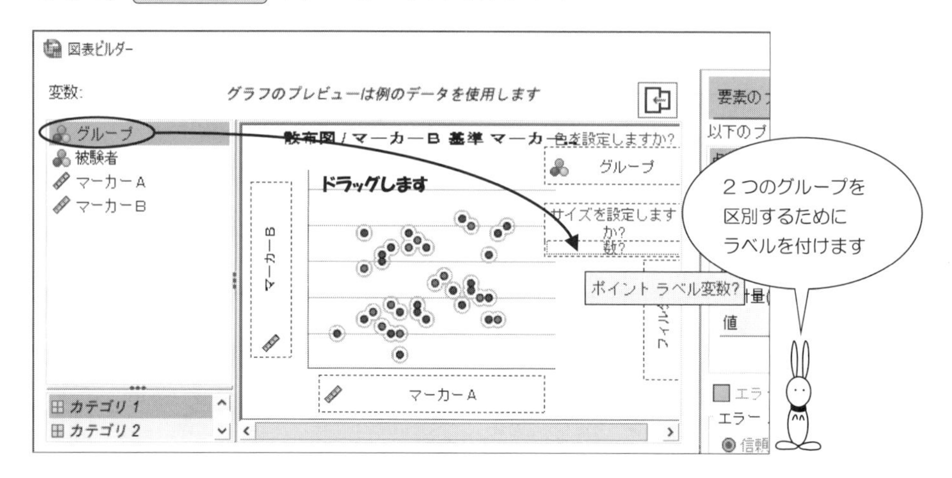

手順 8　次のようになったら，OK ボタンをマウスでカチッ！

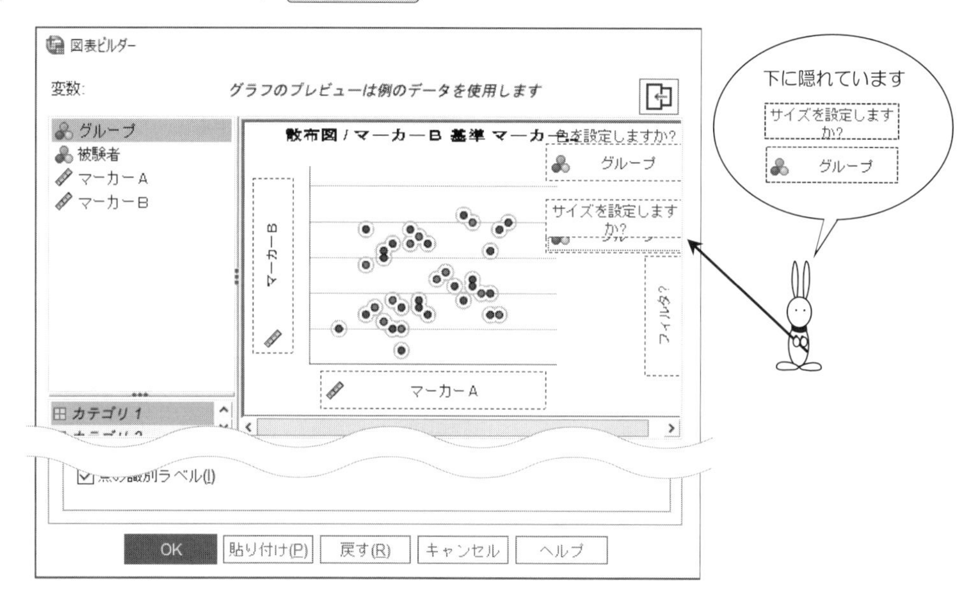

手順 9　散布図が出力されたら，散布図の上をダブルクリックします．

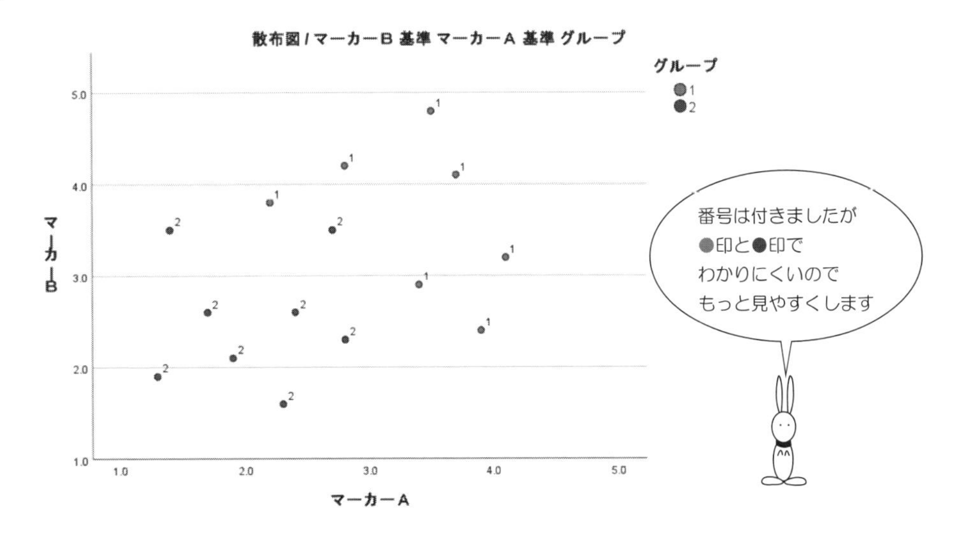

手順 10　図表エディタの画面が現れたら，グラフを編集してみましょう．

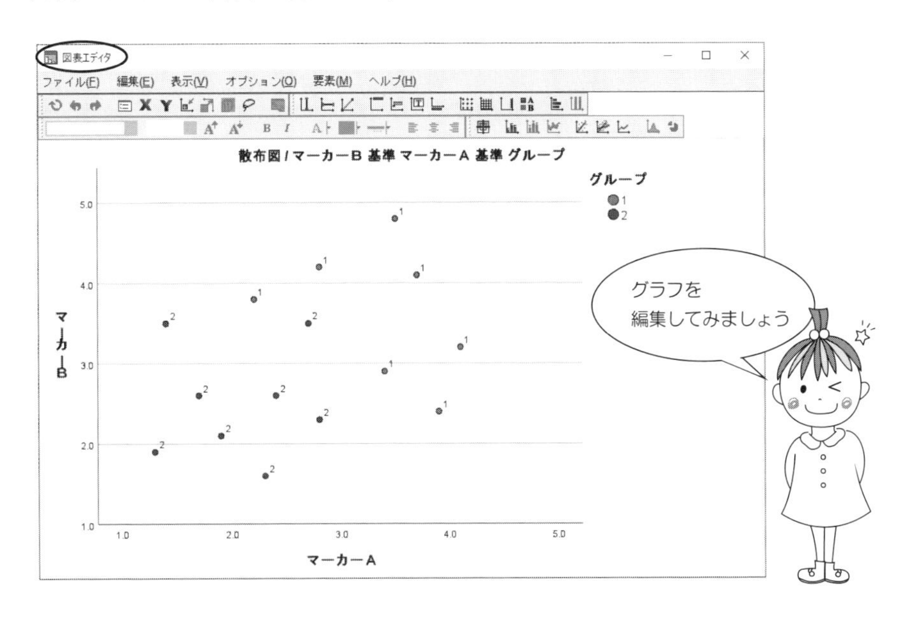

手順 11　要素のビン分割(E) をクリックすると……

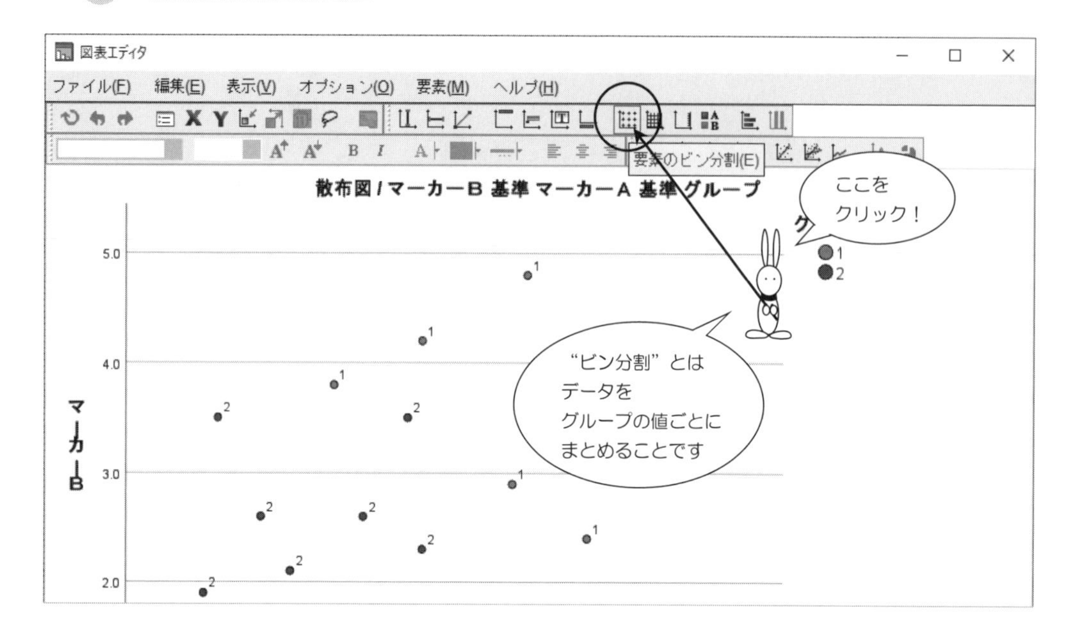

手順 12　プロパティの画面が現れるので，変数 のところをクリック．

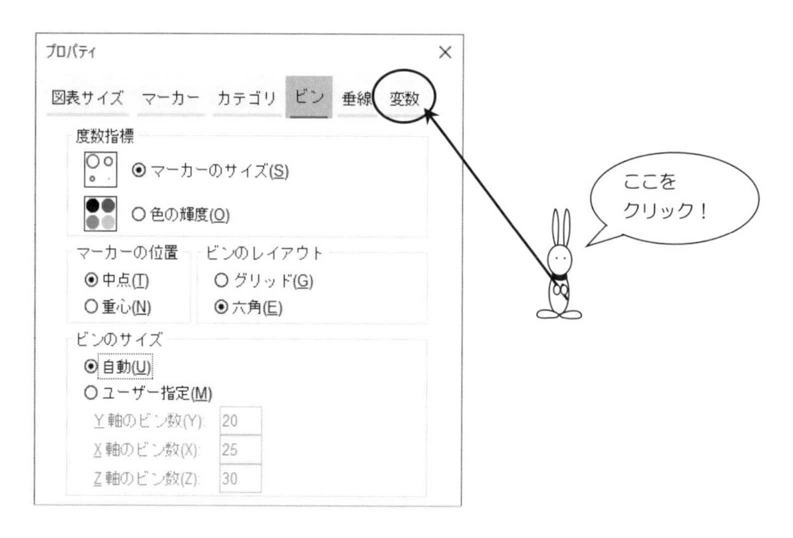

手順13　グラフ上の ○ 印を変えるには……

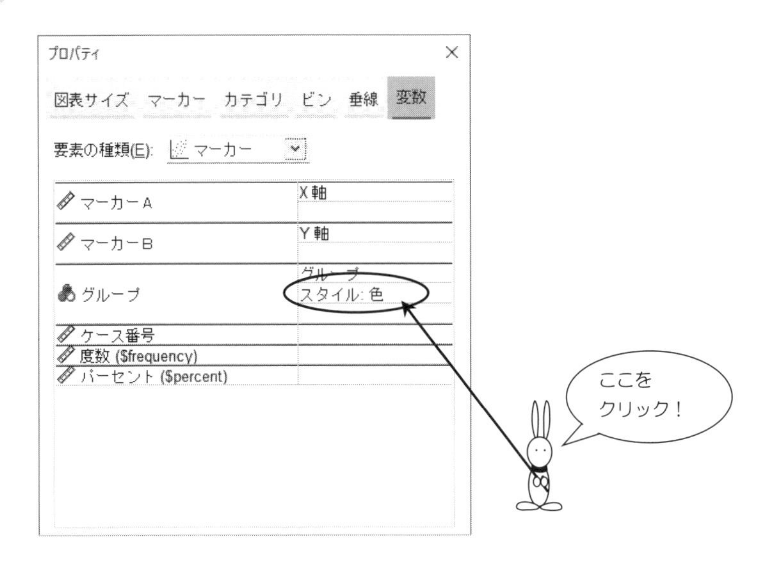

手順14　次のように選択します.

手順15 次のようになったら 適用 をクリック．

散布図の画面が変わります．

【SPSS による出力】

2つのグループの散布図は，次のように出力されました．

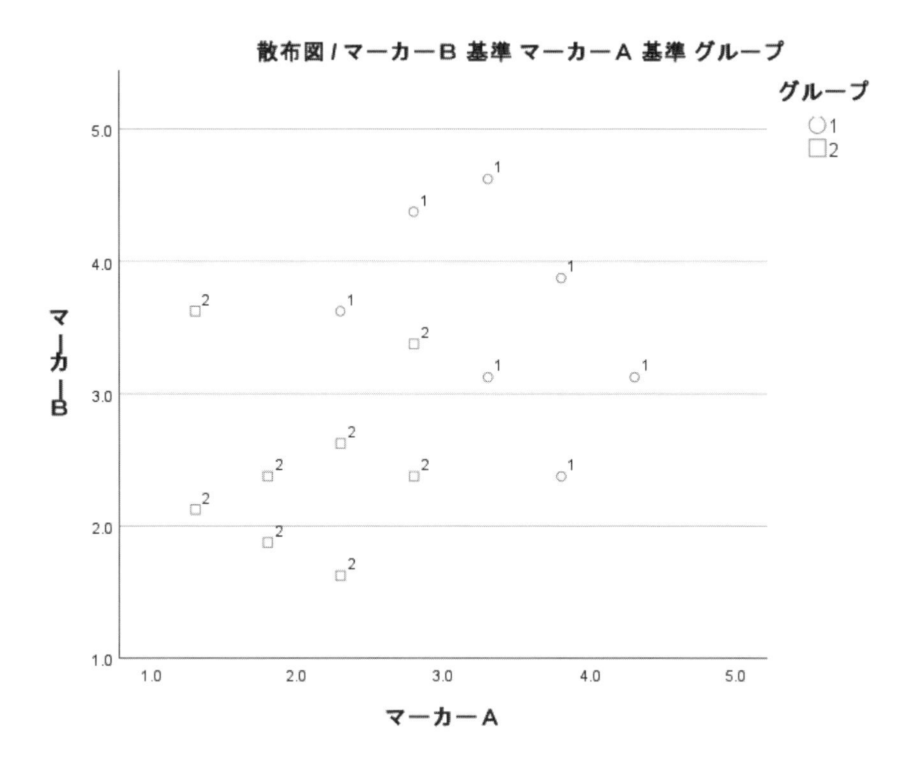

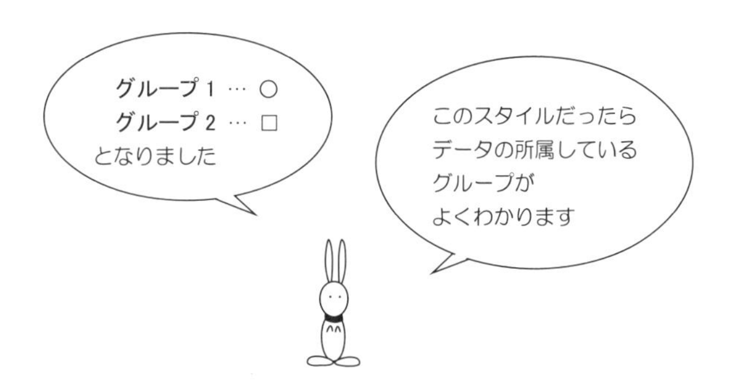

■これが判別分析です！

２つのグループの散布図を見ていると……

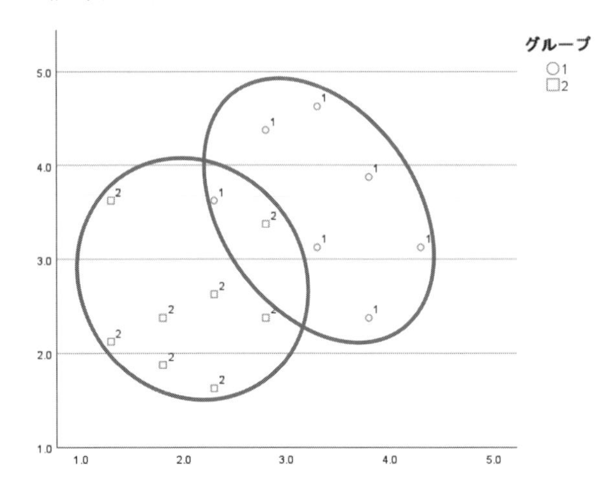

図 5.1.1　２つのグループの散布図

次のような直線を引きたくなりませんか？

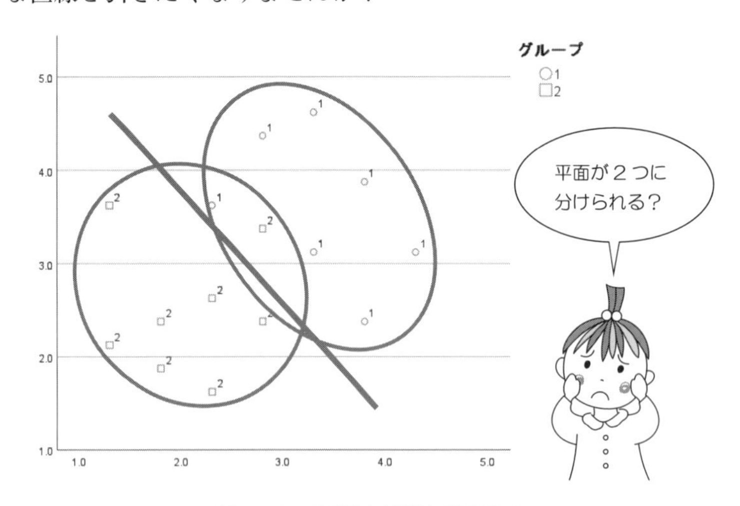

図 5.1.2　平面を直線で切る？

この直線が2つのグループを分ける境界線です．

そして，この直線を与える関数のことを

線型判別関数

といいます．

したがって，このような境界線をみつける統計手法が

判別分析

です．

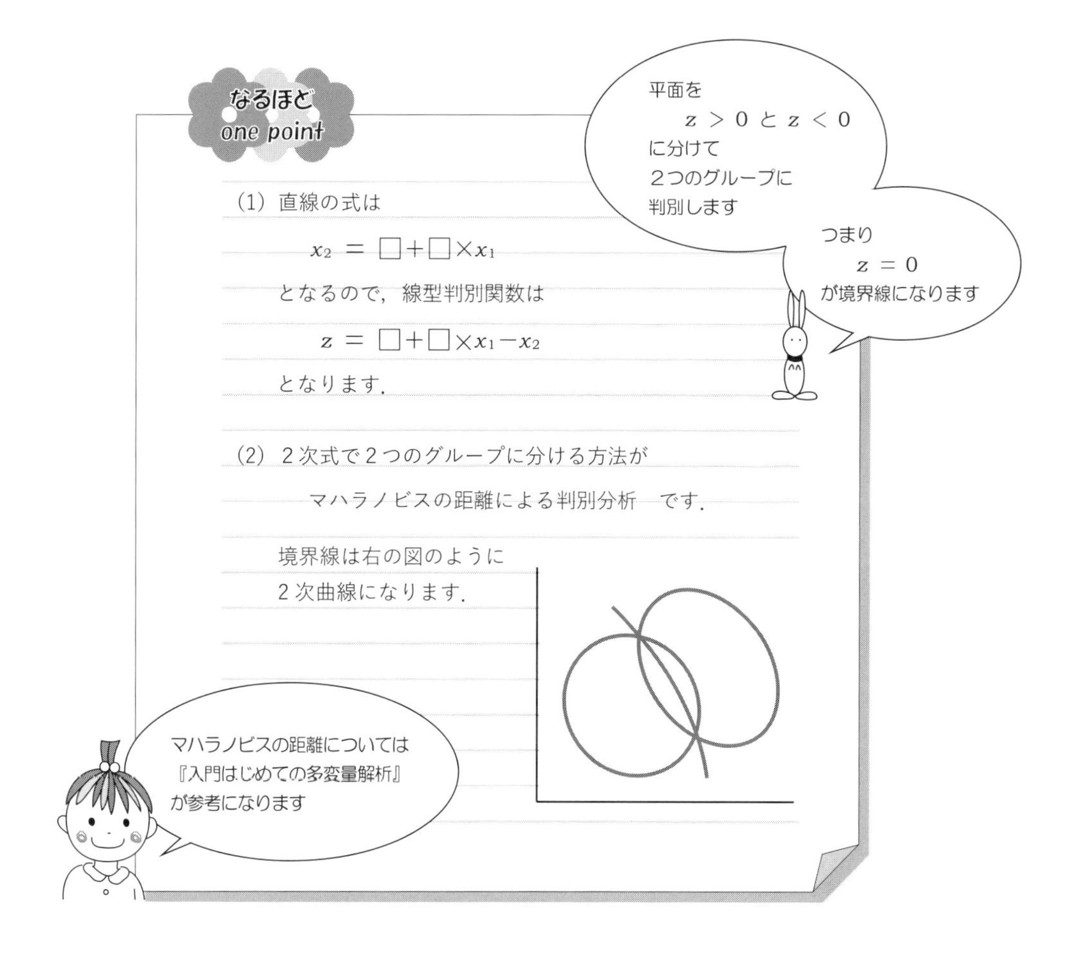

なるほど one point
平面を $z > 0$ と $z < 0$ に分けて 2つのグループに 判別します
つまり $z = 0$ が境界線になります
(1) 直線の式は
$x_2 = \square + \square \times x_1$
となるので，線型判別関数は
$z = \square + \square \times x_1 - x_2$
となります．
(2) 2次式で2つのグループに分ける方法が
マハラノビスの距離による判別分析　です．
境界線は右の図のように
2次曲線になります．
マハラノビスの距離については 『入門はじめての多変量解析』 が参考になります

Section 5.2 線型判別関数を使って境界線を！

2つのグループを判別するための境界線を求めてみよう．

■線型判別関数の求め方

手順 1 判別分析のためのデータは，次のように入力します．

まず，グループ1とグループ2を区別するための変数を用意します．

この変数名をグループとします．

	グループ	被験者	マーカーA	マーカーB	var	var	var	var
1	1	11	3.4	2.9				
2	1	12	3.9	2.4				
3	1	13	2.2	3.8				
4	1	14	3.5	4.8				
5	1	15	4.1	3.2				
6	1	16	3.7	4.1				
7	1	17	2.8	4.2				
8	2	21	1.4	3.5				
9	2	22	2.4	2.6				
10	2	23	2.8	2.3				
11	2	24	1.7	2.6				
12	2	25	2.3	1.6				
13	2	26	1.9	2.1				
14	2	27	2.7	3.5				
15	2	28	1.3	1.9				
16								
17								
18								
19								
20								
21								
22								
23								

前立腺ガンのグループ
前立腺肥大症のグループ
このような数値を
“グループ化変数”
といいます

手順 2　分析(A) のメニューから 分類(F) ⇨ 判別分析(D) を選択します.

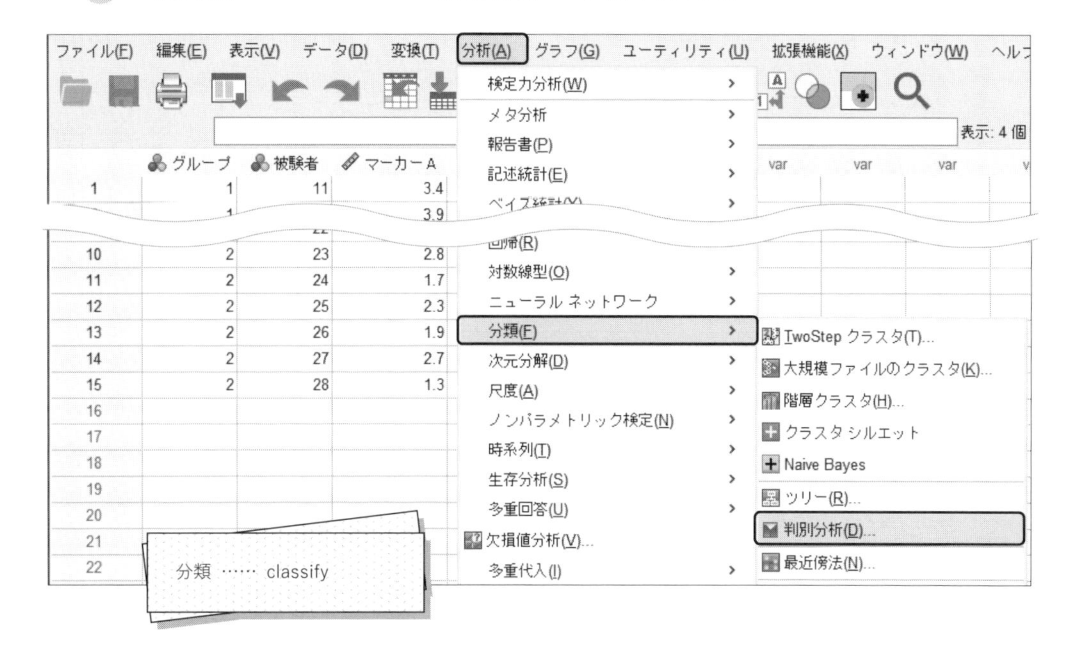

手順 3　次の画面になったら, グループ化変数(G) のワクの中へ

グループを移動して, 範囲の定義(D) をクリック.

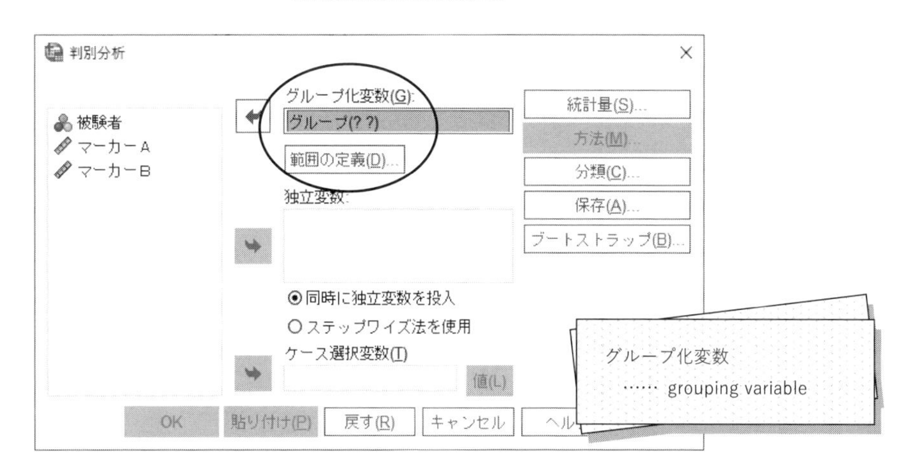

手順4　最小(N) のワクの中へ 1 を，最大(X) のワクの中へ 2 を
入力して，［続行］.

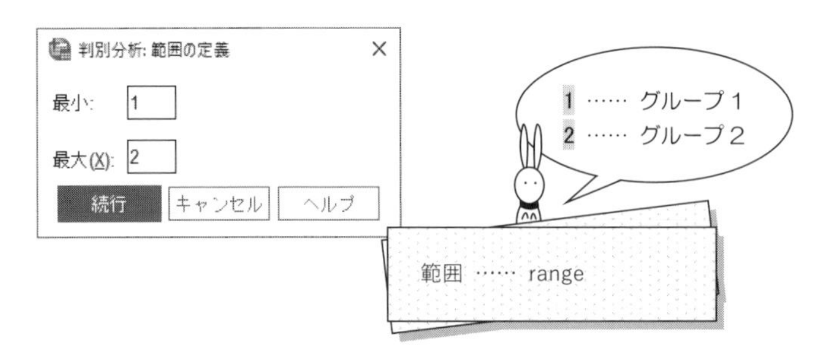

手順5　次のように グループ化変数(G) のワクの中が グループ(1 2) に
なっていることを確認したら，
独立変数 のワクの中へ，マーカーA とマーカーB を移動.
そして，画面右上の［統計量(S)］をクリック.

手順 6　関数係数 のところの 標準化されていない(U) をクリックして，
続行 します．

判別分析: 統計

記述統計
- 平均(M)
- 1 変量の分散分析
- Box の M

行列
- グループ内相関行列
- グループ内分散共分散
- グループ別分散共分散
- 全分散共分散

関数係数
- Fisher の分類関数の係数
- ☑ 標準化されていない(U)

続行　キャンセル　ヘルプ

標準化されていない
…… unstandardized

手順 7　次の画面に戻ったら，あとは OK ボタンをマウスでカチッ！

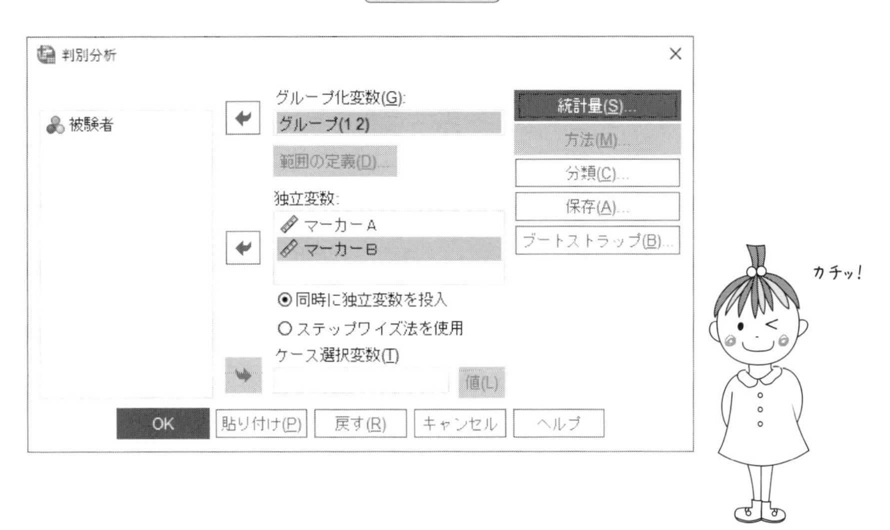

【SPSSによる出力】

標準化された正準判別関数係数

	関数
	1
マーカーA	.869
マーカーB	.670

正準判別関数係数

	関数
	1
マーカーA	1.411
マーカーB	.878
(定数)	-6.436

非標準化係数

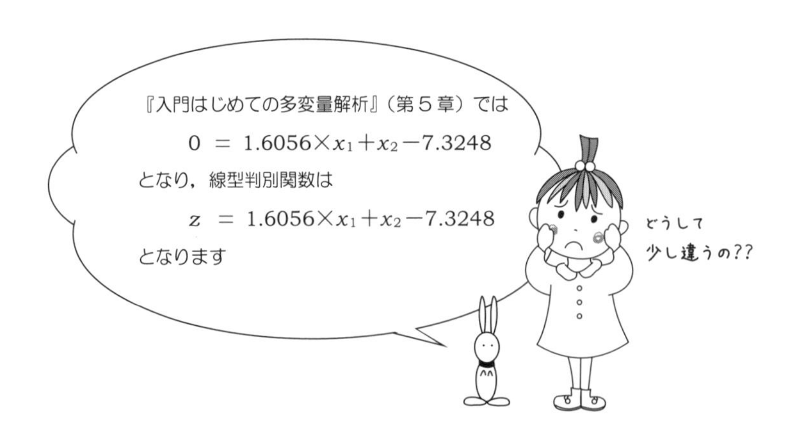

『入門はじめての多変量解析』（第５章）では
0 ＝ 1.6056×x1＋x2－7.3248
となり，線型判別関数は
z ＝ 1.6056×x1＋x2－7.3248
となります
どうして
少し違うの??

【出力結果の読み取り方】

SPSSの出力の中に，正準判別関数係数というのがあります．

これが線型判別関数の係数です．

よって，線型判別関数zは，次のようになります．

$$z = 1.411 \times \boxed{\text{マーカーA}} + 0.878 \times \boxed{\text{マーカーB}} - 6.436$$

ところで，2つのグループを分ける境界線はどこにあるのでしょうか？

実は

$$0 = 1.411 \times \boxed{\text{マーカーA}} + 0.878 \times \boxed{\text{マーカーB}} - 6.436$$

が，求める境界線なのです．この式を変形すると

$$-0.878 \times \boxed{\text{マーカーB}} = 1.411 \times \boxed{\text{マーカーA}} - 6.436$$

$$\boxed{\text{マーカーB}} = -\frac{1.411}{0.878} \times \boxed{\text{マーカーA}} + \frac{6.436}{0.878}$$

したがって，境界線の直線の式は，次のようになります．

$$\boxed{\text{マーカーB}} = -1.607 \times \boxed{\text{マーカーA}} + 7.330$$

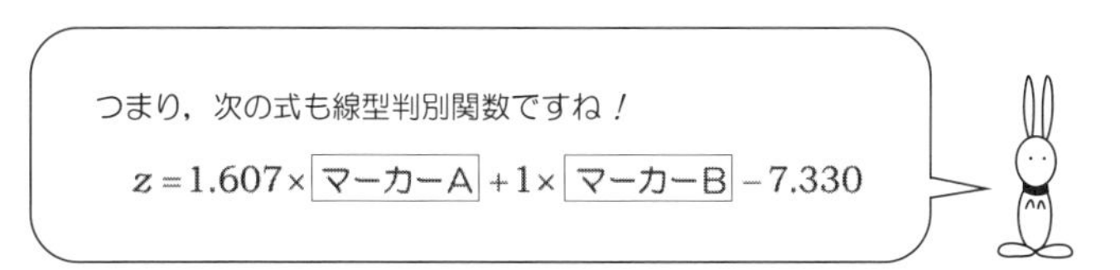

つまり，次の式も線型判別関数ですね！
z＝1.607×マーカーA＋1×マーカーB－7.330

よって，散布図の上に，この直線を描くと……

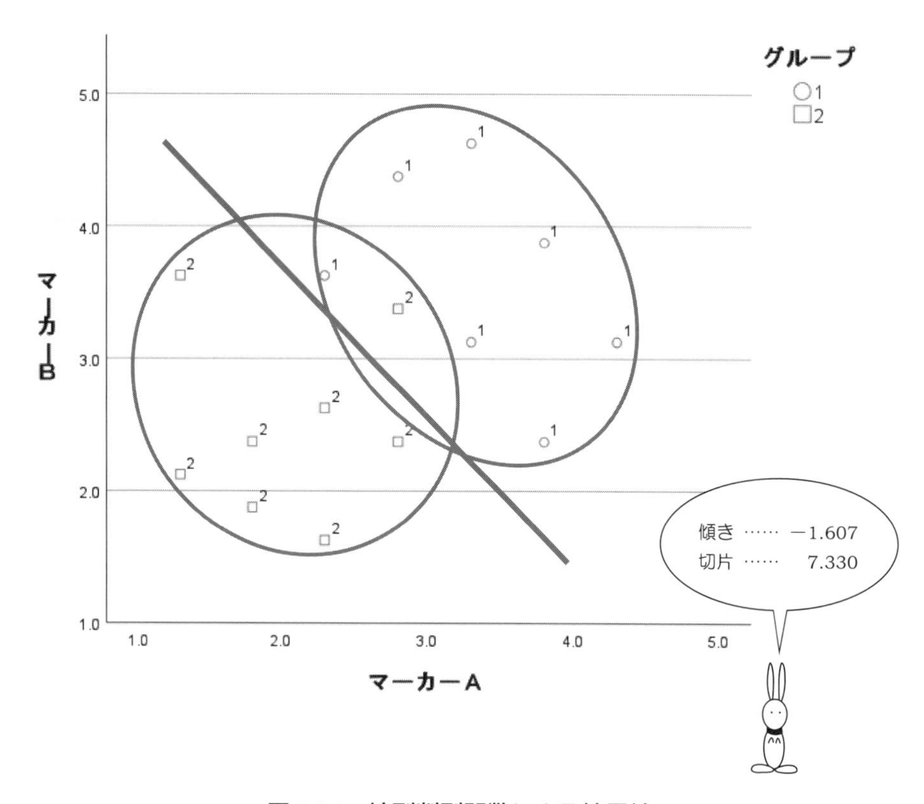

図 5.2.1　線型判別関数による境界線

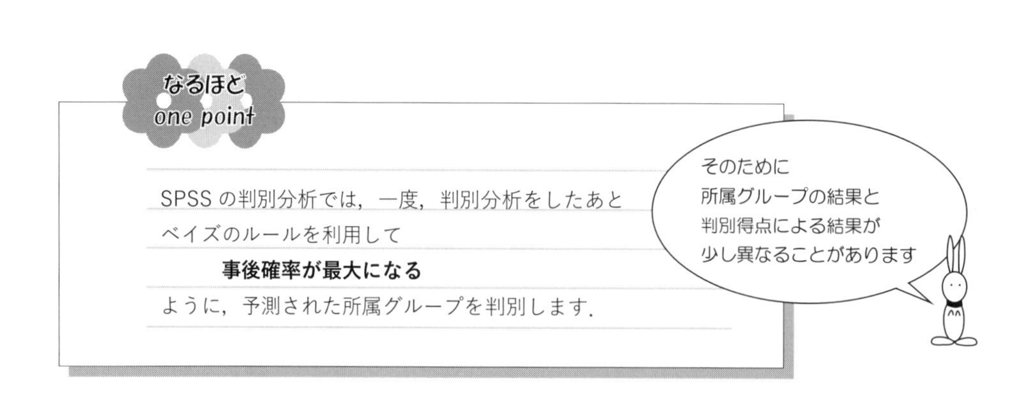

この境界線は，線型判別関数 z

$$z = 1.411 \times \boxed{\text{マーカーA}} + 0.878 \times \boxed{\text{マーカーB}} - 6.436$$

において，

$$z = 0$$

つまり

$$0 = 1.411 \times \boxed{\text{マーカーA}} + 0.878 \times \boxed{\text{マーカーB}} - 6.436$$

となるので，平面が次の3つの部分に分かれます．

$$\begin{cases} z > 0 \text{ の部分} \\ z = 0 \text{ の部分} \\ z < 0 \text{ の部分} \end{cases}$$

$$\begin{cases} z > 0 \text{ の部分……グループ1} \\ z = 0 \text{ の部分……境界線} \\ z < 0 \text{ の部分……グループ2} \end{cases}$$

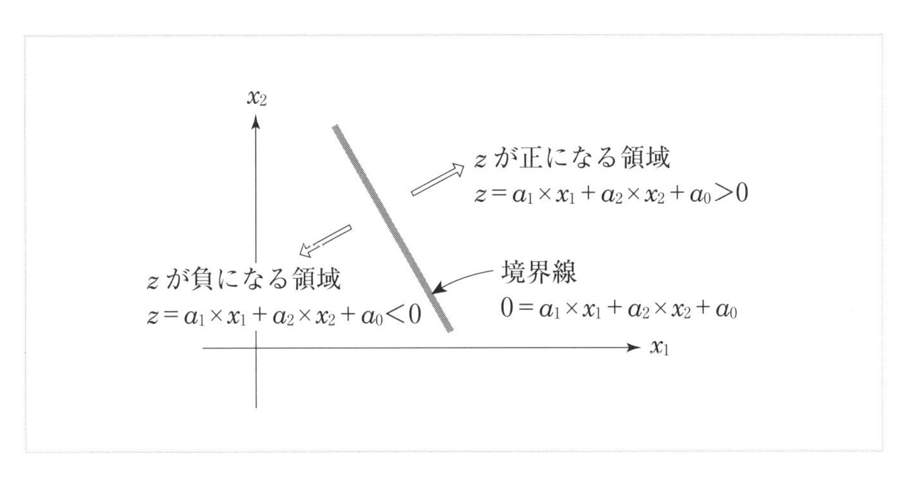

図 5.2.2　$z = 0$ が境界線

Section 5.3　判別得点を求めよう

線型判別関数 z が求まったら，判別得点を求めてみよう．

判別得点は，線型判別関数

$$z = 1.411 \times \boxed{\text{マーカーA}} + 0.878 \times \boxed{\text{マーカーB}} - 6.436$$

にデータを代入したものです．

たとえば，16 番目の被験者 S さんのデータ（2.7，3.1）の場合，判別得点は

$$\begin{aligned} z &= 1.411 \times \boxed{2.7} + 0.878 \times \boxed{3.1} - 6.436 \\ &= 0.096 \end{aligned}$$

となります．

■カンタン……ではない判別得点の求め方

手順 1　変数（T）のメニューの中から，変数の計算（C）を選択します．

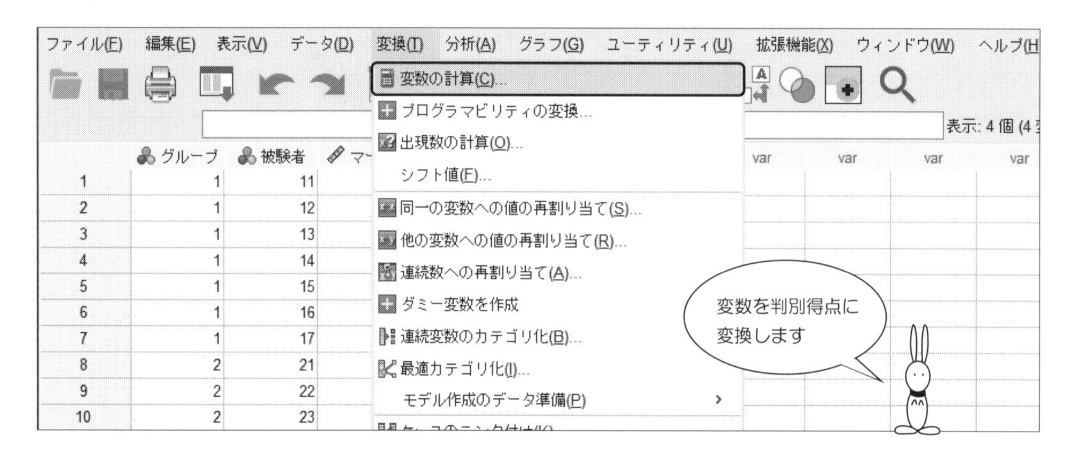

手順2 次の画面が現れたら，目標変数(T) のワクの中へ z，数式(E) のワクの中へ

1.411 ∗マーカーA＋0.878 ∗マーカーB－6.436

と入力したら，あとは， OK ボタンをマウスでカチッ！

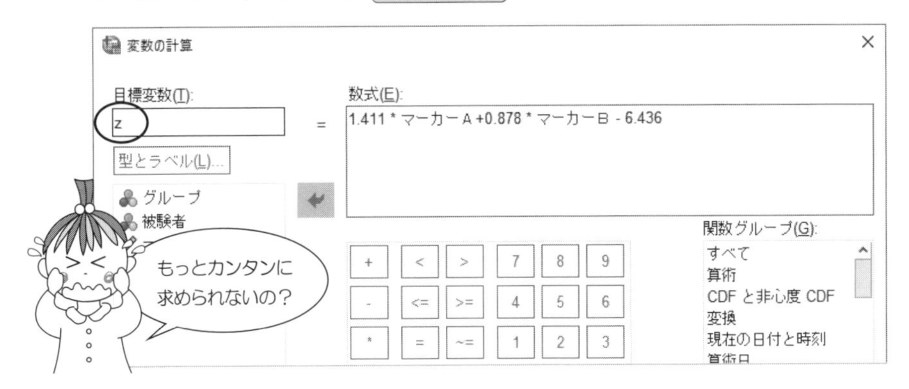

【SPSS による出力】

データビューの画面が，次のようになりましたか？

	グループ	被験者	マーカーA	マーカーB	z	var	var
1	1	11	3.4	2.9	.91		
2	1	12	3.9	2.4	1.17		
3	1	13	2.2	3.8	.00		
4	1	14	3.5	4.8	2.72		
5	1	15	4.1	3.2	2.16		
6	1	16	3.7	4.1	2.38		
7	1	17	2.8	4.2	1.20		
8	2	21	1.4	3.5	-1.39		
9	2	22	2.4	2.6	-.77		
10	2	23	2.8	2.3	-.47		
11	2	24	1.7	2.6	-1.75		
12	2	25	2.3	1.6	-1.79		
13	2	26	1.9	2.1	-1.91		
14	2	27	2.7	3.5	.45		
15	2	28	1.3	1.9	-2.93		

これが求める判別得点です

■判別得点のカンタンな求め方

実は，判別得点はもっとカンタンに求まります．

p.178　手順5のところで……

手順**6**　次のように，グループ化変数(G) の中が

グループ(1 2) になっているのを確認したら，

独立変数(I) の中へマーカーA とマーカーB を移動．

そして，画面右の 保存(A) をクリック．

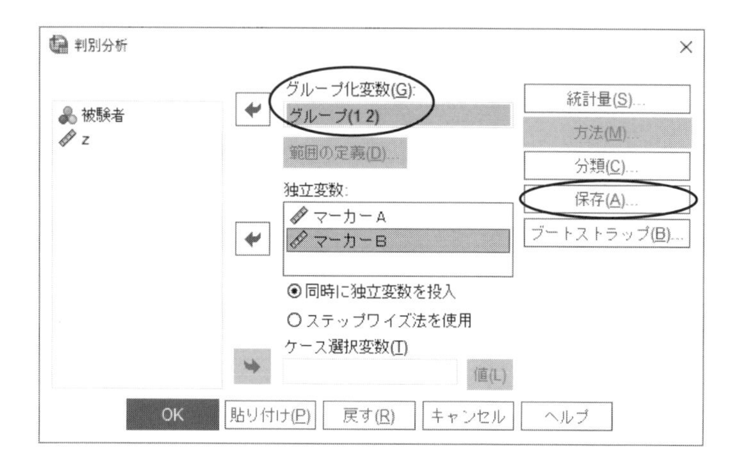

手順7　保存の画面になったら，次のように

　　　予測された所属グループ

　　　判別得点

をチェックして，［続行］．

手順8　次の画面に戻ったら，あとは［OK］ボタンをマウスでカチッ！

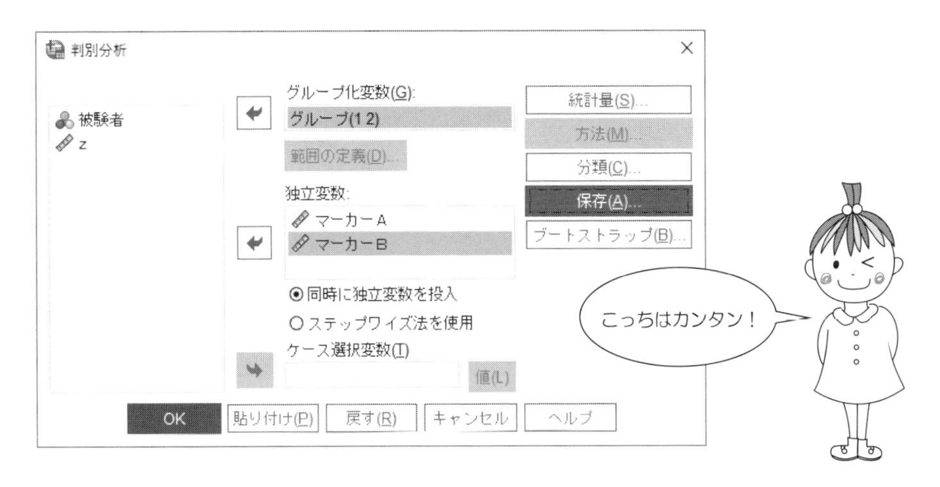

【SPSS による出力】

データビューの画面は，次のようになっていますか？

	グループ	被験者	マーカーA	マーカーB	Dis_1	Dis1_1
1	1	11	3.4	2.9	1	.90808
2	1	12	3.9	2.4	1	1.17433
3	1	13	2.2	3.8	2	.00559
4	1	14	3.5	4.8	1	2.71796
5	1	15	4.1	3.2	1	2.15914
6	1	16	3.7	4.1	1	2.38530
7	1	17	2.8	4.2	1	1.20341
8	2	21	1.4	3.5	2	-1.38655
9	2	22	2.4	2.6	2	-.76623
10	2	23	2.8	2.3	2	-.46540
11	2	24	1.7	2.6	2	-1.75379
12	2	25	2.3	1.6	2	-1.78562
13	2	26	1.9	2.1	2	-1.91079
14	2	27	2.7	3.5	1	.44750
15	2	28	1.3	1.9	2	-2.93294
16						

予測された所属グループ（Dis_1）

判別得点（Dis1_1）

16 番目のケースにマーカーA とマーカーB の値を
次のように入力しておきます．

	グループ	被験者	マーカーA	マーカーB	var	var	var
11	2	24	1.7	2.6			
12	2	25	2.3	1.6			
13	2	26	1.9	2.1			
14	2	27	2.7	3.5			
15	2	28	1.3	1.9			
16	.	.	2.7	3.1			
17							
18							
19							

すると……
次のように，判別得点と予測されたグループが求められます．

16 番目のケースにマーカーA とマーカーB の値を入力しておくと
次のように判別得点と予測された所属グループが求められます

	グループ	被験者	マーカーA	マーカーB	Dis_1	Dis1_1
13	2	26	1.9	2.1	2	-1.91079
14	2	27	2.7	3.5	1	.44750
15	2	28	1.3	1.9	2	-2.93294
16	.	.	2.7	3.1	1	.09618
17						

Section 5.4　正答率と誤判別率で判別結果の確認！

線型判別関数によって，2つのグループの間に境界線を入れましたが，
この境界線はどの程度正しく2つのグループを判別しているのでしょうか？

もう一度，判別得点をながめてみましょう．

	グループ	被験者	マーカーA	マーカーB	Dis_1	Dis1_1	var
1	1	11	3.4	2.9	1	.90808	
2	1	12	3.9	2.4	1	1.17433	
3	1	13	2.2	3.8	2	.00559	
4	1	14	3.5	4.8	1	2.71796	
5	1	15	4.1	3.2	1	2.15914	
6	1	16	3.7	4.1	1	2.38530	
7	1	17	2.8	4.2	1	1.20341	
8	2	21	1.4	3.5	2	-1.38655	
9	2	22	2.4	2.6	2	-.76623	
10	2	23	2.8	2.3	2	-.46540	
11	2	24	1.7	2.6	2	-1.75379	
12	2	25	2.3	1.6	2	-1.78562	
13	2	26	1.9	2.1	2	-1.91079	
14	2	27	2.7	3.5	1	.44750	
15	2	28	1.3	1.9	2	-2.93294	
16							

予測された所属グループ　　判別得点

この判別得点のプラス・マイナスを
調べてみると……

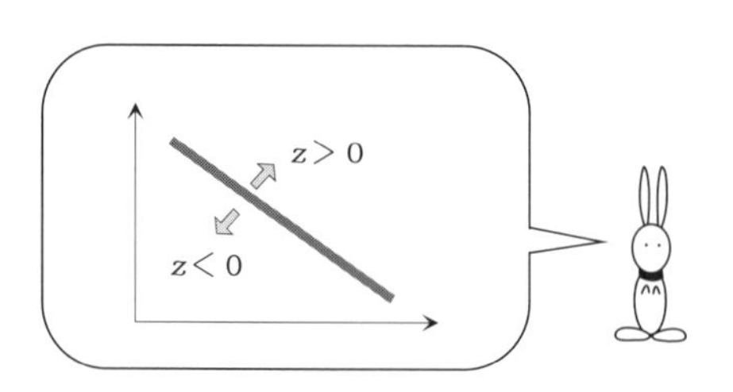

表 5.4.1　判別得点の正・負

グループ 1

No.	判別得点	正・負
1	0.90808	正
2	1.17433	正
3	0.00559	正
4	2.71796	正
5	2.15914	正
6	2.3853	正
7	1.20341	正

グループ 2

No.	判別得点	正・負
1	− 1.38655	負
2	− 0.76623	負
3	− 0.4654	負
4	− 1.75379	負
5	− 1.78562	負
6	− 1.91079	負
7	0.4475	正
8	− 2.93294	負

したがって……

グループ 1 では，7 個のデータのうち 7 個が正しく判別されています．

グループ 2 では，8 個のデータのうち 1 個がまちがって判別されています．

このことから，正答率と誤判別率を定義することができそうですね．

次のように定義しましょう．

$$\begin{cases} \text{グループ 1 の正答率} = \dfrac{7}{7} \quad \cdots\cdots \quad 100.0\% \\ \text{グループ 1 の誤判別率} = \dfrac{0}{7} \quad \cdots\cdots \quad 0.0\% \end{cases}$$

$$\begin{cases} \text{グループ 2 の正答率} = \dfrac{7}{8} \quad \cdots\cdots \quad 87.5\% \\ \text{グループ 2 の誤判別率} = \dfrac{1}{8} \quad \cdots\cdots \quad 12.5\% \end{cases}$$

SPSS の正答率・誤判別率の求め方は，次のようになります．

■正答率・誤判別率の求め方

手順 **1**　分析(A) のメニューから 分類(F) ⇨ 判別分析(D) を選択.

手順 **2**　次の画面になったら, グループ化変数(G) のワクの中へグループを移動します. 続いて, 範囲の定義(D) をクリック.

手順 3　最小 のワクの中へ１を，最大(X) のワクの中へ２を
入力して，　続行　.

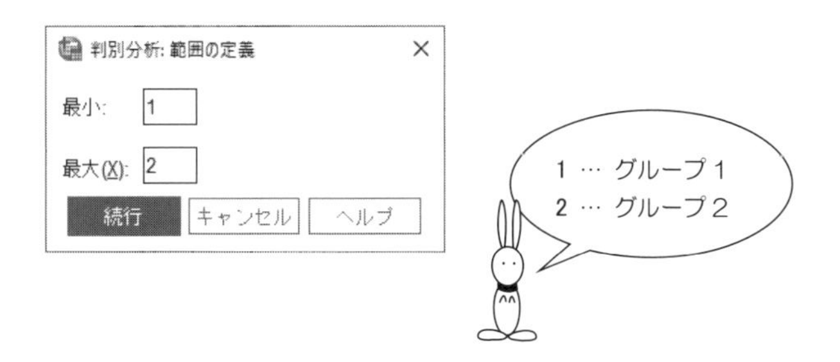

手順 4　次のように，グループ化変数(G) のワクの中が
グループ(1 2) になっているのを確認したら，
独立変数 のワクの中へマーカーA とマーカーB を移動.
そして，画面右の　分類(C)　をクリック.

手順5 表示 のところの 集計表 をチェックして， 続行 ．

手順 4 の画面に戻ったら，

あとは OK ボタンをマウスでカチッ！

判別分析: 分類

事前確率
- ◉ すべてのグループが等しい
- ○ グループサイズから計算

共分散行列の使用
- ◉ グループ内
- ○ グループ別

表示
- ☐ ケースごとの結果
- ☐ 次のケース数に制限:
- ☑ 集計表
- ☐ 交差妥当化

作図
- ☐ 結合されたグループ
- ☐ グループ別
- ☐ 領域マップ

☐ 欠損値を平均値で置換

続行　キャンセル　ヘルプ

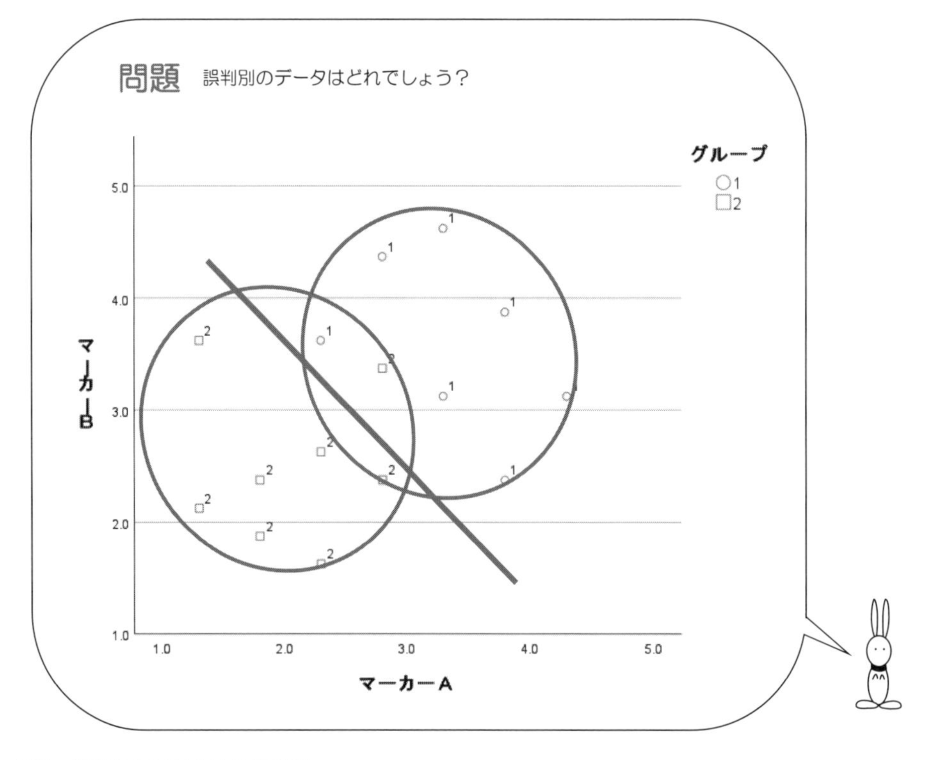

【SPSS による出力】

分類結果[a]

			予測グループ番号		
		グループ	1	2	合計
元のデータ	度数	1	6	1	7
		2	1	7	8
	%	1	85.7	14.3	100.0
		2	12.5	87.5	100.0

a. 元のグループ化されたケースのうち 86.7% が正しく分類されました。

【出力結果の読み取り方】

SPSS の出力は，判別得点による判別ではなく，

予測された所属グループによる正答率と誤判別率です.

正答率は 100%になるとは限らないので……

判別分析を使っても，完全にグループ分けできるわけではない

ということですね.

ところで，判別分析と同じような分析方法に

ロジスティック回帰分析

があります.

“回帰”という名前が付いていますが，ロジスティック回帰分析は

判別分析としても利用できます.

ロジスティック回帰分析は
予測確率を用いた判別です！
8章を見てね！

Section 5.5 標準化された線型判別関数とは!?

2つの変数を使って判別分析をおこないましたが,

2つの変数のうち，判別にとって大切な変数は

マーカーA？　それとも，マーカーB

線型判別関数 z は

$$z = 1.411 \times \boxed{マーカーA} + 0.878 \times \boxed{マーカーB} - 6.436$$

なので，マーカーBよりマーカーAの係数の方が大きくなっています.

判別の際には，マーカーBよりマーカーAの方が大切なのでしょうか？

注意しなければいけないことは，変数のもっている単位の影響です.

単位を変えると線型判別関数の係数も変わります!!

このようなときは，標準化された線型判別関数を求めましょう.

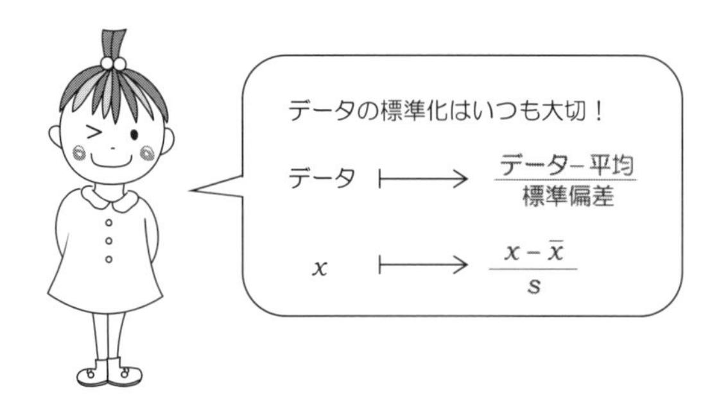

データの標準化はいつも大切！
データ ⟼ データ−平均 / 標準偏差
x ⟼ x − x̄ / s

データを標準化してから，判別分析をおこなうのでしょうか？

実は，標準化された線型判別関数はすでに求まっています．

Section 5.2 で線型判別関数を求めましたが，
p.180 【SPSS による出力】の正準判別関数係数の上に，
次のような部分が出力されています．

【SPSS による出力】

標準化された正準判別関数係数

	関数 1
マーカーA	.869
マーカーB	.670

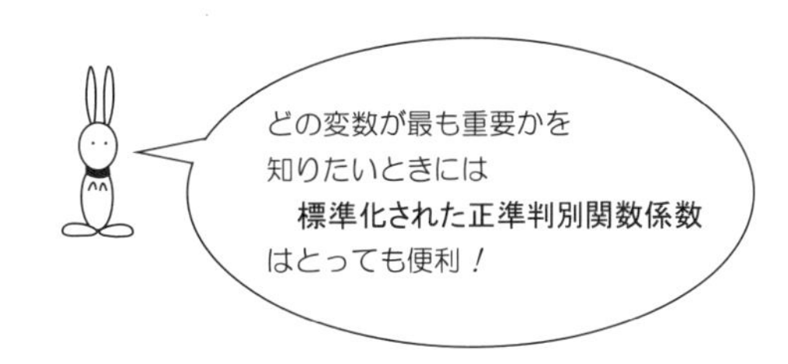

どの変数が最も重要かを
知りたいときには
標準化された正準判別関数係数
はとっても便利！

これが標準化された線型判別関数の係数です！

この２つの標準化された係数の絶対値を比べると，

“マーカーB の係数 0.670 よりも
マーカーA の係数 0.869 の方が大きい”

ので，判別をするときに大切な変数は

“マーカーA”

であることがわかります．

演　習

5

問題 5.1　次のデータは，ある地域における 2 つのグループのネコの脳と肝臓の水銀量を調査したものです．

表 5.1　水俣病を判別する

水俣病のネコ

サンプル No.	グループ 1	
	脳 x_1	肝臓 x_2
1	9.1	54.5
2	10.4	68.0
3	8.2	53.5
4	7.5	47.6
5	9.7	52.5
6	4.9	45.3

健康なネコ

サンプル No.	グループ 1	
	脳 x_1	肝臓 x_2
1	2.3	31.8
2	0.7	14.5
3	2.5	33.3
4	1.1	33.4
5	3.9	61.2
6	1.0	12.3

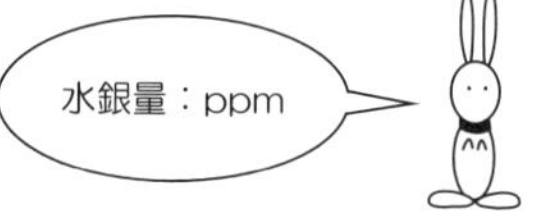

【5.1.1】　重ね書きを利用して，グループ 1 とグループ 2 の散布図を描いてください．

【5.1.2】　線型判別関数を求めてください．

【5.1.3】　判別得点を求め，正答率と誤判別率を計算してください．

【5.1.4】　標準化された線型判別関数を求め，判別に大切な役割をはたしているのはどちらの独立変数か調べてください．

問題 5.2 新潟県S市で起こった殺人事件の被害者Mはその後の調査から，姫川河口の糸魚川か，新潟砂丘の柏崎で殺されていることがわかりました.

もし，殺人現場が特定できれば，怨恨の関係から糸魚川に住む容疑者Kを殺人の疑いで逮捕できる見通しが立ってきました.

幸いなことに，被害者Mの服から少量の砂が発見されています.

この砂が河口に堆積された砂か砂丘の砂か判別できれば，犯人逮捕の有力な決め手となるのですが……

次の表のように，河口の砂と砂丘の砂に含まれる鉱物に関するデータが集まっています．線型判別関数を用いて判別分析をおこなってみましょう.

表 5.2　河口の砂と砂丘の砂の非磁性鉱物と強磁性鉱物の割合

河口の砂

サンプル No.	非磁性鉱物 x_1	強磁性鉱物 x_2
1	88.4	5.5
2	90.3	3.7
3	87.1	6.4
4	86.8	6.5
5	85.8	5.4

砂丘の砂

サンプル No.	非磁性鉱物 x_1	強磁性鉱物 x_2
1	86.6	6.9
2	85.5	7.5
3	88.3	4.9
4	84.2	5.9
5	84.9	7.1

【5.2.1】 重ね書きを利用して，河口の砂と砂丘の砂の散布図を描いてください.

【5.2.2】 線型判別関数を求めてください.

【5.2.3】 判別得点を求め，正答率と誤判別率を計算してください.

【5.2.4】 標準化された線型判別関数を求め，判別に大切な役割をはたしているのはどちらの独立変数か調べてください.

クラスター分析でグループ分けを！

Section 6.1　見て理解するクラスター分析

次のデータは，ヨーロッパ 11 か国のエイズ患者数と

新聞の発行部数について調べたものです．

表 6.1.1　エイズに対する正しい知識を！

No.	国　名	エイズ患者数	新聞発行部数
1	オーストリア	6.6	35.8
2	ベルギー	8.4	22.1
3	フランス	24.2	19.1
4	ドイツ	10.0	34.4
5	イタリア	14.5	9.9
6	オランダ	12.2	31.1
7	ノルウェー	4.8	53.0
8	スペイン	19.8	7.5
9	スウェーデン	6.1	53.4
10	スイス	26.8	50.0
11	イギリス	7.4	42.1

クラスター？

このデータを使って，**クラスター分析**をしてみましょう．

クラスター分析
…… cluster analysis

クラスター分析は，データをいくつかのグループに分類するための手法です．
はじめに，データをグラフで表現してみましょう．
その最も良い方法は“散布図”を描くことです．

■これがクラスター分析です

手順 1　データは，次のように入力しておきます．

	国名	エイズ患者数	新聞発行部数	var	var	var
1	オーストリア	6.6	35.8			
2	ベルギー	8.4	22.1			
3	フランス	24.2	19.1			
4	ドイツ	10.0	34.4			
5	イタリア	14.5	9.9			
6	オランダ	12.2	31.1			
7	ノルウェー	4.8	53.0			
8	スペイン	19.8	7.5			
9	スウェーデン	6.1	53.4			
10	スイス	26.8	50.0			
11	イギリス	7.4	42.1			
12						

なるほど one point

SPSS のクラスター分析には
- 大規模ファイルのクラスタ
- 階層のクラスタ

の２種類が用意されています．
データの数が多いときはクラスタの個数を指定して，大規模ファイルのクラスタを使います．

手順 2　グラフ(G) のメニューから，

レガシーダイアログ(L) ⇨ 散布図/ドット(S) を選択します．

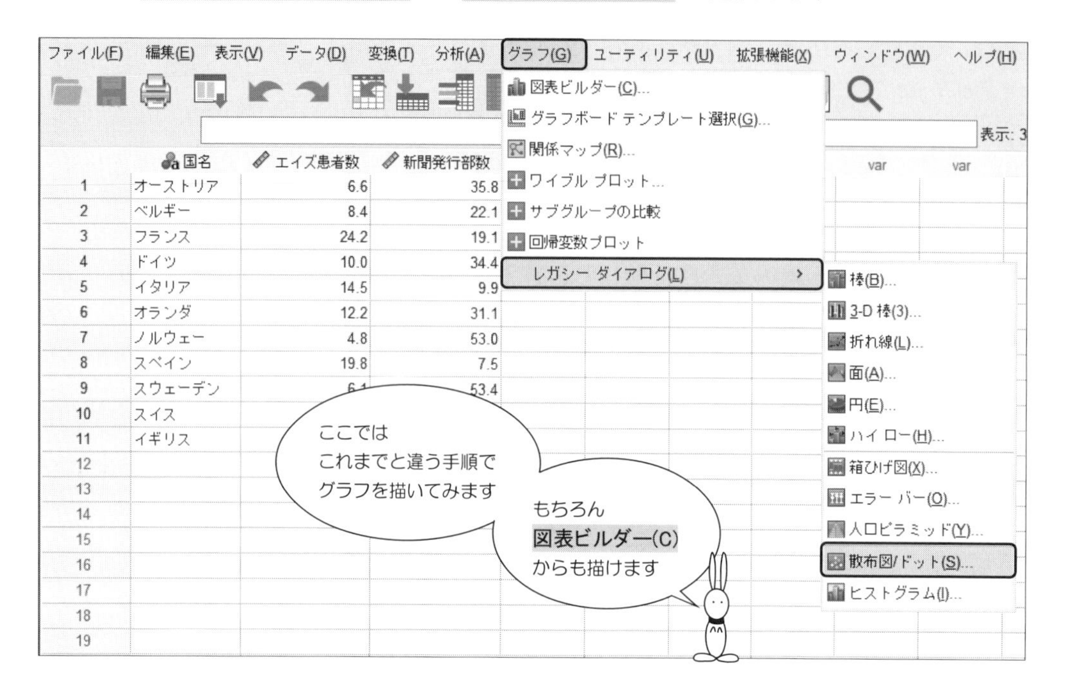

手順 3　次の画面になったら，単純な散布 を選択して，定義 をクリック．

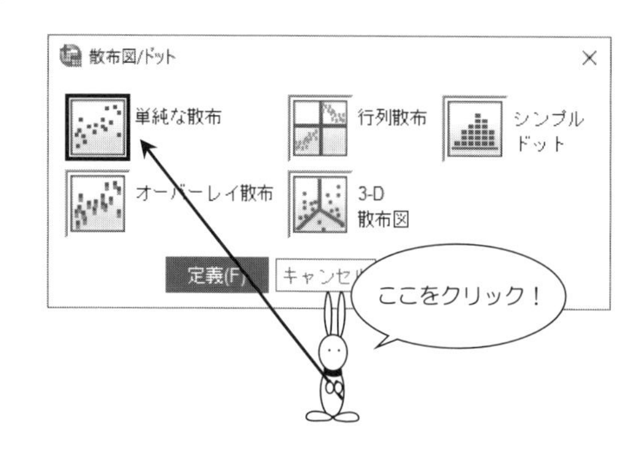

手順 **4**　単純散布図の画面になったら

　　　Y軸(Y) のワクの中に新聞発行部数を，

　　　X軸(X) のワクの中にエイズ患者数を

それぞれ移動しましょう．

そして OK をクリックします．

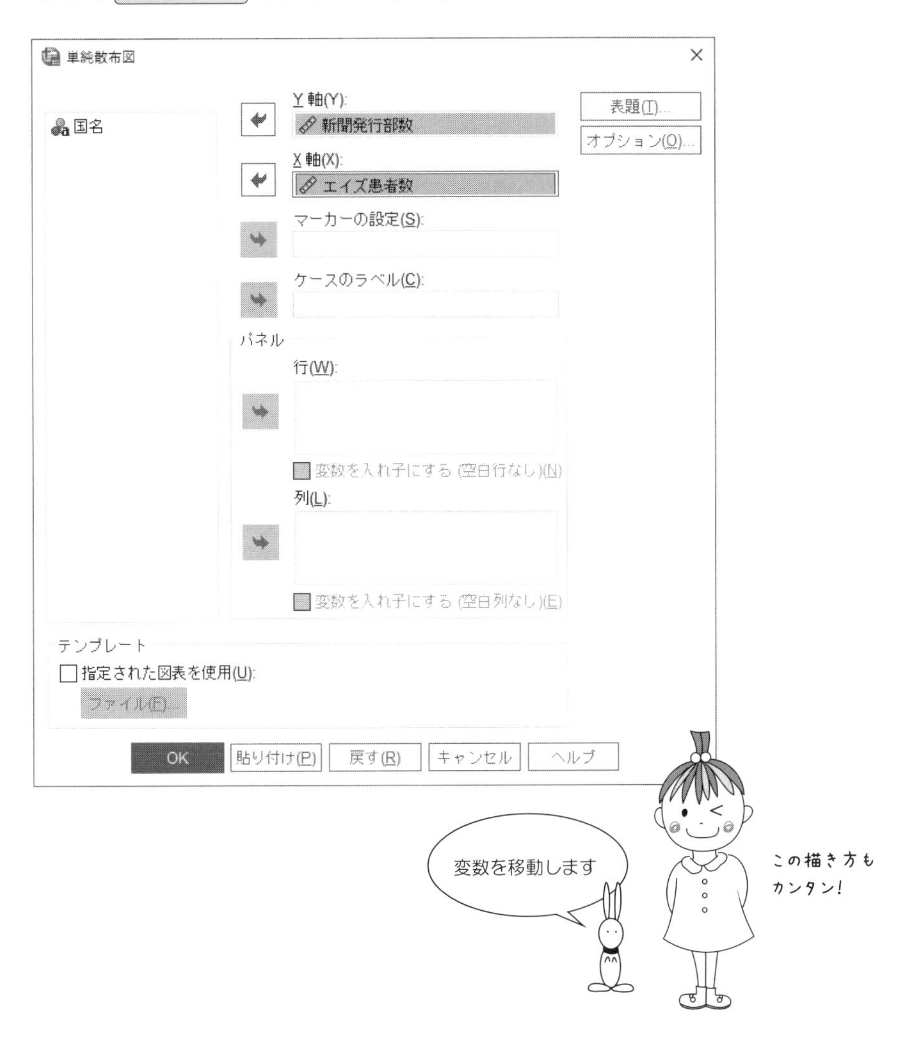

【SPSS による出力】

次のような散布図になりましたか？

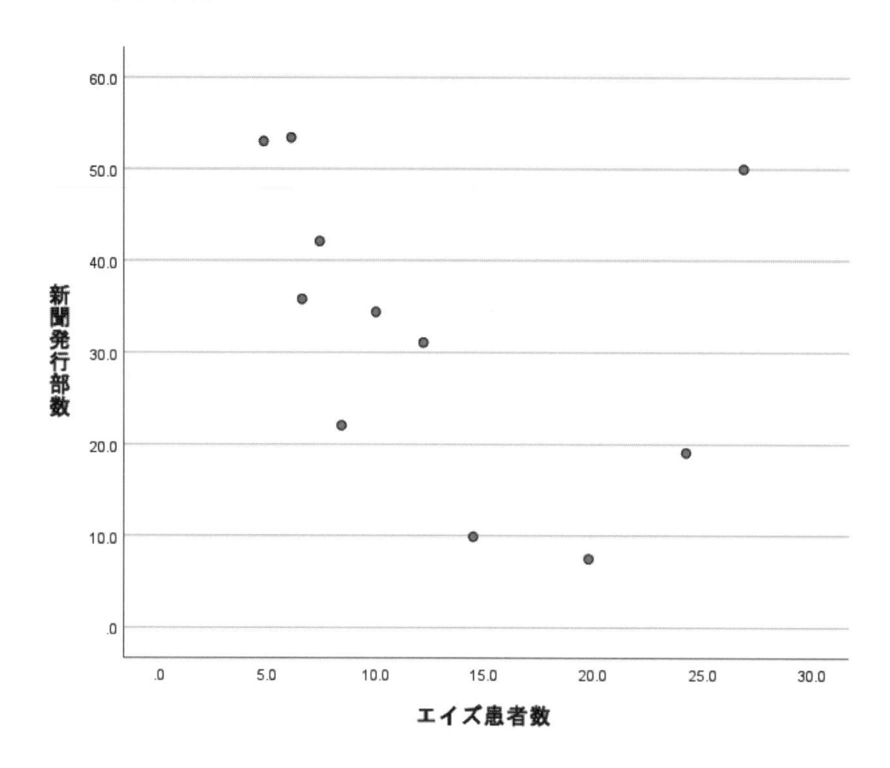
60.0
50.0
40.0
30.0
20.0
10.0
.0
新聞発行部数
.0
5.0
10.0
15.0
20.0
25.0
30.0
エイズ患者数

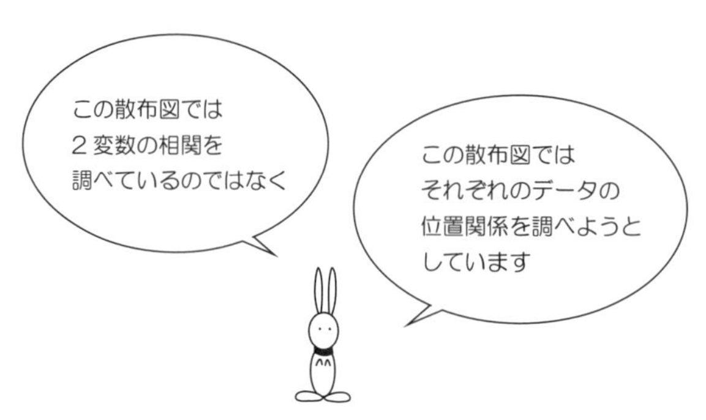
この散布図では
2変数の相関を
調べているのではなく
この散布図では
それぞれのデータの
位置関係を調べようと
しています

【出力結果の読み取り方】

この散布図を見ていると，データを次のように分類したくなりませんか？

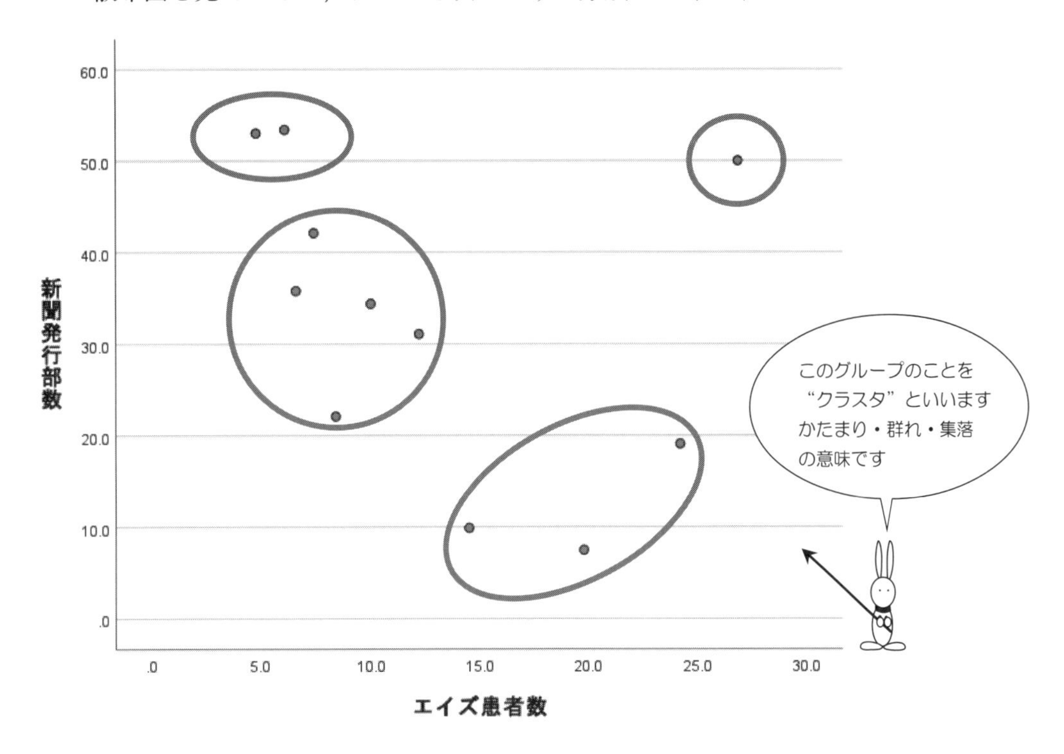

この図のように，データをいくつかのグループに分類する統計手法を

クラスター分析

といいます．

では，どのような基準でデータを分類すればいいのでしょうか？

Section 6.2 クラスタに分類してみよう

クラスタをつくり，データを分類しましょう．

でも，クラスタをつくるときの基準は？

その基準は

"似たものどうし"

です．

そして，その似たものどうしを測る方法として

1. ユークリッド距離
2. 平方ユークリッド距離
3. マハラノビスの距離
4. Pearson の相関係数
5. 類似度

要するにグループに
まとめる方法として
いろんな種類の距離が
あるってこと！

などが考えられています．

ところで，クラスター分析ではデータのことを

"個体"

といいます．

つまり，個体と個体が集まってクラスタが構成されるわけですね．

データのことを
"個体"といいます

でも，ここで問題があります．それは，…

- 個体とクラスタの距離
- クラスタとクラスタの距離

をどのようにして測るかということです．

個体と個体の場合はカンタンなのですが……

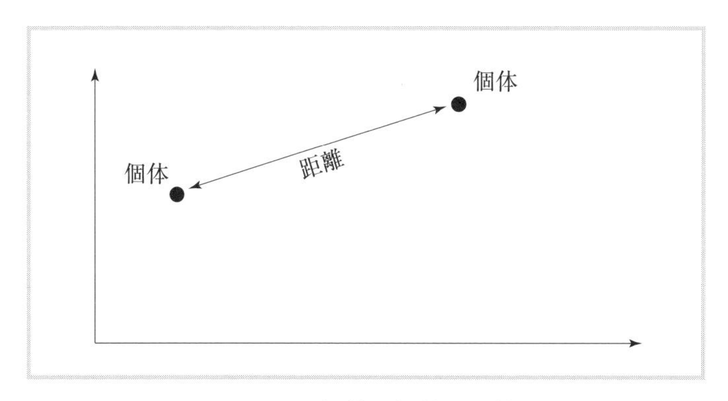

図 6.2.1　個体と個体の距離

でも，個体とクラスタの場合は，どこを測ればいいのでしょうか？

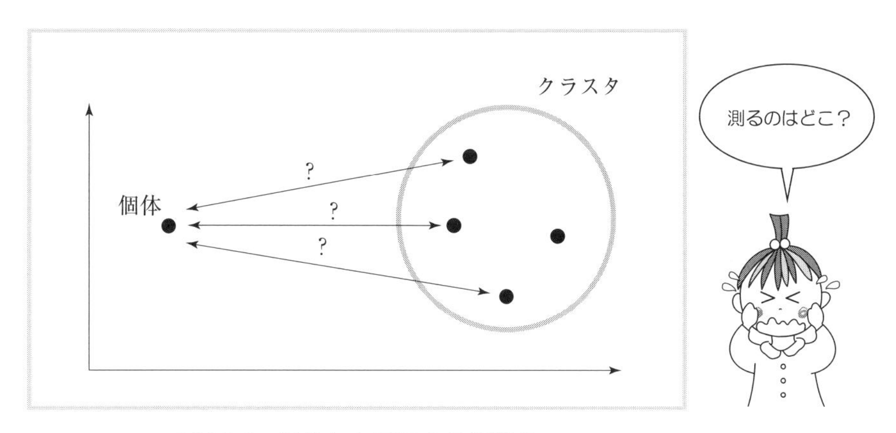

図 6.2.2　個体とクラスタの距離？

クラスタとクラスタの場合には，もっと大変です！

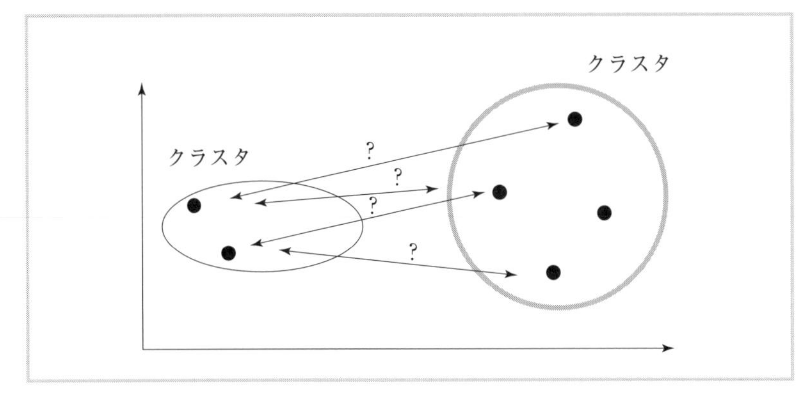

図 6.2.3　クラスタとクラスタの距離??

そこで，クラスタとクラスタとの間を測る方法として

1. グループ間平均連結法
2. 最近隣法
3. 最遠隣法
4. 重心法
5. メディアン法
6. Ward 法

などが考えられています．

1.　グループ間平均連結法（群平均法）

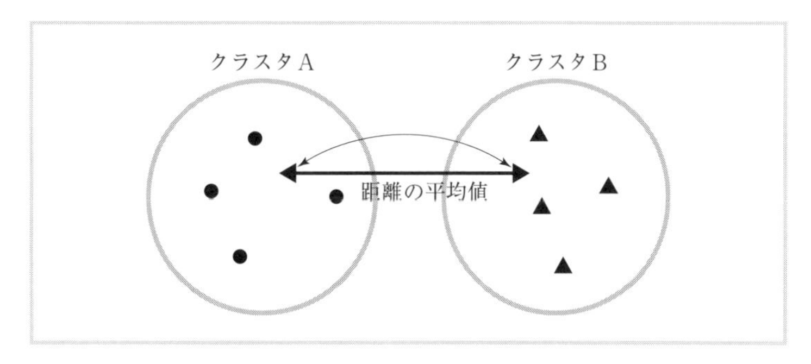

図 6.2.4　グループ間平均連結法

2.　最近隣法（最短距離法）

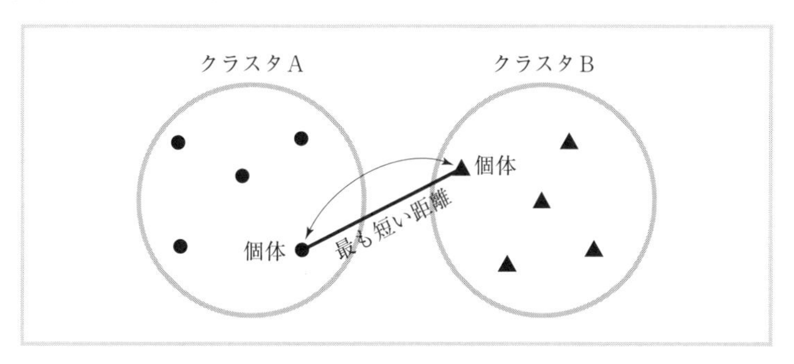

図 6.2.5　最近隣法

3.　最遠隣法（最長距離法）

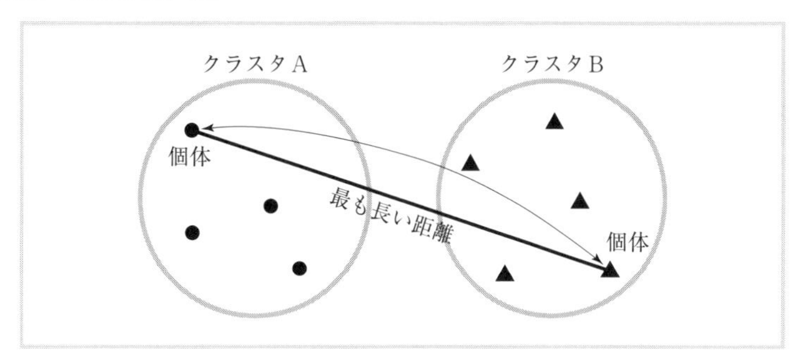

図 6.2.6　最遠隣法

4.　重心法

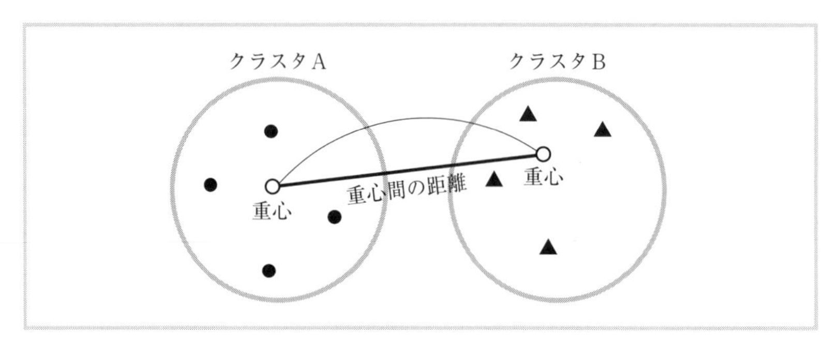

図 6.2.7　重心法

5.　メディアン法

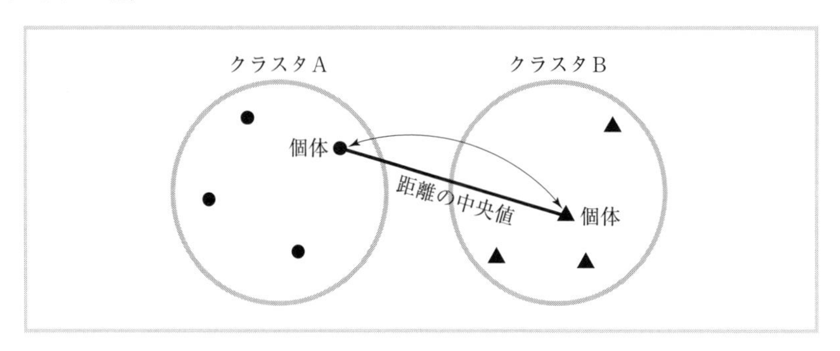

図 6.2.8　メディアン法

6.　Ward 法

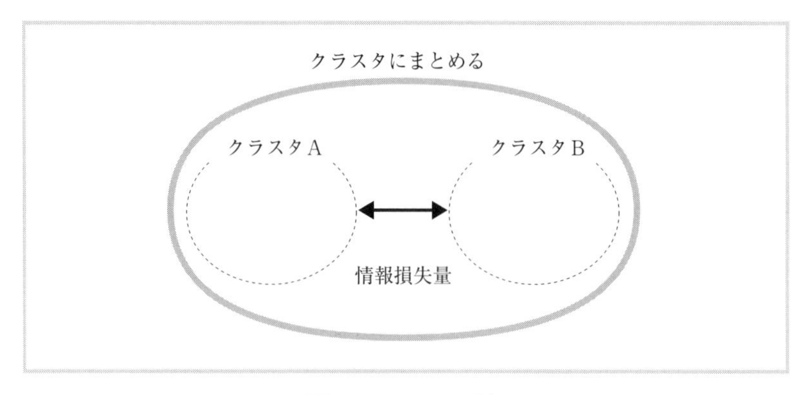

図 6.2.9　Ward 法

このようにしてクラスター分析が進められますが，最終的には
次の**デンドログラム**の形にまとめられます．

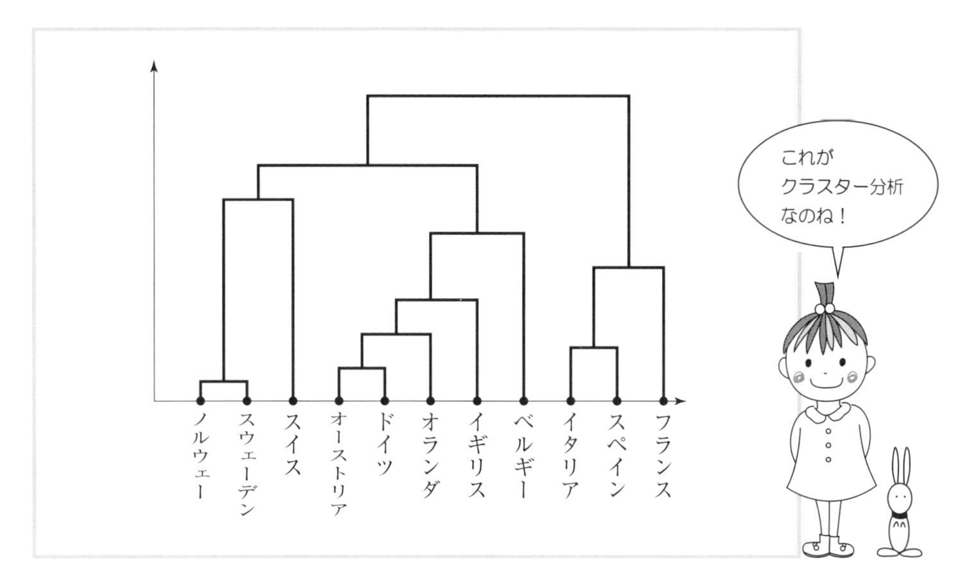

図 6.2.10　デンドログラム

このデンドログラムを見ると，クラスタが次々に構成されている様子が
手にとるようにわかりますね！

1 番目のクラスタ……ノルウェーとスウェーデン

2 番目のクラスタ……オーストリアとドイツ

3 番目のクラスタ……イタリアとスペイン

⋮

最後のクラスタは？

クラスタが構成されるたびに，クラスタの個数は減ってゆきますから，
最後は，全体で 1 個のクラスタになってしまいます．

■デンドログラムの描き方

SPSSでは，次のようにデンドログラムを描きます．

手順 1 分析(A) のメニューの中から， 分類(F) を選択します．

続いて，サブメニューから， 階層クラスタ(H) を選択します．

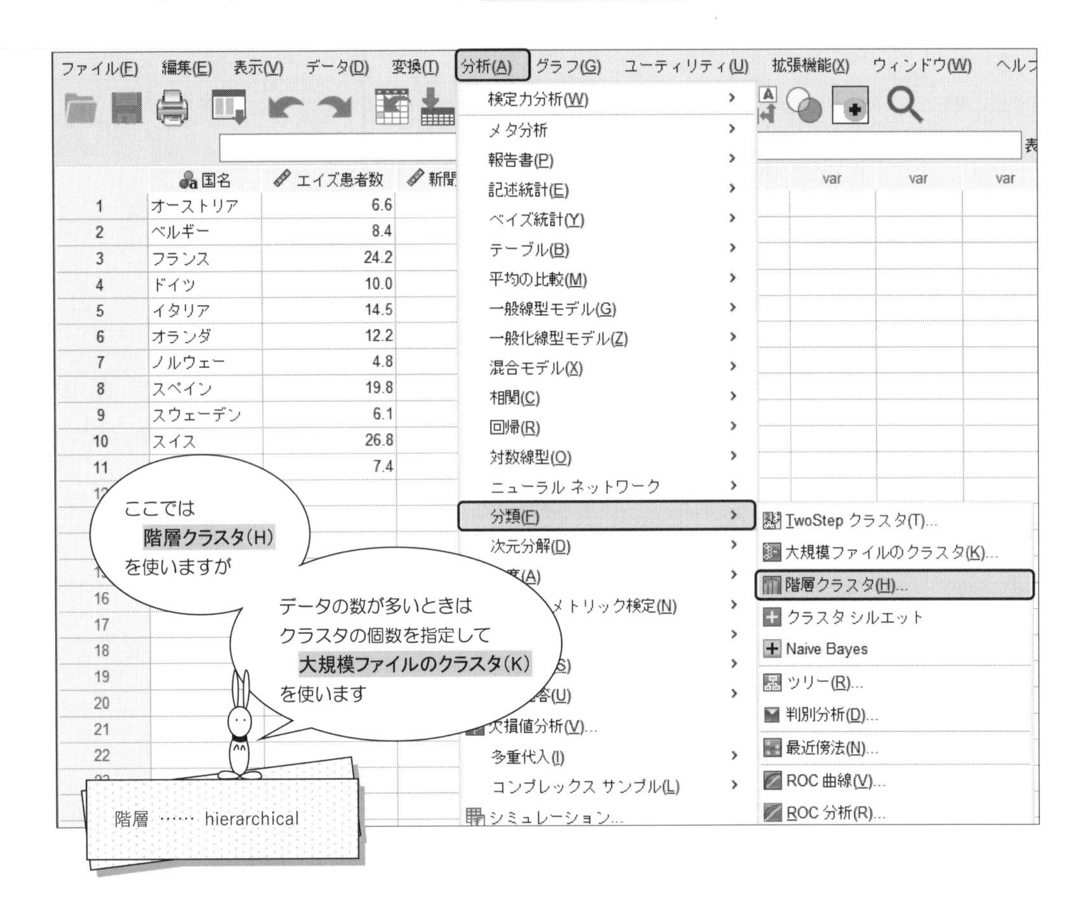

ここでは
階層クラスタ(H)
を使いますが
データの数が多いときは
クラスタの個数を指定して
大規模ファイルのクラスタ(K)
を使います
階層 …… hierarchical

手順 2 次の階層クラスタ分析の画面になったら，

変数(V) のワクにエイズ患者数と新聞発行部数を，

ケースのラベル(C) のワクに国名を移動し，

画面右の 作図(T) をクリック．

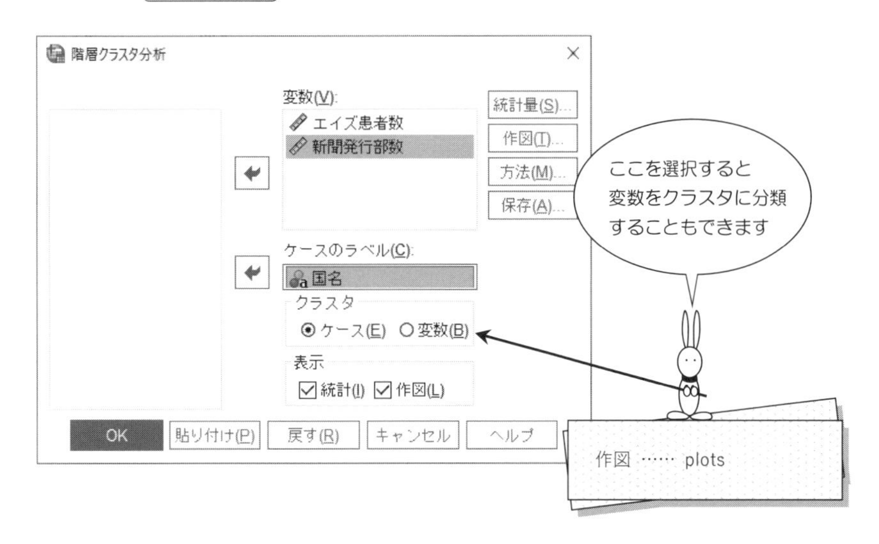

手順 3 次の 樹形図 をクリックして， 続行 ．

手順4 手順2の画面に戻ったら，方法(M) をクリック．

クラスタ化の方法 の中から，Ward法を選択しましょう．

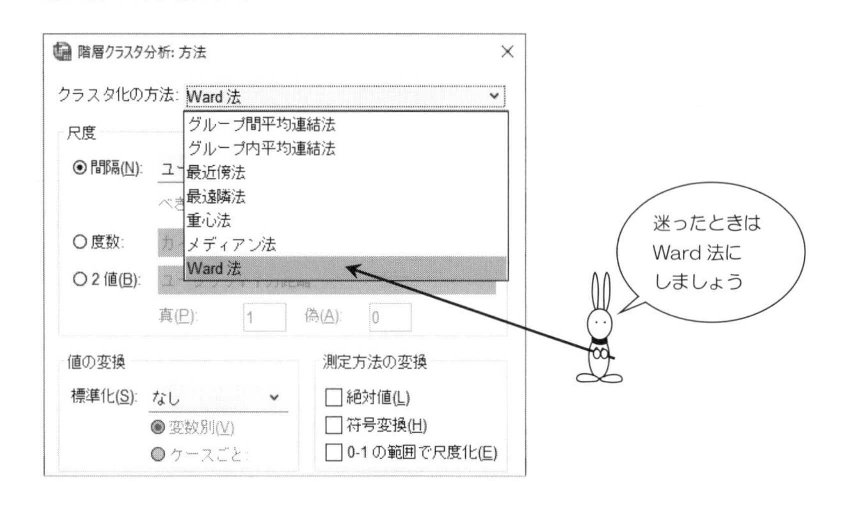

手順5 続いて，尺度 の中から，ユークリッド平方距離を選択して，続行 ．

手順2の画面に戻ったら，あとは OK ボタンをマウスでカチッ！

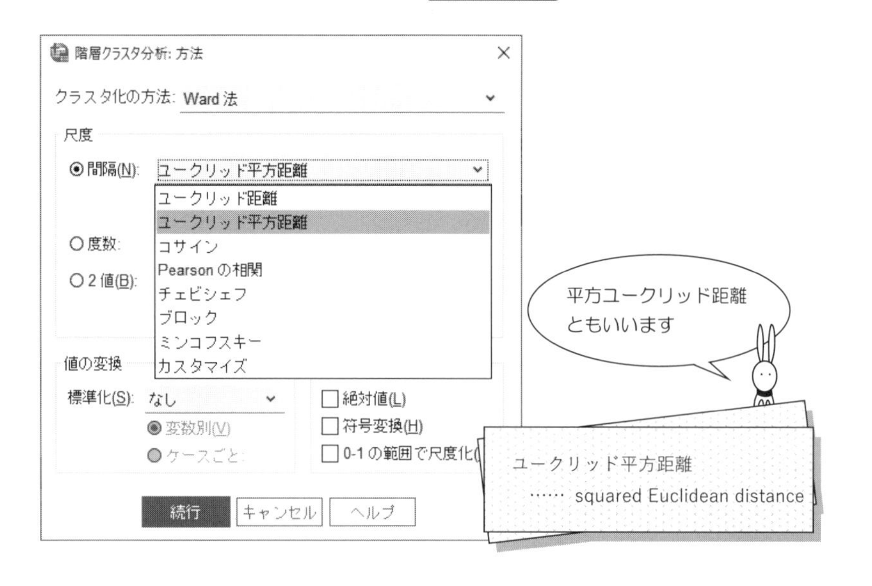

【SPSS による出力】

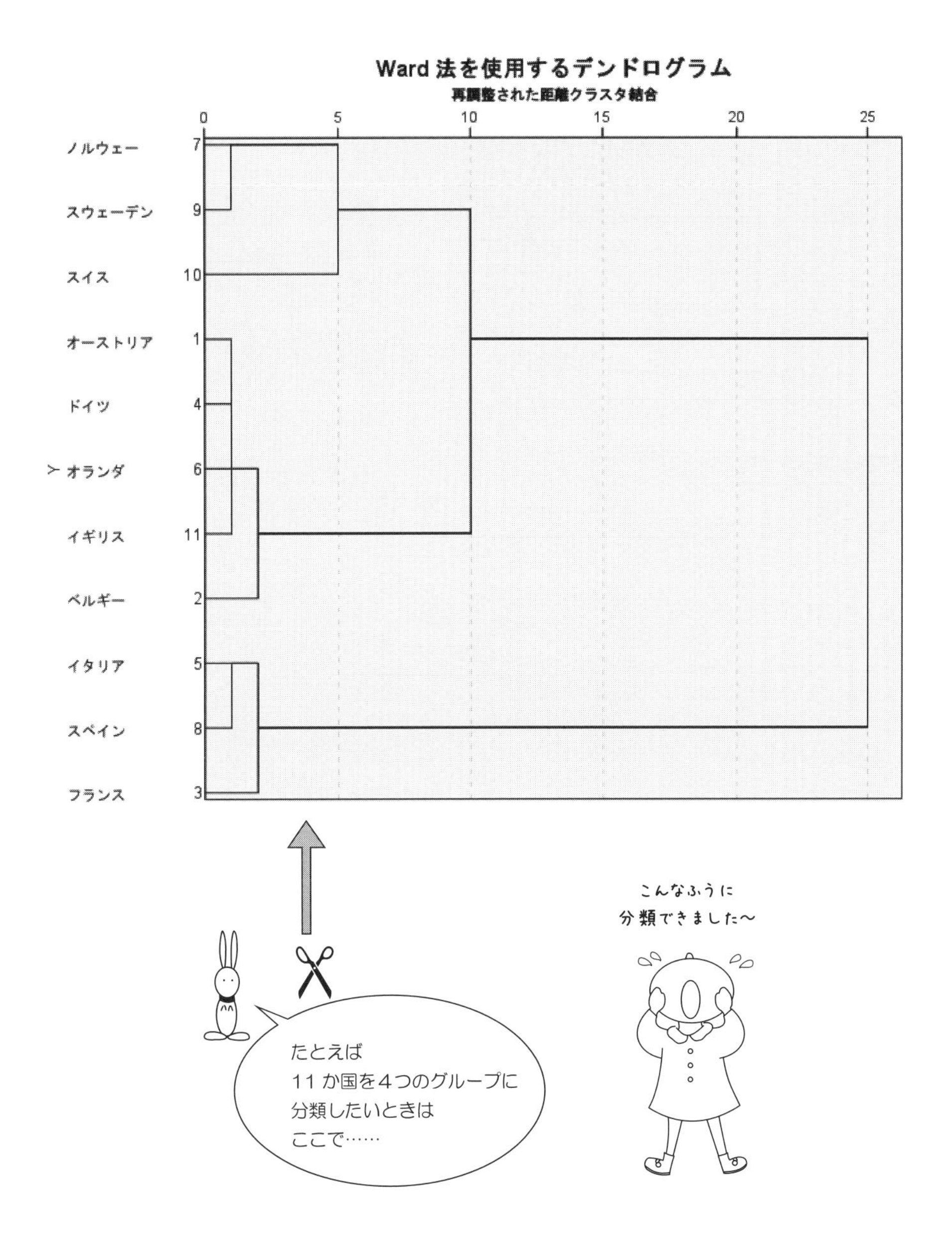
Ward 法を使用するデンドログラム
再調整された距離クラスタ結合
0
5
10
15
20
25
ノルウェー 7
スウェーデン 9
スイス 10
オーストリア 1
ドイツ 4
オランダ 6
イギリス 11
ベルギー 2
イタリア 5
スペイン 8
フランス 3
こんなふうに
分類できました〜
たとえば
11 か国を４つのグループに
分類したいときは
ここで……

ところで，クラスタの構成の順番を散布図で表現すると，次のようになります．

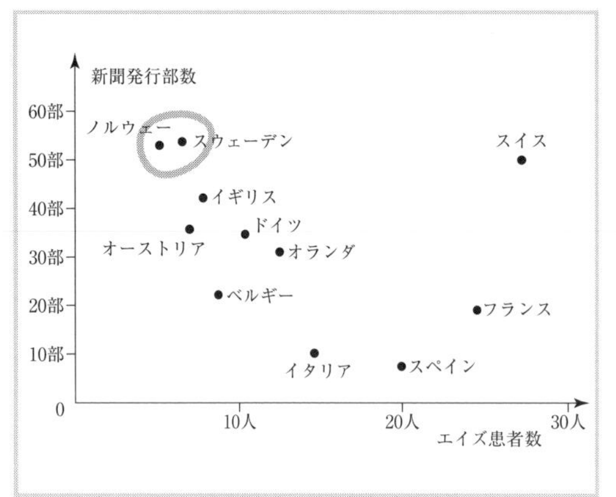

図 6.2.11　1 番目

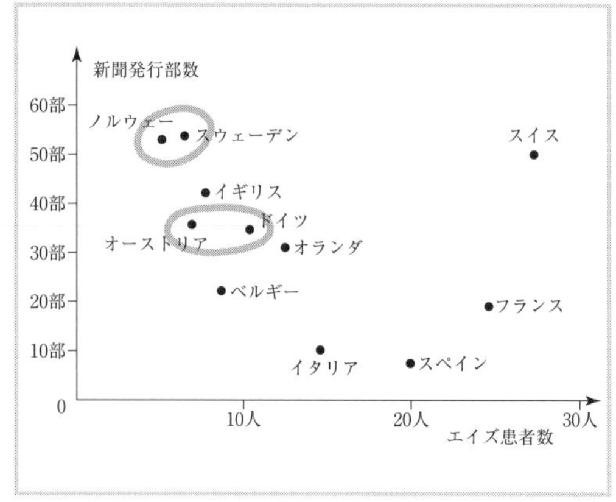

図 6.2.12　2 番目

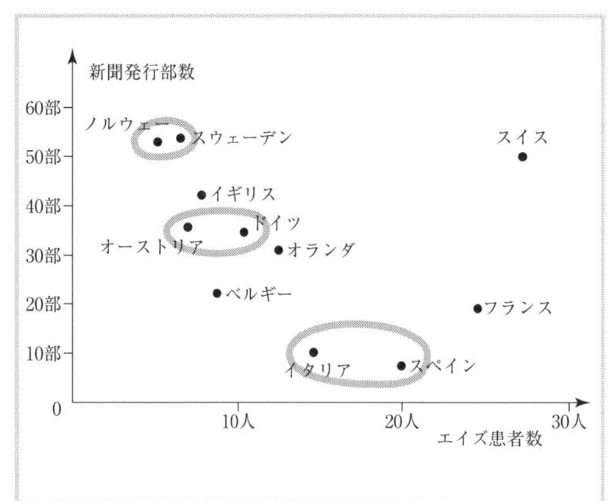

図 6.2.13　3 番目

図 6.2.14　4 番目

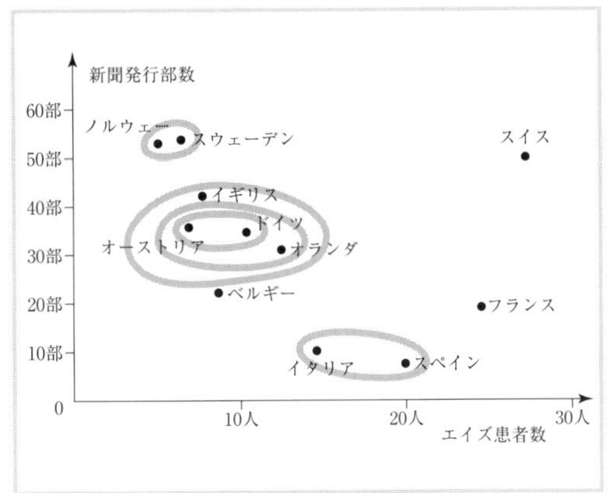

図 6.2.15　5 番目

図 6.2.16　6 番目

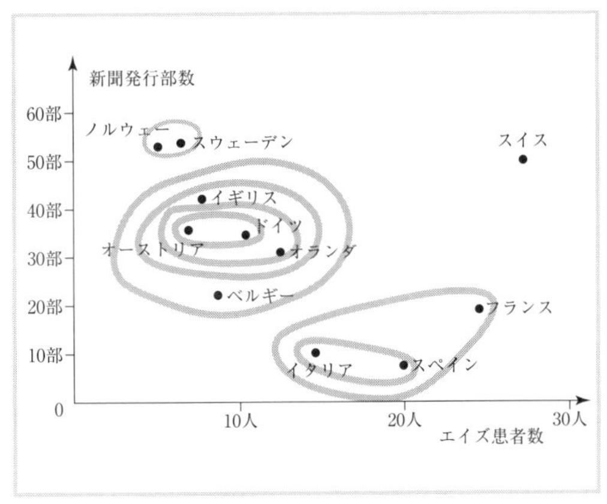

図 6.2.17　7 番目

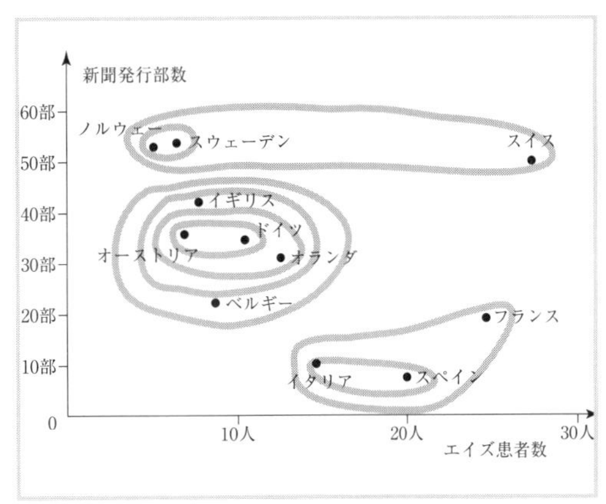

図 6.2.18　8 番目

Section 6.3　判別分析とクラスター分析の違いはどこ？

判別分析もクラスター分析も，データを分類するための統計手法です．

では，どこに違いがあるのでしょうか？

それは**データの型**を見ればすぐにわかります．☞ p. xiv

判別分析のデータの型

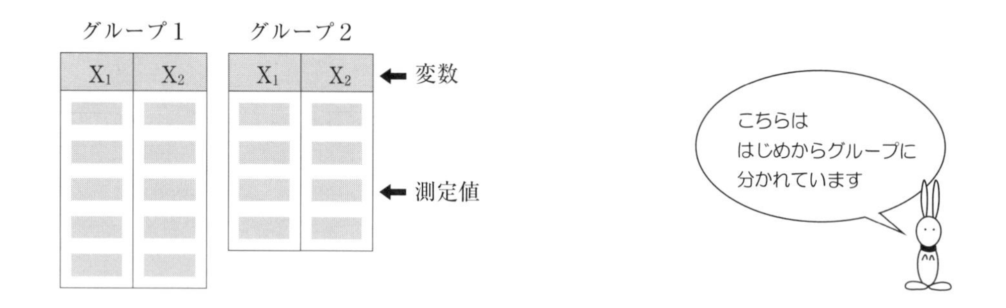

クラスター分析のデータの型

つまり，判別分析のデータは，はじめからグループ分けされています．そして，そのグループの間に境界線を入れるのが判別分析なのです．

それに対し，クラスター分析のデータはグループに分かれていません．そこで，手探りでグループに分類しようとしているわけですね！

演習 6

問題

次の表は，12 種のインスタントラーメンについて，その成分含有量を調査したものです．

表 6.1　インスタントラーメンの成分

No.	ラーメン	蛋白質	脂質	ナトリウム
1	とんこつ	13.4	24.1	3.4
2	鶏だし	9.8	28.3	2.6
3	塩	14.5	3.0	2.3
4	こく塩	10.0	10.6	2.6
5	魚だし	10.6	19.6	1.8
6	みそ	8.2	12.2	2.1
7	みそバター	9.9	16.1	1.9
8	トマト	8.2	14.6	1.6
9	しょうゆ	7.7	4.5	1.9
10	レッドカレー	9.1	19.1	1.6
11	シーフード	9.2	16.3	1.8
12	カレー	8.8	20.8	1.7

【6.1】 平方ユークリッド距離と最近隣法を利用して，デンドログラムをつくってください．

【6.2】 ユークリッド距離と最近隣法を利用して，デンドログラムをつくってください．

【6.3】 ユークリッド距離と最遠隣法を利用して，デンドログラムをつくってください．

【6.4】 相関係数（Pearson の相関係数）と最遠隣法を利用して，デンドログラムをつくってください．

7章 多次元尺度法って，なに？

Section 7.1 見て理解する多次元尺度法

次のようなデータがあります．

表 7.1.1　キャラクターの性格

名前	強さ	明るさ
アトム	2	2
カムイ	1	−2
オバQ	−2	2
のび太	−1	−1
原　点	0	0

原点なんて名前の
キャラクターいたっけ？

このデータを利用して，**多次元尺度法**を考えてみましょう．

はじめに，このデータの

“散布図”

を描いてみましょう！

多次元尺度法
…… multi-dimensional scaling
グラフ表現は
統計処理の第一歩！

■散布図を描いてみよう

手順 1　グラフ(G) のメニューから，

レガシーダイアログ(L) ⇨ 散布図/ドット(S) を選択します．

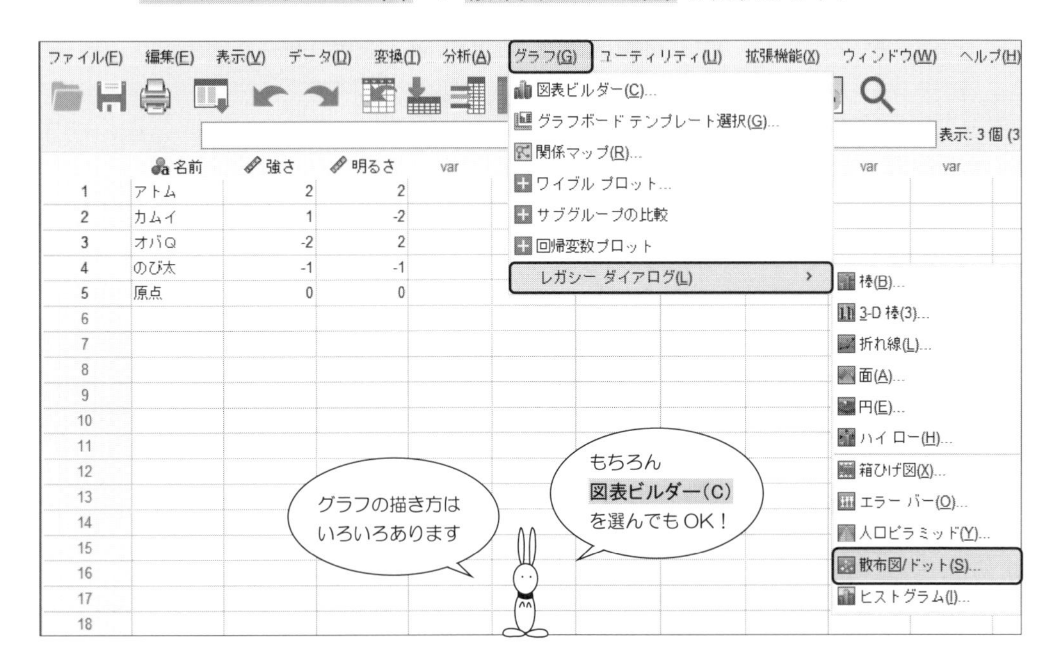

手順 2　次の画面になったら 単純な散布 を選択して， 定義 をクリック．

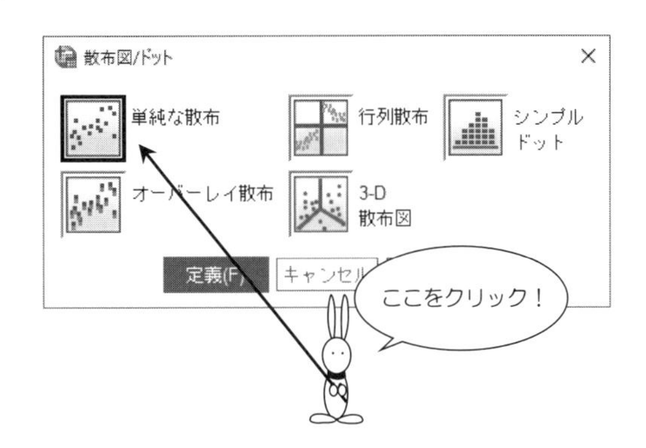

手順 3　次のように，明るさをＹ軸，強さをＸ軸に移動したら，

オプション(O) をクリック．

手順 4　図表にケースラベルを表示(S) をクリックして 続行 ．

手順３の画面に戻ったら，あとは OK を！

【SPSS による出力】

次のような散布図になりましたか？

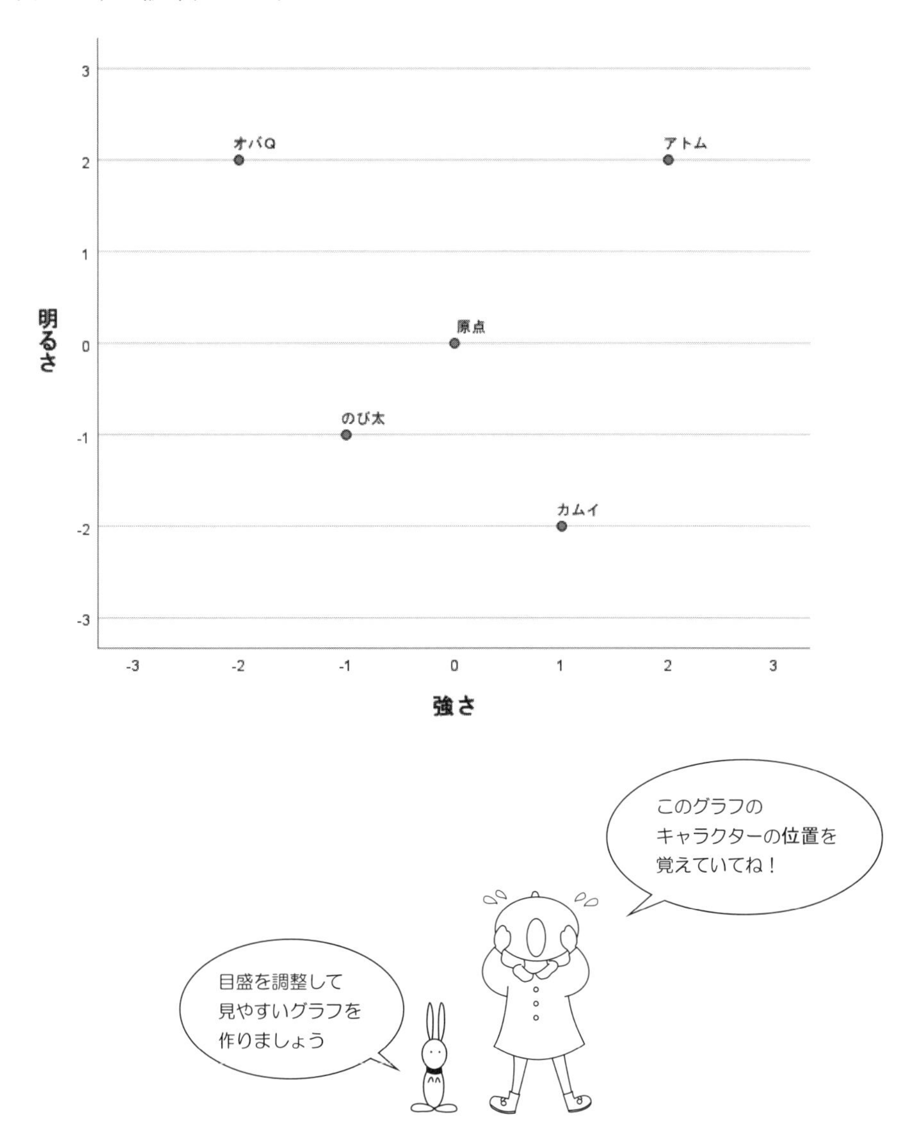

次に，散布図の５つの点の**距離**を計算してみましょう．

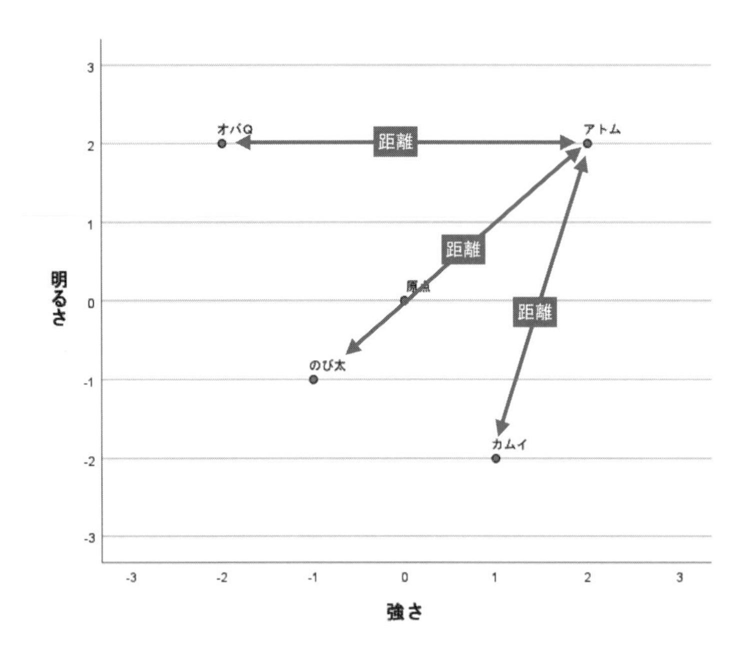

たとえば，アトムと他のキャラクターとの距離は

アトム と カムイ $= \sqrt{(2-1)^2 + (2-(-2))^2} = 4.123$

アトム と オバQ $= \sqrt{(2-(-2))^2 + (2-2)^2} = 4.000$

アトム と のび太 $= \sqrt{(2-(-1))^2 + (2-(-1))^2} = 4.243$

アトム と 原点 $= \sqrt{(2-0)^2 + (2-0)^2} = 2.828$

となります．

5つのデータのすべての組み合わせに対して**距離**を測ると，
次のような表ができあがります．

表 7.1.2　すべての組合せの距離

	アトム	カムイ	オバQ	のび太	原　点
アトム	0				
カムイ	4.123	0			
オバQ	4.000	5.000	0		
のび太	4.243	2.236	3.162	0	
原　点	2.828	2.236	2.828	1.414	0

この距離をグラフの上に記入してみると……

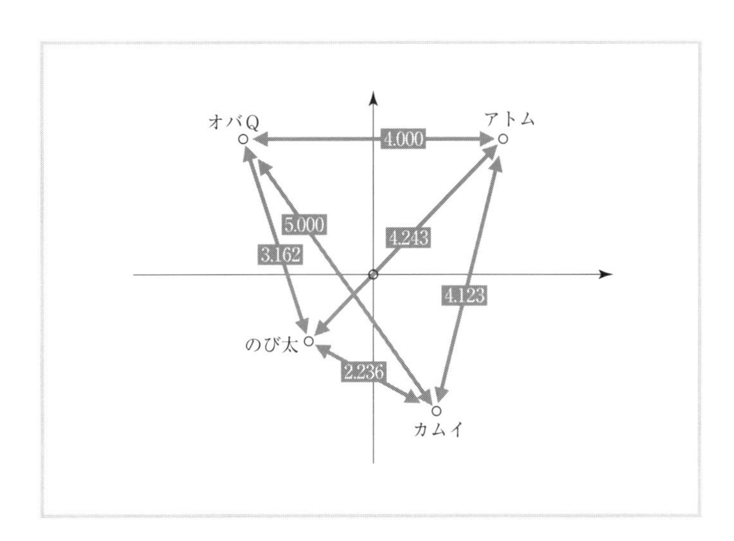

図 7.1.1　4人のキャラクターの距離と位置関係

では，多次元尺度法とはデータ間の距離を測る手法のことなのでしょうか？

■これが多次元尺度法です

データの散布図を描いて，

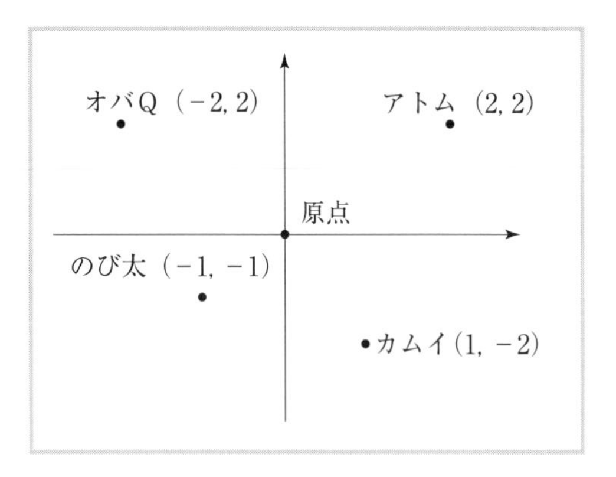

図 7.1.2　散布図

データ間の距離を測ってみると……

表 7.1.3　データ間の距離

	アトム	カムイ	オバQ	のび太	原　点
アトム	0				
カムイ	4.123	0			
オバQ	4.000	5.000	0		
のび太	4.243	2.236	3.162	0	
原　点	2.828	2.236	2.828	1.414	0

となります．

実は，多次元尺度法とは，これとは逆の手順のことなのです．

つまり……

次のように，**データ間の類似度**の情報が与えられると……

表 7.1.4　データ間の類似度の情報

	アトム	カムイ	オバQ	のび太	原　点
アトム	0				
カムイ	4.123	0			
オバQ	4.000	5.000	0		
のび太	4.243	2.236	3.162	0	
原　点	2.828	2.236	2.828	1.414	0

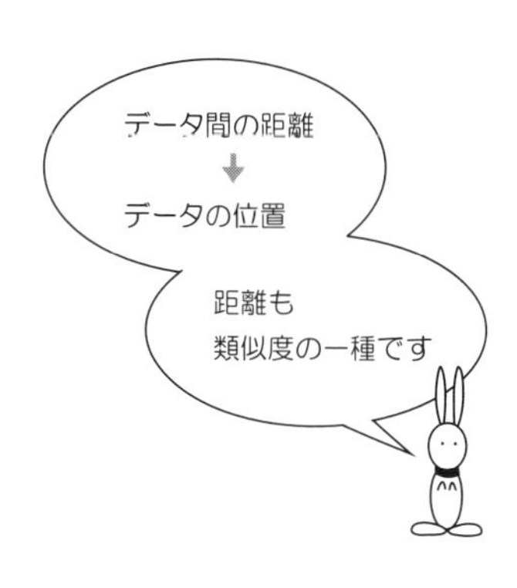

多次元尺度法によって，

データの位置をグラフ上に再現してみせる

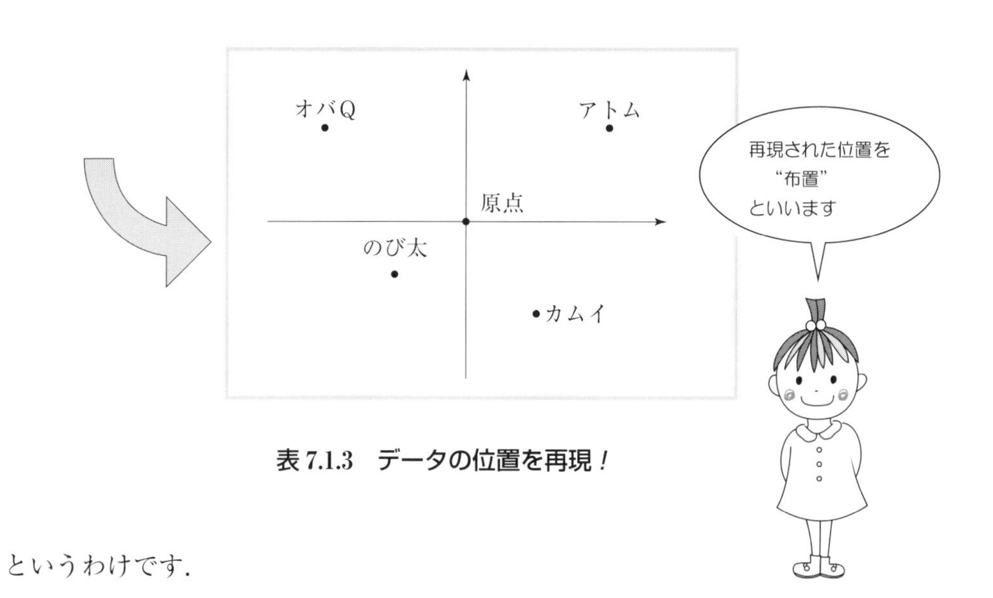

表 7.1.3　データの位置を再現！

というわけです.

Section 7.2 多次元尺度法を実感してみよう

データビューには，次のようにデータ間の情報（距離）を入力します．

	アトム	カムイ	オバQ	のび太	原点	var	var	var
1	.000	.	.	.	.			
2	4.123	.000	.	.	.			
3	4.000	5.000	.000	.	.			
4	4.243	2.236	3.162	.000	.			
5	2.828	2.236	2.828	1.414	.000			
6								
7								
8								
9								

下三角行列

手順 1　分析(A) ⇨ 尺度(A) ⇨ 多次元尺度法(ALSCAL)(M) を選択．

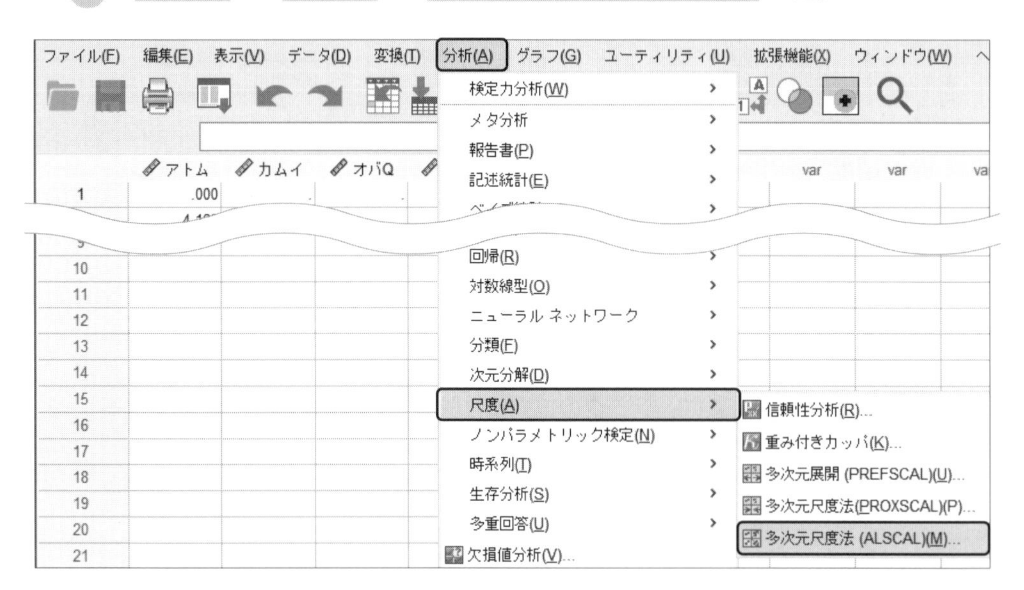

手順 2　変数(V) のワクの中に，アトム，カムイ，オバＱ，のび太，原点の順に移動してください．

そして，モデル をクリック．

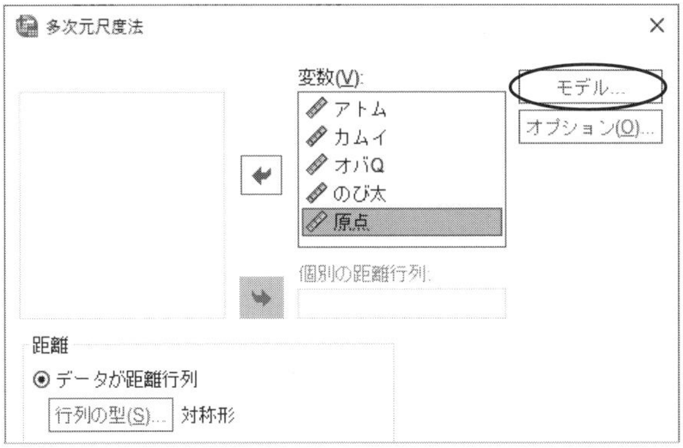

手順 3　尺度レベル のところの 比データ をクリックしておきましょう．

そして，続行 をクリックして手順２の画面に戻ったら，

画面右上の オプション(O) をクリックします．

尺度 …… scale

順序 …… ordinal
間隔 …… interval
比 …… ratio

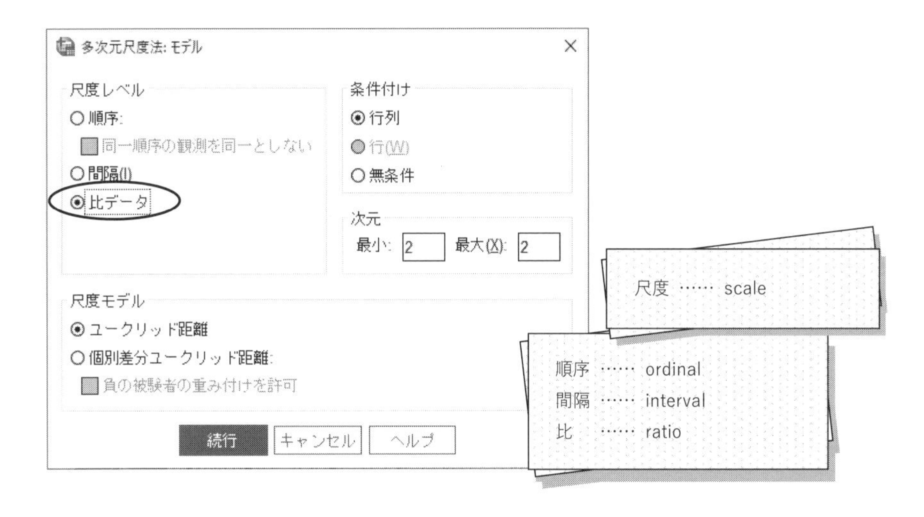

手順 4　表示 のところの グループプロット をクリック．

続行 をクリック．

手順 5　次の画面に戻ったら，

あとは OK ボタンをマウスでカチッ！

ところで

尺度(A)
ノンパラメトリック検定(N)
時系列(I)
生存分析(S)
多重回答(U)

信頼性分析(R)...
重み付きカッパ(K)...
多次元展開 (PREFSCAL)(U)...
多次元尺度法(PROXSCAL)(P)...
多次元尺度法 (ALSCAL)(M)...

多次元尺度法(PROXSCAL)(P) を選択すると
次のような出力になります.

最終座標

	次元 1	次元 2
アトム	.328	.732
カムイ	-.715	.065
オバQ	.680	-.418
のび太	-.242	-.378
原点	-.052	-.001

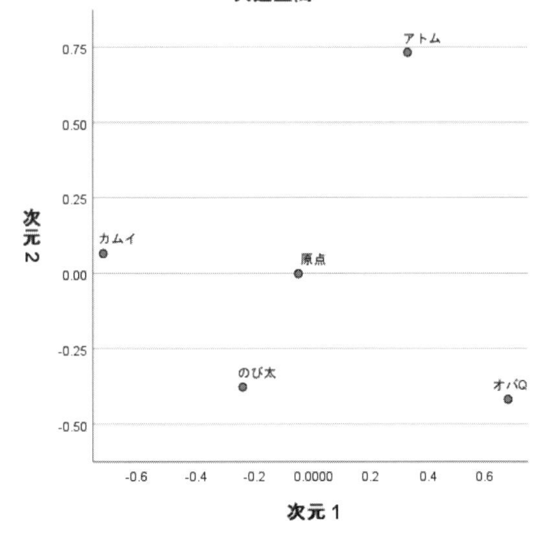

【SPSS による出力】

Configuration derived in 2 dimensions
Stimulus Coordinates
Dimension

Stimulus Number	Stimulus Name	1	2
1	アト	.7310	1.6251
2	カム	-1.5896	.1862
3	オバQ	1.5393	-.8976
4	のび	-.5547	-.8734
5	原点	-.1260	-.0403

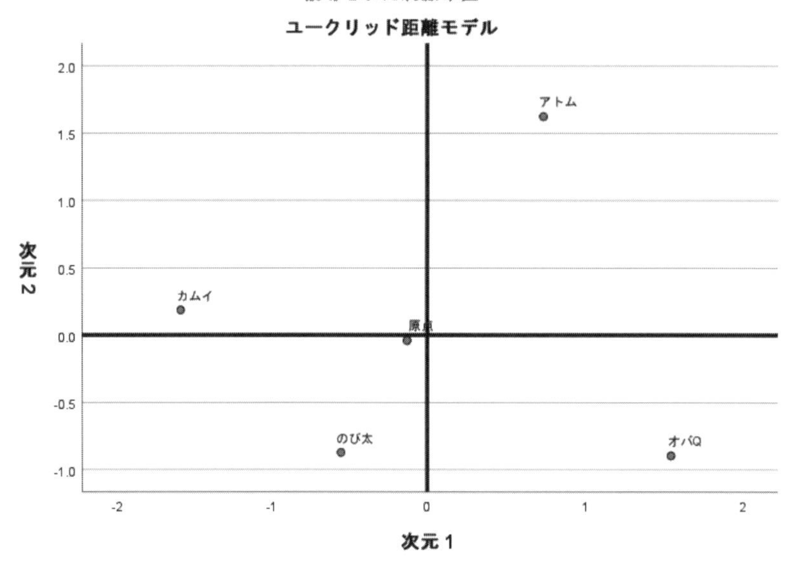

【出力結果の読み取り方】

5つのデータの位置と散布図を求めています.

たとえば，……

アトム をプロットすると，次のようになります.

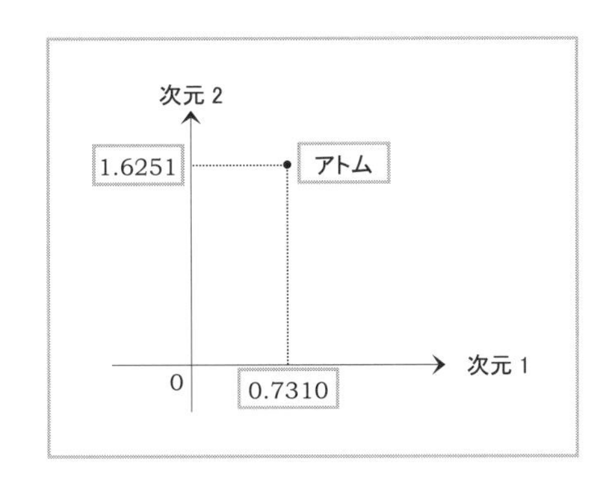

このグラフを
どこかで見たことが
ありませんか？
横軸と縦軸を入れかえると
p.223 のグラフと
ほとんど同じになります

この図は p.223 の散布図によく似ていると思いませんか？

オバQとカムイの位置が逆転していますが，

p.223 の散布図をほぼ再現していますね！

というわけで，

“データ間の類似度の情報から，

データの位置関係を再現してみせる”

のが多次元尺度法です.

演　習

7

問題 7.1　次のデータは6つの都市をとりあげ，各都市間の距離を調査したものです．

表7.1　6つの都市の距離

	東京	新横浜	小田原	熱海	三島	新富士
東京	0					
新横浜	480	0				
小田原	1450	950	0			
熱海	1890	1280	400	0		
三島	2210	1620	650	320	0	
新富士	2520	1890	1110	740	480	0

【7.1】　多次元尺度法をおこない，グループプロット（散布図）を求めてください．

問題 7.2

次のデータは，3次元空間内の8つの点

点A，点B，点C，点D，点E，点F，点G，点H

における距離を調べたものです．

表 7.2　8つの点の距離

	A	B	C	D	E	F	G	H
A	0							
B	1	0						
C	1.414	1	0					
D	1	1.414	1	0				
E	1	1.414	1.732	1.414	0			
F	1.414	1	1.414	1.732	1	0		
G	1.732	1.414	1	1.414	1.414	1	0	
H	1.414	1.731	1.414	1	1	1.414	1	0

【7.2】 多次元尺度法をおこない，8つの点の位置関係を構成してください．

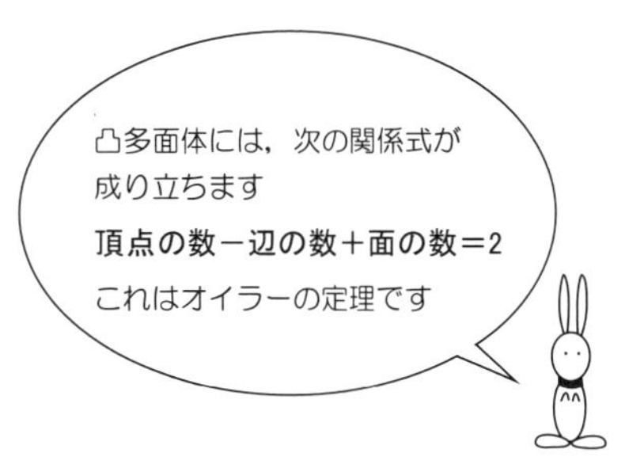

凸多面体には，次の関係式が
成り立ちます
頂点の数－辺の数＋面の数＝2
これはオイラーの定理です

8章 ロジスティック回帰分析で予測と判別を！

Section 8.1 見て理解するロジスティック回帰分析

ロジスティック回帰分析とは，次の式

$$\log_e \frac{y}{1-y} = b_1 \times x_1 + b_2 \times x_2 + \cdots + b_p \times x_p + b_0$$

を利用した統計手法のことです．

この式を

ロジスティック回帰式

といいます．

ロジスティック回帰分析
…… logistic regression analysis

■ロジスティック変換

次の変換を**ロジスティック変換**といいます．

$$y \longrightarrow \log_e \frac{y}{1-y}$$

このロジスティック変換を
グラフで表現すると，
次のページのようになります．

重回帰式

$$y = b_1 \times x_1 + b_2 \times x_2 + \cdots b_p \times x_p + b_0$$

の左辺 y を
次のように置き換えています

$$y \rightarrow \boxed{log_e \frac{y}{1-y}}$$

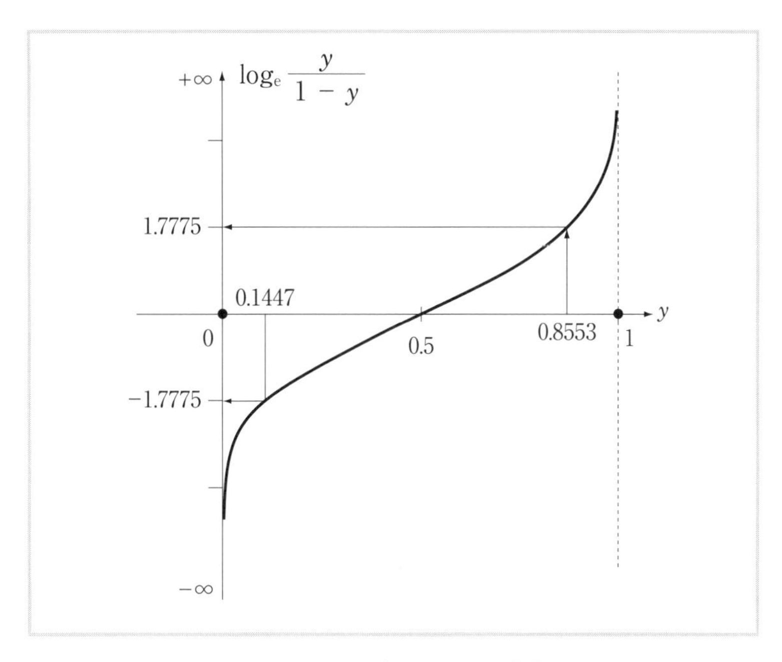

図 8.1.1　ロジスティック変換

したがって，この曲線の範囲は

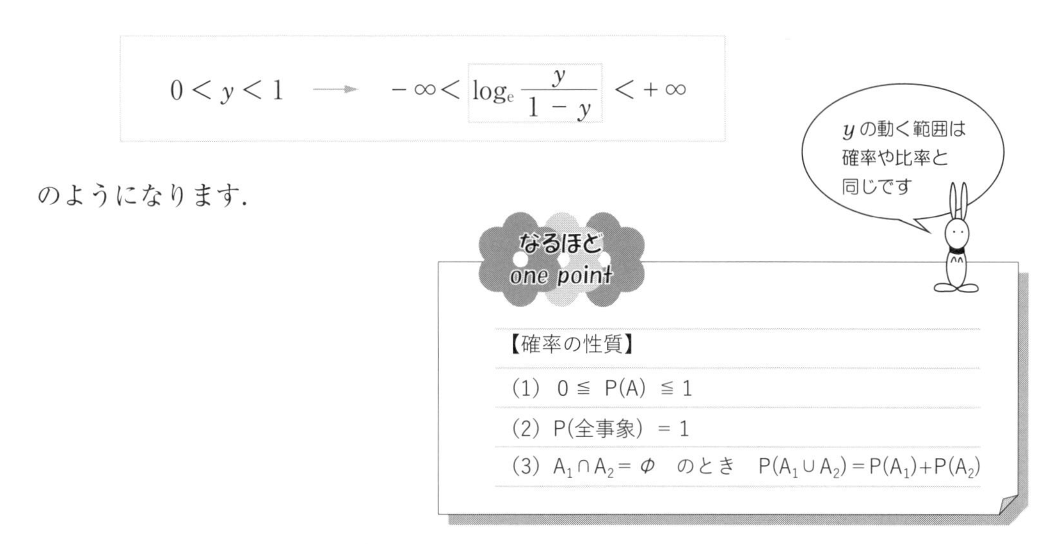

$$0 < y < 1 \longrightarrow -\infty < \boxed{\log_e \frac{y}{1-y}} < +\infty$$

のようになります．

yの動く範囲は
確率や比率と
同じです
なるほど
one point
【確率の性質】
(1)　0 ≦ P(A) ≦ 1
(2)　P(全事象) = 1
(3)　$A_1 \cap A_2 = \phi$　のとき　$P(A_1 \cup A_2) = P(A_1) + P(A_2)$

■これがロジスティック回帰分析です

その1：予測確率を求める

ロジスティック回帰式

$$\log_e \frac{y}{1-y} = b_1 \times x_1 + b_2 \times x_2 + \cdots + b_p \times x_p + b_0$$

の共変量 x_1，x_2，…，x_p のところに数値を代入すると

$$0 < y < 1$$

となるので，

“予測確率 y を求めたい”

ときには，ロジスティック回帰分析が有効です．

その2：判別分析として利用する

次のように予測確率を利用します．

- 予測確率が　0＜予測値＜0.5　のとき
……グループ1に属する

- 予測確率が　0.5＜予測値＜1　のとき
……グループ2に属する

のように分類すれば，ロジスティック回帰分析を

判別分析

としても利用できます．

Section 8.2　ロジスティック回帰式を求めよう

次のデータは5章で使用したデータです．

前立腺ガンのグループ

No.	被験者	マーカーA	マーカーB
1	11	3.4	2.9
2	12	3.9	2.4
3	13	2.2	3.8
4	14	3.5	4.8
5	15	4.1	3.2
6	16	3.7	4.1
7	17	2.8	4.2

前立腺肥大症のグループ

No.	被験者	マーカーA	マーカーB
1	21	1.4	3.5
2	22	2.4	2.6
3	23	2.8	2.3
4	24	1.7	2.6
5	25	2.3	1.6
6	26	1.9	2.1
7	27	2.7	3.5
8	28	1.3	1.9

■ロジスティック回帰式の求め方

手順 1　次のようにデータを入力します．

	グループ	被験者	マーカーA	マーカーB	var	var	var	var
1	1	11	3.4	2.9				
2	1	12	3.9	2.4				
3	1	13	2.2	3.8				
4	1	14	3.5	4.8				
5	1	15	4.1	3.2				
6	1	16	3.7	4.1				
7	1	17	2.8	4.2				
8	0	21	1.4	3.5				
	0	22	2.4	2.6				
	0	23	2.8	2.3				
	0	24	1.7	2.6				
12	0	25	2.3	1.6				
13	0	26	1.9	2.1				
14	0	27	2.7	3.5				
15	0	28	1.3	1.9				
16								

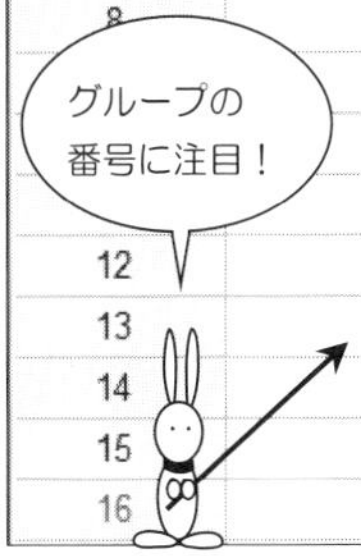

前立腺ガンのグループ（1～7行）

前立腺肥大症のグループ（8～15行）

グループの番号に注目！

手順 2　分析(A) のメニューの中から，回帰(R) を選択し，

サブメニューの中から，二項ロジスティック(G) を選択します．

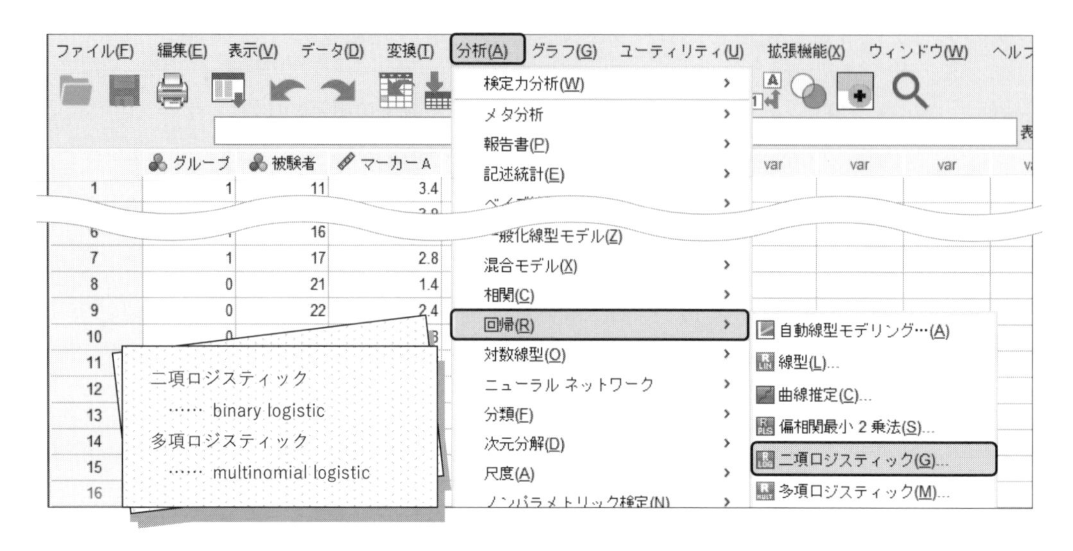

手順 3　ロジスティック回帰の画面になったら，

次のように，グループを従属変数(D) のワクに移動します．

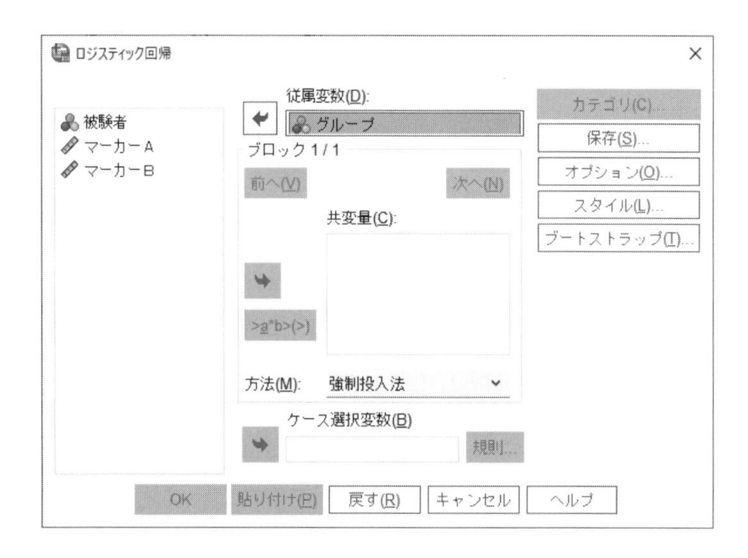

手順 4　マーカーA とマーカーB を 共変量(C) のワクに移動します．

保存(S) をクリックすると……

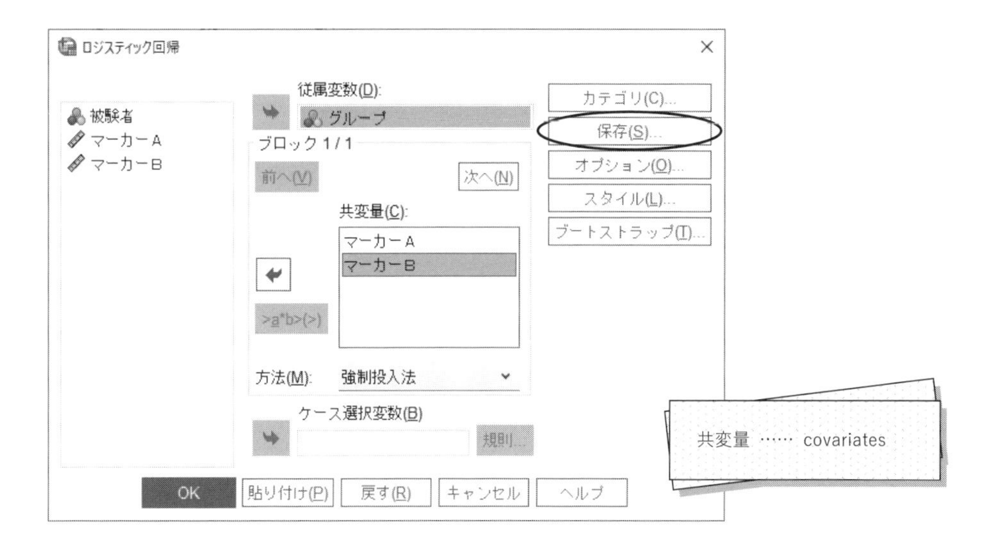

手順 5　次のようにチェックして， 続行 ．

手順 4 の画面に戻ったら， OK ボタンをマウスでカチッ！

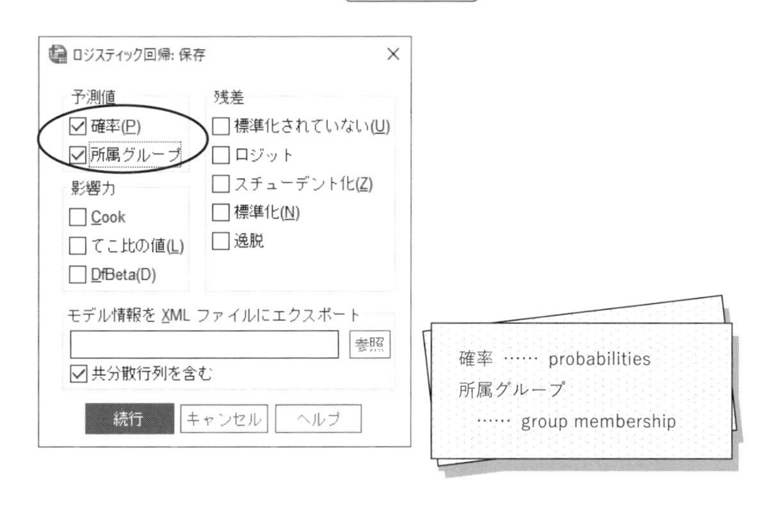

【SPSS による出力】

ロジスティック回帰

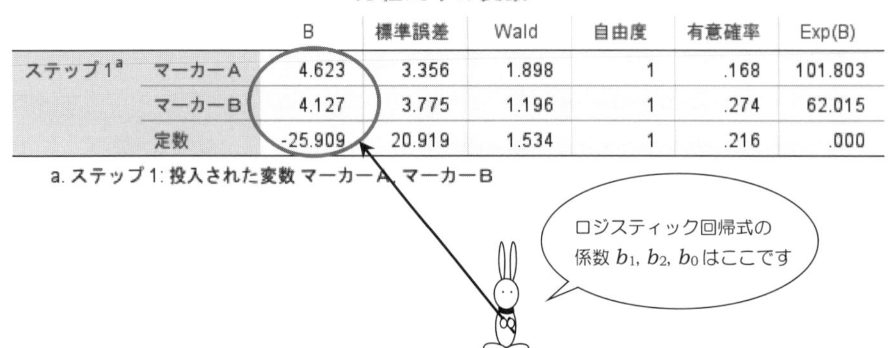

方程式中の変数

		B	標準誤差	Wald	自由度	有意確率	Exp(B)
ステップ 1[a]	マーカーA	4.623	3.356	1.898	1	.168	101.803
	マーカーB	4.127	3.775	1.196	1	.274	62.015
	定数	-25.909	20.919	1.534	1	.216	.000

a. ステップ 1: 投入された変数 マーカーA, マーカーB

ロジスティック回帰式の
係数 b_1, b_2, b_0 はここです

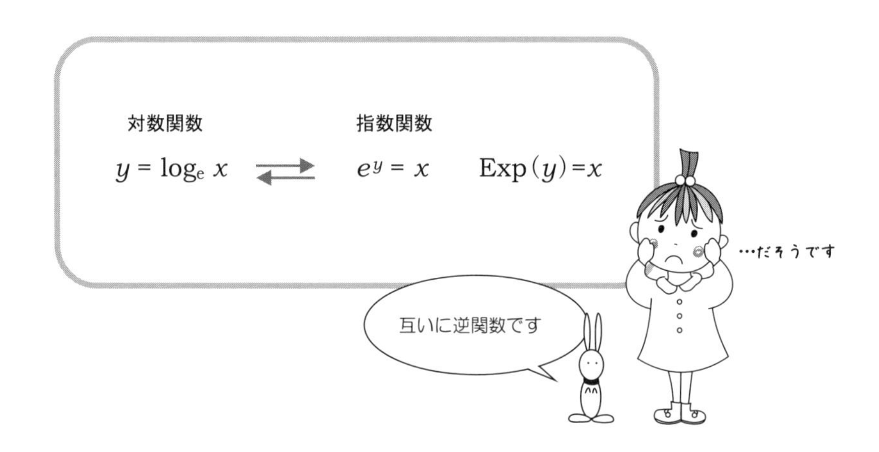
対数関数
指数関数
$y = \log_e x$
$e^y = x$
$\mathrm{Exp}(y) = x$
…だそうです
互いに逆関数です

【出力結果の読み取り方】

ロジスティック回帰式は

$$\log_e \frac{y}{1-y} = 4.623 \times x_1 + 4.127 \times x_2 - 25.909$$

となります.

この式を使うと，予測確率を計算することができます.

たとえば，No.1 の場合

$$x_1 = 3.4, \quad x_2 = 2.9$$

を代入すると

$$\log_e \frac{y}{1-y} = 4.623 \times 3.4 + 4.127 \times 2.9 - 25.909$$
$$= 1.7775$$

$$\frac{y}{1-y} = e^{1.7775}$$
$$= 5.91505$$

$$y = (1-y) \times 5.91505$$
$$(1 + 5.91505) \times y = 5.91505$$

$$予測確率\ y = \frac{5.91505}{1 + 5.91505}$$
$$= 0.8553$$

次のページの出力結果
0.85552
と少しズレていますが
有効数字を増やすと
一致します

【SPSS による出力】

	グループ	被験者	マーカーA	マーカーB	PRE_1	PGR_1	var
1	1	11	3.4	2.9	.85552	1	
2	1	12	3.9	2.4	.88354	1	
3	1	13	2.2	3.8	.48640	0	
4	1	14	3.5	4.8	.99996	1	
5	1	15	4.1	3.2	.99808	1	
6	1	16	3.7	4.1	.99970	1	
7	1	17	2.8	4.2	.98751	1	
8	0	21	1.4	3.5	.00675	0	
9	0	22	2.4	2.6	.01658	0	
10	0	23	2.8	2.3	.03013	0	
11	0	24	1.7	2.6	.00066	0	
12	0	25	2.3	1.6	.00017	0	
13	0	26	1.9	2.1	.00021	0	
14	0	27	2.7	3.5	.73476	1	
15	0	28	1.3	1.9	.00001	0	
16							
17							
18							
19							
20							

こっちは
予測確率の
計算結果です

こちらは所属する
グループの番号です

16 番目のケースにマーカーA とマーカーB の値を入力しておくと
次のように予測確率と所属グループを求めることができます　　(p.189 参照)

	グループ	被験者	マーカーA	マーカーB	PRE_1	PGR_1
12	0	25	2.3	1.6	.00017	0
13	0	26	1.9	2.1	.00021	0
14	0	27	2.7	3.5	.73476	1
15	0	28	1.3	1.9	.00001	0
16	.	.	2.7	3.1	.34705	0
17						

【出力結果の読み取り方】

No.1 の予測確率 Y = 0.85552 は

“No.1 がグループ 1 に属する確率”

のことです.

したがって

$$\begin{cases} \text{No.1 がグループ 1 に属する確率は 0.85552} \\ \text{No.1 がグループ 0 に属する確率は 0.14448} \end{cases}$$

となるので

“No.1 はグループ 1 に属する”

と判別されます.

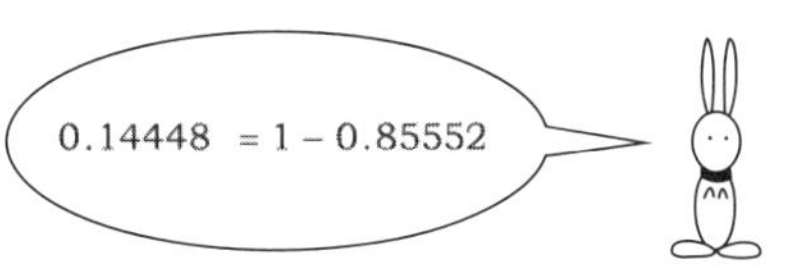
0.14448 = 1 − 0.85552

No.3 の予測確率は 0.48640 です.

つまり

$$\begin{cases} \text{No.3 がグループ 1 に属する確率は 0.48640} \\ \text{No.3 がグループ 0 に属する確率は 0.51360} \end{cases}$$

なので

“No.3 はグループ 0 に所属する”

と判別します.

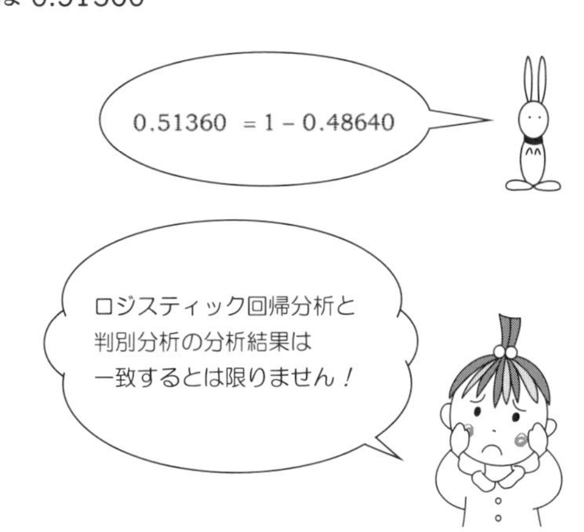
0.51360 = 1 − 0.48640
ロジスティック回帰分析と
判別分析の分析結果は
一致するとは限りません！

ところで，次のようにグループの値を入力すると……

	グループ	被験者	マーカーA	マーカーB	var	var	var
1	0	11	3.4	2.9			
2	0	12	3.9	2.4			
3	0	13	2.2	3.8			
4	0	14	3.5	4.8			
5	0	15	4.1	3.2			
6	0	16	3.7	4.1			
7	0	17	2.8	[illegible]			
8	1	21	1.4	[illegible]			
9	1	22	2.4	[illegible]			
10	1	23	2.8	[illegible]			
11	1	24	1.7	2.6			
12	1	25	2.3	1.6			
13	1	26	1.9	2.1			
14	1	27	2.7	3.5			
15	1	28	1.3	1.9			
16	.	.	.	.			

こんどは
グループの番号が
逆になっていますよ！

ロジスティック回帰式の係数は，次のようになります．

方程式中の変数

		B	標準誤差	Wald	自由度	有意確率	Exp(B)
ステップ 1[a]	マーカーA	-4.623	3.356	1.898	1	.168	.010
	マーカーB	-4.127	3.775	1.196	1	.274	.016
	定数	25.909	20.919	1.534	1	.216	1.787E+11

a. ステップ 1: 投入された変数 マーカーA, マーカーB

グループの番号が
逆になったら……
係数の符号が
プラスからマイナスに
変わりました

予測確率の出力は，次のようになります．

	グループ	被験者	マーカーA	マーカーB	PRE_1	PGR_1	var
1	0	11	3.4	2.9	.14448	0	
2	0	12	3.9	2.4	.11646	0	
3	0	13	2.2	3.8	.51360	1	
4	0	14	3.5	4.8	.00004	0	
5	0	15	4.1	3.2	.00192	0	
6	0	16	3.7	4.1	.00030	0	
7	0	17	2.8	4.2	.01249	0	
8	1	21	1.4	3.5	.99325	1	
9	1	22	2.4	2.6	.98342	1	
10	1	23	2.8	2.3	.96987	1	
11	1	24	1.7	2.6	.99934	1	
12	1	25	2.3	1.6	.99983	1	
13	1	26	1.9	2.1	.99979	1	
14	1	27	2.7	3.5	.26524	0	
15	1	28	1.3	1.9	.99999	1	
16	.	.	.	.	.	.	

No.1 の場合

$$0.85552 = 1 - 0.14448$$

となるので

“予測確率は，グループ番号の大きい方のグループに属する確率”

を求めていることになります．

9章 ベイズ統計による重回帰モデルの比較

Section 9.1 ベイズ統計のはなし

ベイズ統計とは，次のベイズの定理を出発点とする

条件付確率の統計学

のことです．

ベイズの定理

次の式をベイズの定理といいます．

…というのだよ！

$$Pr(A \mid B) = \frac{Pr(B \mid A)}{Pr(B)} \times Pr\ (A)$$

このとき，

- $Pr(A)$ …… 事象 A の**事前確率**
- $Pr(A \mid B)$ …… 事象 B という条件のもとでの事象 A の**事後確率**

といいます．

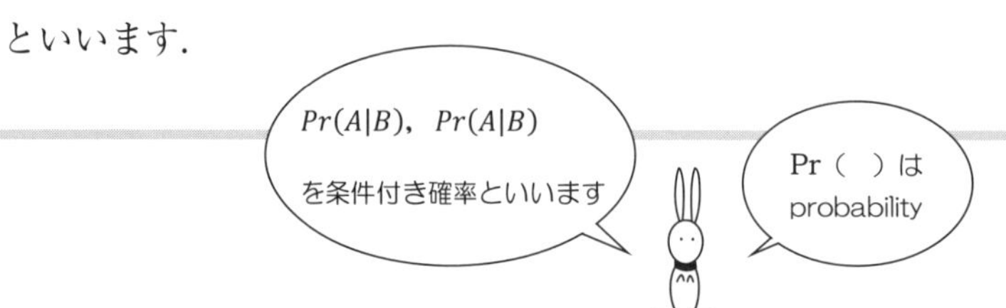
Pr(A|B)，Pr(A|B)
を条件付き確率といいます
Pr（ ）は
probability

SPSS のベイズ統計では，p.254 の手順 1 のように
いろいろな統計処理が用意されています．

このベイズ統計を利用すると

ベイズ因子による 2 つのモデルの比較

をすることができます．

- Pr（データ D ｜モデル A） ＝ モデル A のもとで データ D が得られる確率
- Pr（データ D ｜モデル B） ＝ モデル B のもとで データ D が得られる確率

としたとき，**ベイズ因子の定義**は，次のようになります．

$$\text{ベイズ因子 } \mathrm{Bf_{AB}} = \frac{Pr(\text{データ D} \mid \text{モデル A})}{Pr(\text{データ D} \mid \text{モデル B})}$$

このベイズ因子の評価は，次のようになります．

- $\mathrm{Bf_{AB}} > 1$ のとき，モデル A を支持する．
- $\mathrm{Bf_{AB}} < 1$ のとき，モデル B を支持する．

SPSS による
ベイズ因子の評価です

Extreme Evidence for モデル A	100 以上
Very Strong Evidence for モデル A	30～100
Strong Evidence for モデル A	10～30
Moderate Evidence for モデル A	3～10
Anecdotal Evidence for モデル A	1～3

Anecdotal Evidence for モデル B	1/3～1
Moderate Evidence for モデル B	1/10～1/3
Strong Evidence for モデル B	1/30～1/10
Very Strong Evidence for モデル B	1/100～1/30
Extreme Evidence for モデル B	1/100 以下

次のデータは，セラミックスを作るときのいろいろな条件と
そのときの配向度を測定した結果です.

表 9.1.1　データD

No.	配向度	条件		
		温度	圧力	時間
1	45	17.5	30	20
2	38	17.0	25	20
3	41	18.5	20	20
4	34	16.0	30	20
5	59	19.0	45	15
6	47	19.5	35	20
7	35	16.0	25	20
8	43	18.0	35	20
9	54	19.0	35	20
10	52	19.5	40	15

このデータは
2章 重回帰分析のデータに
時間が追加されています
時間は
ほとんど同じ値なので
定数みたいだね

調べたいことは，

配向度 と 温度，圧力，時間 の関係式

です.

したがって，

- 従属変数（結果）… 配向度
- 独立変数（原因）… 温度，圧力，時間

となります.

一般線型回帰モデルでは
独立変数のことを
共変量といいます！

表 9.1.1 のデータの場合

次のような重回帰モデルが考えられます.

モデル 1（定数項モデル）

配向度 = 定数項 + 誤差

モデル 2（回帰モデル）

配向度 = 定数項 + β_1 × 温度 + 誤差

モデル 3（回帰モデル）

配向度 = 定数項 + β_2 × 圧力 + 誤差

モデル 4（回帰モデル）

配向度 = 定数項 + β_1 × 温度 + β_2 × 圧力 + 誤差

モデル 5（すべてのモデル）

配向度 = 定数項 + β_1 × 温度 + β_2 × 圧力 + β_3 × 時間 + 誤差

ここでは，ベイズ因子を使って

- モデル 4 とモデル 1 の比較 → §9.2
- モデル 4 とモデル 5 の比較 → §9.3

をしてみましょう.

ところで，

重回帰分析の分散分析では

次のような仮説の検定をします．

- 帰無仮説 H_0：y ＝定数項 ＋ [0] × [温度] ＋ [0] × [圧力] ＋ 誤差…（モデル 1）
- 対立仮説 H_1：y ＝定数項 ＋ β_1 × [温度] ＋ β_2 × [圧力] ＋ 誤差…（モデル 4）

したがって

$$\text{ベイズ因子 } \mathrm{Bf}_{41} = \frac{Pr(\text{データ D} \mid \text{モデル 4})}{Pr(\text{データ D} \mid \text{モデル 1})}$$

は，この分散分析の仮説の検定に対応していることがわかります．

ところで，SPSS のベイズ統計では

- モデル 1 のことを　帰無仮説 H_0　または　定数項モデル $\mathcal{M}_0$
- モデル 4 のことを　対立仮説 H_1　または　　検定モデル $\mathcal{M}_1$

と呼ぶことがあるので，

$$\text{ベイズ因子 } \mathrm{Bf}_{10} = \frac{Pr(\text{データ D} \mid \text{対立仮説 } H_1)}{Pr(\text{データ D} \mid \text{帰無仮説 } H_0)}$$

$$= \frac{Pr(\text{データ D} \mid \text{検定モデル } \mathcal{M}_1)}{Pr(\text{データ D} \mid \text{定数項モデル } \mathcal{M}_0)}$$

となります．

【データ入力の型】

次のようにデータを入力します.

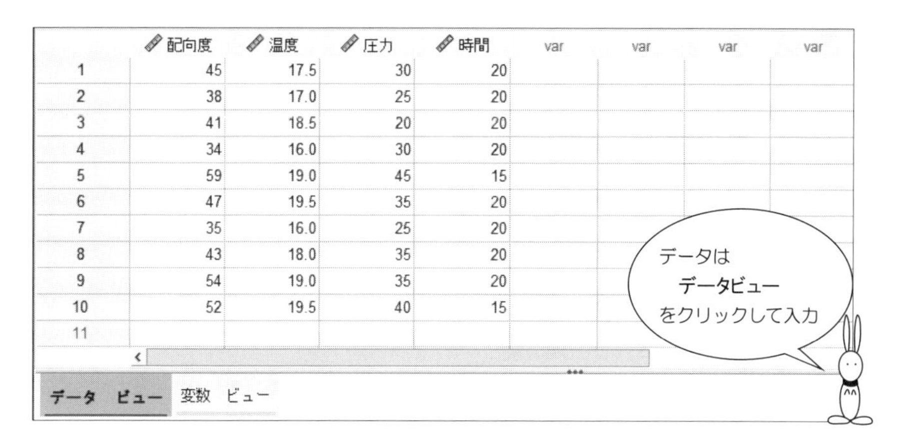

	配向度	温度	圧力	時間	var	var	var	var
1	45	17.5	30	20				
2	38	17.0	25	20				
3	41	18.5	20	20				
4	34	16.0	30	20				
5	59	19.0	45	15				
6	47	19.5	35	20				
7	35	16.0	25	20				
8	43	18.0	35	20				
9	54	19.0	35	20				
10	52	19.5	40	15				
11								

変数ビューは，次のようになります.

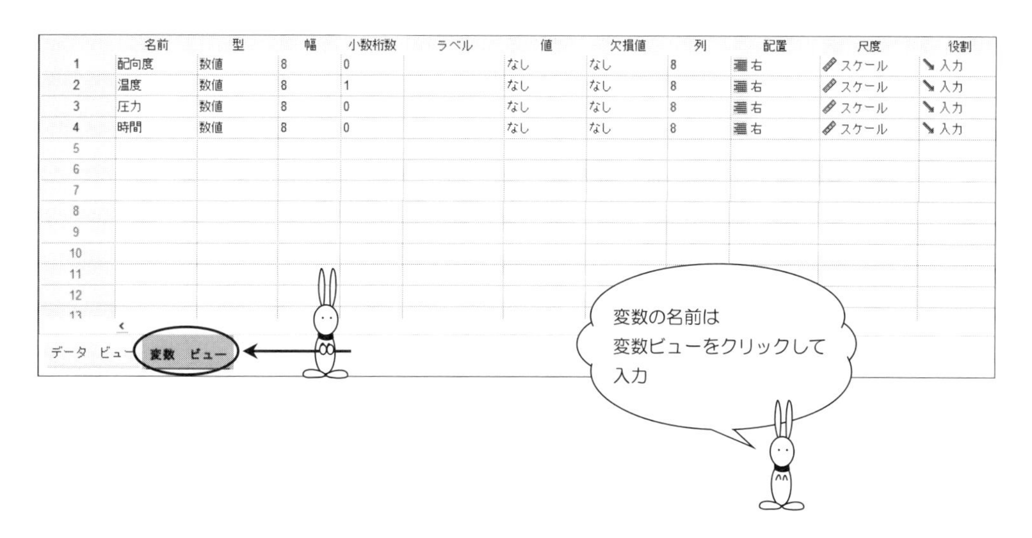

	名前	型	幅	小数桁数	ラベル	値	欠損値	列	配置	尺度	役割
1	配向度	数値	8	0		なし	なし	8	右	スケール	入力
2	温度	数値	8	1		なし	なし	8	右	スケール	入力
3	圧力	数値	8	0		なし	なし	8	右	スケール	入力
4	時間	数値	8	0		なし	なし	8	右	スケール	入力
5											
6											
7											
8											
9											
10											
11											
12											
13											

Section 9.2　ベイズ因子の推定1（検定モデル 対 定数項モデル）

【統計処理の手順】

手順 **1**　分析(A) のメニューから

ベイズ統計(Y) ⇨ 線型回帰(L)

を選択します.

手順 2 次の線形回帰モデルについてのベイズ推論の画面になったら

配向度を 従属変数(D) の中へ移動.

温度，圧力を 共変量(I) の中へ移動.

ベイズ分析のところは

◎ ベイズ因子の推定(E)

を選択.

あとは， OK ボタンをマウスでカチッ！

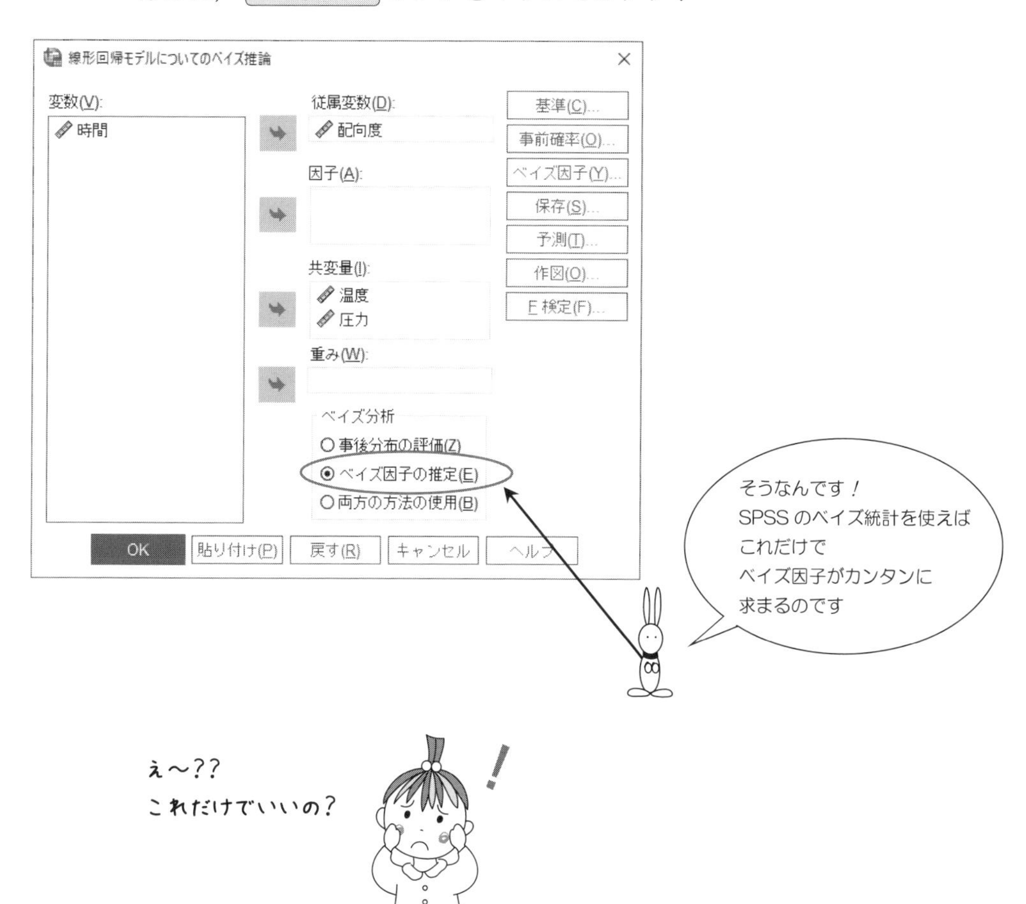

【SPSS による出力】—ベイズ統計・線型回帰—

ベイズ回帰

分散分析[a,b]

変動要因	平方和	自由度	平均平方	F	有意
回帰	531.716	2	265.858	21.176	.001
残差	87.884	7	12.555		
総合計	619.600	9			

← ①

a. 従属変数：配合度

b. モデル: (定数項), 温度, 圧力

ベイズ因子モデルの要約[a,b]

ベイズ因子[c]	R	R2 乗	調整済み R2 乗	推定値の標準誤差
57.246	.926	.858	.818	3.54

← ③

a. 方法:JZS

b. モデル: (定数項), 温度, 圧力

c. ベイズ因子: 検定モデル 対 すべてのモデル (定数項)。 ← ②

2 章 重回帰分析の
分散分析と
見比べてみよう
SPSS の英語版では
すべてのモデル(定数項)
のところは
null model(intercept)
になっています
したがって，ここは
定数項モデル
のことですね

【出力結果の読み取り方】—ベイズ統計・線型回帰—

⬅①検定モデルの分散分析表です

⬅② ベイズ因子の説明です

ベイズ因子は， 検定モデル 対 定数項モデル です．

検定モデル $\mathcal{M}_1$ （モデル4）

配向度 = 定数項 + β_1 × 温度 + β_2 × 圧力 + 誤差

定数項モデル $\mathcal{M}_0$ （モデル1）

配向度 = 定数項 + 誤差

⬅③ ベイズ因子の計算値です

$$\text{ベイズ因子 } \mathrm{Bf}_{10} = \frac{Pr(\text{データ D} \mid \text{検定モデル } \mathcal{M}_1)}{Pr(\text{データ D} \mid \text{定数項モデル } \mathcal{M}_0)} = 57.246 > 1$$

なので，

検定モデル $\mathcal{M}_1$ を支持する

となります．

つまり，

“重回帰モデルの共変量（独立変数）として

温度と圧力を採用する”

ということになります．

定数項モデルは
$\beta_1 = 0$　$\beta_2 = 0$
のことです
SPSS では帰無仮説と
呼ぶことがあります

Section 9.3　ベイズ因子の推定2（検定モデル 対 すべてのモデル）

SPSSのベイズ統計のアルゴリズムでは，一般線型回帰モデルを
次の3つのタイプに分けています．

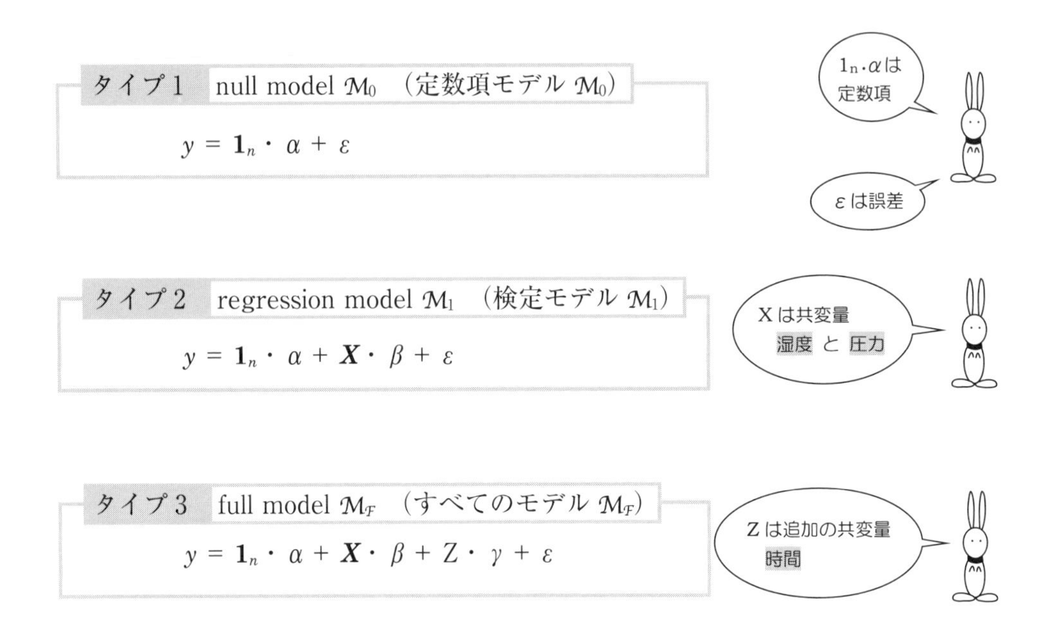

タイプ1　null model $\mathcal{M}_0$　（定数項モデル $\mathcal{M}_0$）
$y = \mathbf{1}_n \cdot \alpha + \varepsilon$
$1_n \cdot \alpha$ は定数項
ε は誤差
タイプ2　regression model $\mathcal{M}_1$　（検定モデル $\mathcal{M}_1$）
$y = \mathbf{1}_n \cdot \alpha + \boldsymbol{X} \cdot \beta + \varepsilon$
X は共変量
湿度 と 圧力
タイプ3　full model $\mathcal{M}_F$　（すべてのモデル $\mathcal{M}_F$）
$y = \mathbf{1}_n \cdot \alpha + \boldsymbol{X} \cdot \beta + Z \cdot \gamma + \varepsilon$
Z は追加の共変量
時間

ここでは

　　　検定モデル $\mathcal{M}_1$ とすべてのモデル $\mathcal{M}_F$ の比較

をおこないます．

つまり，

　　　“検定モデル $\mathcal{M}_1$ に共変量 Z を追加したほうが
　　　　　より良い重回帰モデルなのか？”

をベイズ因子 Bf_{1F} で調べてみようというわけです．

【統計処理の手順】（p.255 手順 2 の続きです）

手順 3 手順 2 の画面で，ベイズ因子(Y) をクリックすると

次のベイズ因子の画面になります.

帰無仮説の F でのモデルのところで

◎ すべてのモデル(M)

を選択し，時間を 追加の共変量(T) の中へ移動.

そして， 続行 .

手順 2 の画面にもどったら，

あとは OK ボタンをマウスでカチッ！

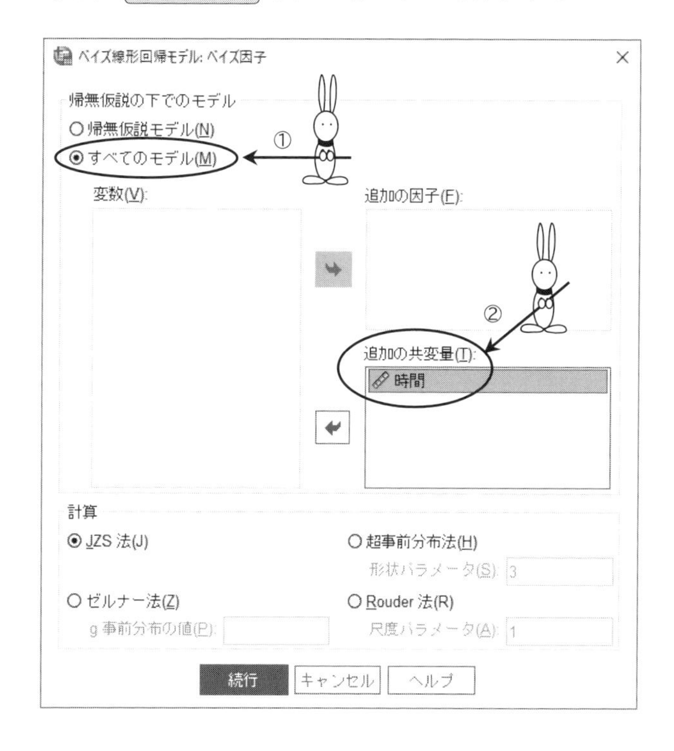

【SPSS による出力】―ベイズ統計・線型回帰―

ベイズ回帰

ベイズ因子モデルの要約[a,b]

ベイズ因子[c]	R	R2 乗	調整済み R2 乗	推定値の標準誤差
12.996	.929	.863	.818	3.54

← ⑤

a. 方法:JZS

b. モデル: (定数項), 温度, 圧力

c. ベイズ因子: 検定モデル 対 すべてのモデル。 ← ④

すべてのモデルの分散分析表は，次のようになります

分散分析[a,b]

変動要因	平方和	自由度	平均平方	F	有意
回帰	534.956	3	178.319	12.640	.005
残差	84.644	6	14.107		
総合計	619.600	9			

a. 従属変数 : 配向度

b. モデル: (定数項), 温度, 圧力, 時間

【出力結果の読み取り方】—ベイズ統計・線型回帰—

⬅④ベイズ因子の説明です

ベイズ因子は 検定モデル 対 すべてのモデル です.

検定モデル $\mathcal{M}_1$ （モデル4）

配向度 ＝定数項＋β_1×温度＋β_2×圧力＋誤差

すべてのモデル $\mathcal{M}_\mathcal{F}$ （モデル5）

配向度 ＝定数項＋β_1×温度＋β_2×圧力＋β_3×時間＋誤差

⬅⑤ベイズ因子の計算値です

$$\text{ベイズ因子 } \mathrm{Bf}_{1\mathrm{F}} = \frac{Pr(\text{データ D} \mid \text{検定モデル } \mathcal{M}_1)}{Pr(\text{データ D} \mid \text{すべてのモデル } \mathcal{M}_\mathcal{F})} = 12.996 > 1$$

なので,

検定モデル $\mathcal{M}_1$ を支持する

となります.

つまり,

“重回帰モデルの共変量（独立変数）として

時間 を追加しない”

ということになります.

参　考　文　献

［１］『改訂版すぐわかる多変量解析』（石村貞夫，2020）

［２］『すぐわかる統計用語の基礎知識』（石村貞夫，D. アレン，劉 晨，2016）

［３］『すぐわかる統計処理の選び方』（石村貞夫，石村光資郎，2010）

［４］『入門はじめての統計解析』（石村貞夫，2006）

［５］『入門はじめての多変量解析』（石村貞夫，石村光資郎，2007）

［６］『入門はじめての分散分析と多重比較』（石村貞夫，石村光資郎，2008）

［７］『入門はじめての統計的推定と最尤法』（石村貞夫，劉 晨，石村光資郎，2010）

［８］『SPSS による多変量データ解析の手順（第６版）』（石村光資郎，石村貞夫，2021）

［９］『SPSS による統計処理の手順（第９版）』（石村貞夫，石村光資郎，2021）

［10］『SPSS による分散分析・混合モデル・多重比較の手順』（石村光資郎，石村貞夫，2021）

［11］『卒論・修論のためのアンケート調査と統計処理』（石村光資郎，石村友二郎，2014）

以上　東京図書

索引

サ　行

タ　行

ナ　行

ハ　行

マ　行

ヤ　行

ラ　行

著者紹介

石村友二郎（いしむらゆうじろう）
2009年　東京理科大学理学部数学科卒業
2014年　早稲田大学大学院基幹理工学研究科数学応用数理学科
現　在　文京学院大学　教学IRセンター特任助教　戦略企画・IR推進室職員

監修

石村貞夫（いしむらさだお）
1977年　早稲田大学大学院修士課程修了
現　在　石村統計コンサルタント代表
理学博士・統計アナリスト

SPSSでやさしく学ぶ多変量解析［第6版］

1999年10月25日　第1版　第1刷発行　Printed in Japan
2002年 9 月25日　第2版　第1刷発行
2006年12月25日　第3版　第1刷発行
2010年10月25日　第4版　第1刷発行
2015年 5 月25日　第5版　第1刷発行
2022年 2 月25日　第6版　第1刷発行

著　者　石　村　友二郎
監　修　石　村　貞　夫
発行所　東京図書株式会社

〒102-0072　東京都千代田区飯田橋3-11-19
振替　00140-4-13803　電話　03(3288)9461
http://www.tokyo-tosho.co.jp/

ISBN 978-4-489-02379-8